KB087674

#상위권_정복
#신유형_서술형_고난도

일등
전략

Chunjae
Makes
Chunjae

▼

[일등전략] 중학 수학 2-2

개발총괄	김덕유
편집개발	마영희, 원진희, 김주리
디자인총괄	김희정
표지디자인	윤순미
내지디자인	박희춘, 안정승
제작	황성진, 조규영
조판	어시스트 하모니

발행일	2022년 5월 15일 초판 2022년 5월 15일 1쇄
발행인	(주)천재교육
주소	서울시 금천구 가산로9길 54
신고번호	제2001-000018호
고객센터	1577-0902
교재 내용문의	02)3282-8851

시험에 잘 나오는

대표 유형 ZIP

중학 수학 2-2

BOOK 1
중간고사대비

특목고 대비
일등
전략

 천재교육

시험에 잘 나오는
대표 유형 ZIP

중학 수학
2-2
중 간 고 사   대 비

이 책의 차례

시험에 잘 나오는
대표 유형을
기출 문제로 확인해 봐.

01 이등변삼각형의 성질 (1)

오른쪽 그림과 같은 △ABC에서 $\overline{AB}=\overline{AC}$, $\overline{DA}=\overline{DB}$이고 ∠A=50°일 때, ∠DBC의 크기를 구하시오.

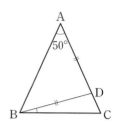

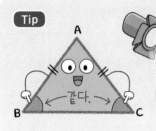

Tip

이등변삼각형의 두 밑각의 크기는 같다.
➡ △ABC에서 $\overline{AB}=\overline{AC}$이면 ∠B=∠C

풀이 답| 15°

△ABC에서 $\overline{AB}=\overline{AC}$이므로

$\angle B=\dfrac{1}{2}\times(180°-50°)=65°$

△ABD에서 $\overline{DA}=\overline{DB}$이므로 ∠DBA= ❶ =50°

∴ ∠DBC=∠ABC-∠ABD

　　　=65°-50°= ❷

답 ❶ ∠A ❷ 15°

02 이등변삼각형의 성질 (2)

오른쪽 그림과 같이 $\overline{AB}=\overline{AC}$인 이등변삼각형
ABC에서 ∠A의 이등분선과 $\overline{BC}$의 교점을 D라 하
자. $\overline{AD}$ 위의 점 P에 대하여 ∠BAP=25°,
∠PCD=50°일 때, ∠x+∠y의 크기를 구하시오.

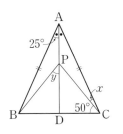

Tip

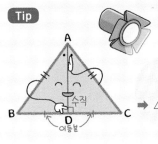

이등변삼각형의 꼭지각의 이등분선은
밑변을 수직이등분한다.
➡ △ABC에서 $\overline{AB}=\overline{AC}$이고 $\overline{AD}$가 ∠A의
이등분선이면 $\overline{BD}=\overline{CD}$, $\overline{AD}\perp\overline{BC}$

풀이 답| 55°

$\overline{AD}$는 이등변삼각형 ABC의 꼭지각의 이등분선이므로
$\overline{AD}\perp\overline{BC}$, $\overline{BD}=\overline{CD}$

즉 ∠ADC= ❶ [ ]이므로 △ADC에서

∠x＝180°－(25°＋90°＋50°)＝15°

△PBD와 △PCD에서

$\overline{BD}=\overline{CD}$, ∠PDB=∠PDC=90°, $\overline{PD}$는 공통이므로

△PBD ❷ [ ] △PCD (SAS 합동)

따라서 ∠PBD=∠PCD=50°이므로 △PBD에서

∠y＝180°－(90°＋50°)＝40°

∴ ∠x+∠y＝15°＋40°＝55°

오른쪽 그림에서 $\overline{AB}=\overline{BC}=\overline{CD}=\overline{DE}$이고 $\angle CDE=60°$일 때, 다음 중 $\angle A+\angle E$의 크기를 바르게 구한 학생을 고르시오.

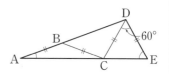

$50°$
승호

$60°$
윤희

$70°$
영주

$80°$
정우

Tip

① $\angle A=\angle x$로 놓고 $\angle CDB$와 $\angle E$를 $\angle x$를 사용하여 나타낸다.

② 삼각형의 세 내각의 크기의 합은 $180°$임을 이용하여 $\angle x$의 크기를 구한다.

③ $\angle A+\angle E$의 크기를 구한다.

풀이 답 | 정우

$\angle A=\angle x$라 하면

$\triangle BAC$에서 $\overline{BA}=\overline{BC}$이므로

$\angle BCA=\angle A=\angle x$, $\angle CBD=\angle x+\angle x=2\angle x$

$\triangle CDB$에서 $\overline{CD}=\overline{CB}$이므로 $\angle CDB=\angle CBD=2\angle x$

$\triangle DAC$에서 $\angle DCE=\angle x+2\angle x=3\angle x$

$\triangle DCE$에서 $\overline{DC}=\overline{DE}$이므로 $\angle E=\angle DCE=3\angle x$

이때 $\triangle DCE$에서 세 내각의 크기의 합은 $180°$이므로

$60°+3\angle x+3\angle x=$ ⬚❶ , $6\angle x=120°$ $\therefore \angle x=20°$

$\therefore \angle A+\angle E=\angle x+3\angle x=4\angle x=$ ⬚❷

답 ❶ $180°$ ❷ $80°$

04 이등변삼각형의 성질을 이용하여 각의 크기 구하기 (2)

오른쪽 그림과 같이 $\overline{AB}=\overline{AC}$인 이등변삼각형 ABC에서 ∠B의 이등분선과 ∠C의 외각의 이등분선의 교점을 D라 하자. ∠A=76°일 때, ∠x의 크기를 구하시오.

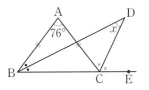

Tip

이것을 기억해!

1 $\angle ABC = \angle ACB = \dfrac{1}{2} \times (180° - \angle A)$

2 $\angle DBC = \dfrac{1}{2} \angle ABC$, $\angle DCE = \dfrac{1}{2} \times (180° - \angle ACB)$

3 △DBC에서
$\angle BDC + \angle DBC = \angle DCE$

풀이 **답|** 38°

△ABC에서 $\overline{AB}=\overline{AC}$이므로

$\angle ABC = \angle ACB = \dfrac{1}{2} \times (180° - 76°) = 52°$

∴ $\angle DBC = \dfrac{1}{2} \angle ABC = \dfrac{1}{2} \times 52° = \boxed{\textbf{❶}}$

또 $\angle ACE = 180° - 52° = 128°$이므로

$\angle DCE = \dfrac{1}{2} \angle ACE = \dfrac{1}{2} \times 128° = \boxed{\textbf{❷}}$

따라서 △DBC에서 $\angle x + 26° = 64°$ ∴ $\angle x = 64° - 26° = 38°$

답 ❶ 26° ❷ 64°

05 이등변삼각형이 되는 조건

오른쪽 그림과 같이 ∠B＝∠C인 △ABC의 $\overline{BC}$ 위의 점 P에서 $\overline{AB}$, $\overline{AC}$에 내린 수선의 발을 각각 D, E라 하자. $\overline{AB}=10$ cm이고 △ABC의 넓이가 35 cm^{2}일 때, $\overline{PD}+\overline{PE}$의 길이를 구하시오.

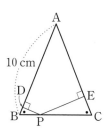

Tip

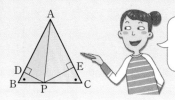

$\overline{AP}$를 그으면
$\triangle ABC=\triangle ABP+\triangle APC$
임을 이용해 봐.

풀이 답 | 7 cm

∠B＝∠C이므로 $\overline{AC}=\overline{AB}=10$ cm

오른쪽 그림과 같이 ❶ ◻ 를 그으면

$\triangle ABC=\triangle ABP+\triangle APC$

$\qquad =\dfrac{1}{2}\times\overline{AB}\times\overline{PD}+\dfrac{1}{2}\times\overline{AC}\times\overline{PE}$

$\qquad =\dfrac{1}{2}\times 10\times\overline{PD}+\dfrac{1}{2}\times 10\times\overline{PE}$

$\qquad =5(\overline{PD}+\overline{PE})$

즉 $5(\overline{PD}+\overline{PE})=35$이므로 $\overline{PD}+\overline{PE}=$ ❷ ◻ (cm)

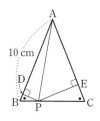

답 ❶ $\overline{AP}$ ❷ 7

06 직사각형 모양의 종이접기

오른쪽 그림과 같이 폭이 6 cm로 일정한 직사각형 모양의 종이를 $\overline{AC}$를 접는 선으로 하여 접었다. $\overline{AB}=8$ cm일 때, $\triangle ABC$의 넓이를 구하시오.

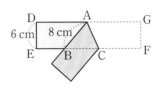

Tip

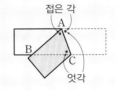

$\triangle ABC$는 이등변삼각형이구나.

풀이 답 | 24 cm^2

오른쪽 그림에서
$\angle BAC = \angle GAC$ (접은 각),
$\angle BCA = \angle GAC$ (엇각)이므로
$\angle BAC =$ **❶**

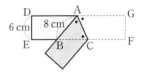

따라서 $\triangle ABC$는 $\overline{BA}=\overline{BC}$인 **❷** 삼각형이므로
$\overline{BC}=\overline{AB}=8$ cm
$\therefore \triangle ABC = \dfrac{1}{2} \times \overline{BC} \times \overline{DE} = \dfrac{1}{2} \times 8 \times 6 = 24$ (cm^2)

답 ❶ $\angle BCA$ ❷ 이등변

07 이등변삼각형 모양의 종이접기

오른쪽 그림은 $\overline{AB}=\overline{AC}$인 이등변삼각형 모양의 종이를 꼭짓점 A가 꼭짓점 C에 오도록 접은 것이다. $\angle DCB=24°$일 때, $\angle x$의 크기는?

① 36° ② 38° ③ 40°

④ 42° ⑤ 44°

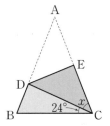

Tip

접은 각끼리는 크기가 같음을 이용해.

풀이 답 | ⑤

$\angle A=\angle DCE=$ ❶ ⬚ (접은 각)

$\overline{AB}=\overline{AC}$이므로 $\angle B=\angle ACB=\angle x+24°$

$\triangle ABC$에서 세 내각의 크기의 합은 $180°$이므로

$\angle x+(\angle x+24°)+(\angle x+24°)=$ ❷ ⬚

$3\angle x=132°$ $\therefore \angle x=44°$

답 ❶ $\angle x$ ❷ $180°$

합동인 삼각형을 찾아 각의 크기 구하기

오른쪽 그림과 같이 $\overline{AB}=\overline{AC}$인 이등변삼각형 ABC에서 $\overline{BD}=\overline{CE}$, $\overline{BF}=\overline{CD}$이고 $\angle A=52°$일 때, $\angle EFD$의 크기는?

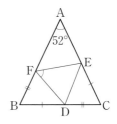

① 56°　　② 58°　　③ 60°

④ 62°　　⑤ 64°

Tip

$\triangle BDF$와 $\triangle CED$에서
$\overline{BF}=\overline{CD}$, $\angle B=\angle C$, $\overline{BD}=\overline{CE}$이므로
$\triangle BDF \equiv \triangle CED$ (SAS 합동)

풀이 답 | ②

$\angle B = \angle C = \dfrac{1}{2} \times (180° - 52°) = 64°$

$\triangle BDF \equiv \triangle CED$ (SAS 합동)이므로 $\overline{DF} = $ ❶

따라서 $\triangle DEF$는 이등변삼각형이다.

또 $\angle BDF = CED$, $\angle DFB = \angle EDC$이므로 $\angle FDE = \angle B = $ ❷

$\therefore \angle EFD = \dfrac{1}{2} \times (180° - 64°) = 58°$

답 ❶ $\overline{ED}$　❷ 64°

오른쪽 그림과 같이 ∠A=90°인 직각이등
변삼각형 ABC의 두 꼭짓점 B, C에서 꼭짓
점 A를 지나는 직선 l에 내린 수선의 발을 각
각 D, E라 하자. $\overline{BD}$=10 cm, $\overline{CE}$=6 cm
일 때, △ABC의 넓이를 구하시오.

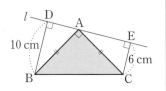

Tip

$\overline{AB}$, $\overline{AC}$의 길이를 모르는데……

△ABC
=(사다리꼴 DBCE의 넓이)
−(△ADB+△CEA)
로 구해 봐.

풀이 답| 68 cm²

△ADB와 △CEA에서

∠ADB=∠CEA=90°, $\overline{BA}=\overline{AC}$,

∠DBA+∠DAB=90°, ∠DAB+∠EAC=90°이므로

∠DBA=∠EAC

따라서 △ADB≡△CEA (❶ [＿＿＿＿] 합동)이므로

$\overline{DA}=\overline{EC}$=6 cm, $\overline{AE}=\overline{BD}$=10 cm

∴ △ABC=(사다리꼴 DBCE의 넓이)−(△ADB+△CEA)

$\qquad = \dfrac{1}{2} \times (10+6) \times 16 - \left(\dfrac{1}{2} \times 10 \times 6 + \dfrac{1}{2} \times 6 \times 10 \right)$

$\qquad = 128 - 60 =$ ❷ [＿＿＿] (cm²)

답 ❶ RHA ❷ 68

직각삼각형의 합동 조건의 활용 (2) − RHS 합동

오른쪽 그림과 같이 $\angle C = 90°$인 직각삼각형 ABC
에서 $\overline{AC} = \overline{AD}$이고 $\overline{AB} \perp \overline{ED}$이다. $\angle B = 40°$이
고 $\overline{BE} = 8$ cm, $\overline{BC} = 14$ cm일 때, 다음을 구하시
오.

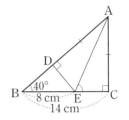

(1) $\overline{DE}$의 길이 　　(2) $\angle AEC$의 크기

Tip

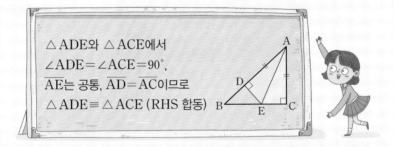

△ADE와 △ACE에서
$\angle ADE = \angle ACE = 90°$,
$\overline{AE}$는 공통, $\overline{AD} = \overline{AC}$이므로
△ADE ≡ △ACE (RHS 합동)

풀이 **답 |** (1) 6 cm　(2) 65°

△ADE ≡ △ACE (**❶ ⬚** 합동)이므로

(1) $\overline{DE} = \overline{CE} = 14 - 8 = 6$ (cm)

(2) △ABC에서 $\angle A = 180° - (40° + 90°) = 50°$이므로

$$\angle CAE = \angle DAE = \frac{1}{2}\angle A = \frac{1}{2} \times 50° = 25°$$

따라서 △AEC에서

$$\angle AEC = 180° - (25° + 90°) = \boxed{❷}$$

답 ❶ RHS **❷** 65°

각의 이등분선의 성질

오른쪽 그림과 같이 한 점 P에서 ∠XOY의 두 변 OX, OY에 내린 수선의 발을 각각 A, B라 할 때, $\overline{PA}=\overline{PB}$이다. 다음 중 잘못 말한 학생을 고르시오.

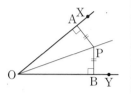

시아 : $\overline{AO}=\overline{BO}$야.

지수 : ∠APO=∠BPO야.

주환 : ∠AOP=∠BOP야.

현우 : $\overline{AO}+\overline{AP}=\overline{OP}$야.

Tip

각의 두 변에서 같은 거리에 있는 점은 그 각의 이등분선 위에 있다.

풀이 답 | 현우

△AOP와 △BOP에서

∠PAO=∠PBO=90°, $\overline{OP}$는 공통, $\overline{PA}=\overline{PB}$이므로

△AOP≡△BOP (❶ ⬚ 합동)

시아 : $\overline{AO}=\overline{BO}$　　　지수 : ∠APO=∠BPO

주환 : ∠AOP=∠BOP　　현우 : $\overline{OA}+\overline{AP}$ ❷ ⬚ $\overline{OP}$

따라서 잘못 말한 학생은 현우이다.

답 ❶ RHS ❷ >

각의 이등분선의 성질의 활용

오른쪽 그림과 같이 ∠A=90°인 직각삼각형 ABC에서 ∠C의 이등분선이 $\overline{AB}$와 만나는 점을 D라 하자. $\overline{AD}$=2 cm, $\overline{BC}$=7 cm일 때, △DBC의 넓이를 구하시오.

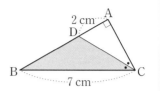

Tip

점 D에서 $\overline{BC}$에 내린 수선의 발을 E 라 하고 △CAD와 합동인 삼각형을 찾아 $\overline{DE}$의 길이를 구해.

풀이 답 | 7 cm²

오른쪽 그림과 같이 점 D에서 $\overline{BC}$에 내린 수선의 발을 E라 하면 △CAD와 △CED에서

∠CAD=∠CED=90°, $\overline{CD}$는 공통,

∠ACD=∠ECD이므로

△CAD≡△CED (❶   합동)

따라서 $\overline{DE}=\overline{DA}$=2 cm이므로

$$\triangle DBC=\frac{1}{2}\times\overline{BC}\times\overline{DE}=\frac{1}{2}\times 7\times 2=\boxed{❷}\ (cm^2)$$

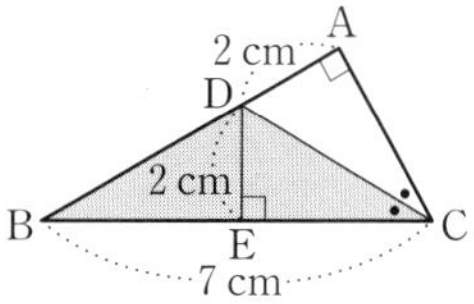

답 ❶ RHA ❷ 7

13　직각삼각형의 외심

오른쪽 그림과 같이 ∠B=90°인 직각삼각형
ABC에서 점 O는 △ABC의 외심이다.
$\overline{AB}$=8 cm, $\overline{BC}$=15 cm일 때, △OBC의
넓이를 구하시오.

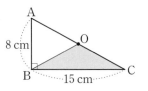

Tip

난 직각삼각형의
외심을 그려 볼게.

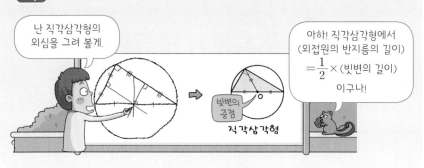

빗변의
중점

직각삼각형

아하! 직각삼각형에서
(외접원의 반지름의 길이)
$=\dfrac{1}{2}×$(빗변의 길이)
이구나!

풀이　답ㅣ 30 cm²

$\overline{OA}=\overline{OC}$이므로

$\triangle OBC=\triangle OAB$

$\qquad =\boxed{❶}\triangle ABC$

$\qquad =\dfrac{1}{2}×\left(\dfrac{1}{2}×15×8\right)=\boxed{❷}(cm^2)$

답 ❶ $\dfrac{1}{2}$ ❷ 30

삼각형의 외심의 활용

오른쪽 그림에서 점 O는 △ABC의 외심이다.
∠ABO=20°, ∠ACO=30°일 때, ∠x−∠y의 크
기를 구하시오.

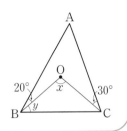

Tip

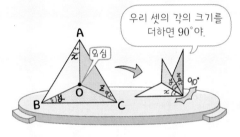

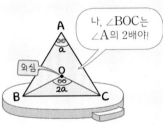

풀이 답 | 60°

오른쪽 그림과 같이 $\overline{\text{OA}}$를 그으면

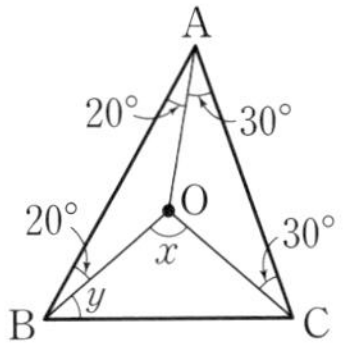

∠OAB=∠OBA=20°,

∠OAC=∠OCA=30°이므로

∠BAC=20°+30°=50°

∴ ∠x=2∠BAC=2× ❶ =100°

또 ∠OAB+∠OBC+∠OCA= ❷ 이므로

20°+∠y+30°=90°   ∴ ∠y=40°

∴ ∠x−∠y=100°−40°=60°

답 ❶ 50° ❷ 90°

삼각형의 내심의 활용 (1)

오른쪽 그림에서 점 I는 △ABC의 내심이다.
∠IAB＝35°, ∠IBC＝30°일 때, ∠x＋∠y의 크기를 구하시오.

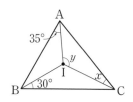

Tip

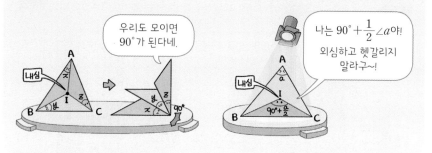

우리도 모이면
90°가 된다네.

나는 $90°＋\dfrac{1}{2}∠a$야!

외심하고 헷갈리지
말라구~!

풀이 답ㅣ 145°

점 I는 △ABC의 내심이므로

$35°＋30°＋∠x＝$ ❶ ⬚   ∴ ∠x＝25°

또 ∠IBA＝∠IBC＝30°이므로 ∠ABC＝30°＋30°＝60°

$∠y＝$ ❷ ⬚ $＋\dfrac{1}{2}∠ABC＝90°＋\dfrac{1}{2}×60°＝120°$

∴ ∠x＋∠y＝25°＋120°＝145°

답 ❶ 90° ❷ 90°

16 삼각형의 내심의 활용 (2)

오른쪽 그림에서 점 I는 △ABC의 내심이고,
$\overline{AI}$, $\overline{BI}$의 연장선이 $\overline{BC}$, $\overline{AC}$와 만나는 점을 각
각 D, E라 하자. ∠C=40°일 때, ∠x+∠y의
크기를 구하시오.

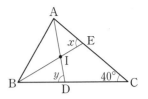

Tip

점 I가 △ABC의 내심일 때,
다음이 성립해.

(1) ∠ABE=∠CBE이므로
   △BCE에서 ∠x=●+×
(2) ∠BAD=∠CAD이므로
   △ADC에서 ∠y=●+△

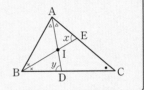

풀이 답| 150°

오른쪽 그림과 같이 ∠BAD=∠CAD=∠a,
∠ABE=∠CBE=∠b라 하면
△BCE에서 ∠x= **❶**
△ADC에서 ∠y=∠a+40°
△ABC에서 2∠a+2∠b+40°=180°
2(∠a+∠b)=140°   ∴ ∠a+∠b= **❷**
∴ ∠x+∠y=(∠b+40°)+(∠a+40°)=(∠a+∠b)+80°
          =70°+80°=150°

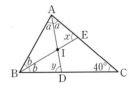

답 ❶ ∠b+40° ❷ 70°

17 삼각형의 내접원과 접선의 길이

오른쪽 그림에서 원 I는 △ABC의 내접원이고, 세 점 D, E, F는 접점이다. $\overline{AB}=13$ cm, $\overline{BC}=17$ cm, $\overline{CA}=14$ cm일 때, $\overline{BE}$의 길이를 구하시오.

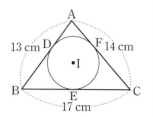

Tip

$\overline{BE}=x$ cm로 놓고 $\overline{AF}$, $\overline{CF}$의 길이를 x를 사용하여 나타내어 보자.

원 I가 △ABC의 내접원이므로
$\overline{AD}=\overline{AF}$, $\overline{BD}=\overline{BE}$, $\overline{CE}=\overline{CF}$

풀이 답 | 8 cm

$\overline{BE}=x$ cm라 하면 $\overline{BD}=\overline{BE}=x$ cm

$\overline{AF}=\overline{AD}=($ ❶⬚ $)$ cm, $\overline{CF}=\overline{CE}=(17-x)$ cm

이때 $\overline{AC}=\overline{AF}+\overline{CF}$이므로

$14=(13-x)+($ ❷⬚ $)$

$2x=16$ ∴ $x=8$

따라서 $\overline{BE}$의 길이는 8 cm이다.

답 ❶ $13-x$ ❷ $17-x$

18 삼각형의 내접원의 반지름의 길이와 삼각형의 넓이

오른쪽 그림에서 점 I는 △ABC의 내심이다. △ABC의 넓이가 54 cm²일 때, 내접원 I의 반지름의 길이를 구하시오.

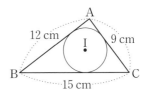

Tip

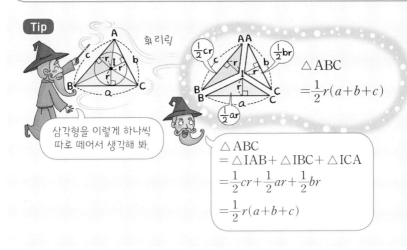

휙리릭

삼각형을 이렇게 하나씩 따로 떼어서 생각해 봐.

$$\triangle ABC = \frac{1}{2}r(a+b+c)$$

$$\begin{aligned}\triangle ABC &= \triangle IAB + \triangle IBC + \triangle ICA \\ &= \frac{1}{2}cr + \frac{1}{2}ar + \frac{1}{2}br \\ &= \frac{1}{2}r(a+b+c)\end{aligned}$$

풀이 답 | 3 cm

오른쪽 그림과 같이 $\overline{AI}$, $\overline{BI}$, $\overline{CI}$를 각각 긋고,
내접원 I의 반지름의 길이를 r cm라 하면

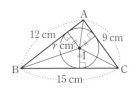

$$\begin{aligned}\triangle ABC &= \triangle IAB + \triangle IBC + \triangle ICA \\ &= \frac{1}{2} \times 12 \times r + \frac{1}{2} \times 15 \times r + \frac{1}{2} \times 9 \times r \\ &= \frac{1}{2} \times r \times (12 + 15 + 9) = 18r\end{aligned}$$

즉 $18r = \boxed{❶}$ 이므로 $r = 3$

따라서 내접원 I의 반지름의 길이는 $\boxed{❷}$ cm이다.

답 ❶ 54 ❷ 3

19	삼각형의 내심과 평행선

오른쪽 그림에서 점 I는 △ABC의 내심이고 $\overline{DE} /\!/ \overline{BC}$이다. $\overline{BC}=5\,cm$이고 △ADE의 둘레의 길이가 $10\,cm$일 때, △ABC의 둘레의 길이를 구하시오.

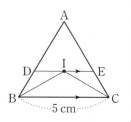

Tip

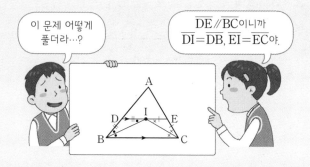

이 문제 어떻게 풀더라…?

$\overline{DE} /\!/ \overline{BC}$이니까 $\overline{DI}=\overline{DB}$, $\overline{EI}=\overline{EC}$야.

풀이 답| 15 cm

$\overline{DI}=\overline{DB}$, $\overline{EI}=\overline{EC}$이므로

$$
\begin{aligned}
(\triangle ADE의\ 둘레의\ 길이) &= \overline{AD}+\overline{DE}+\overline{AE} \\
&= \overline{AD}+\overline{DI}+\overline{EI}+\overline{AE} \\
&= \overline{AD}+\overline{DB}+\overline{EC}+\overline{AE} \\
&= \overline{AB}+\boxed{\text{❶}}
\end{aligned}
$$

즉 $\overline{AB}+\overline{AC}=\boxed{\text{❷}}$ cm이므로 △ABC의 둘레의 길이는

$\overline{AB}+\overline{AC}+\overline{BC}=10+5=15\,(cm)$

답 ❶ $\overline{AC}$ ❷ 10

오른쪽 그림과 같이 $\overline{AB}=\overline{AC}$인 이등변삼각형 ABC에서 점 O는 외심이고, 점 I는 내심이다. $\angle BOC=100°$일 때, 다음을 구하시오.

(1) $\angle A$의 크기   (2) $\angle BIC$의 크기

(3) $\angle OBI$의 크기

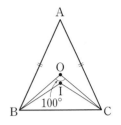

Tip

$\angle BOC$의 크기로 $\angle A$의 크기를 구하면 $\angle BIC$의 크기도 구할 수 있지.

두 점 O, I가 각각 △ABC의 외심, 내심일 때,

(1) $\angle BOC=2\angle A$ (2) $\angle BIC=90°+\dfrac{1}{2}\angle A$

풀이 답 | (1) 50° (2) 115° (3) 7.5°

(1) $\angle A=\dfrac{1}{2}\angle BOC=\dfrac{1}{2}\times 100°=50°$

(2) $\angle BIC=\boxed{\text{❶}}+\dfrac{1}{2}\times 50°=115°$

(3) △ABC에서 $\overline{AB}=\overline{AC}$이므로 $\angle ABC=\angle ACB=\dfrac{1}{2}\times(180°-50°)=65°$

점 I는 △ABC의 내심이므로 $\angle IBC=\dfrac{1}{2}\angle ABC=\dfrac{1}{2}\times 65°=32.5°$

△OBC에서 $\overline{OB}=\overline{OC}$이므로 $\angle OBC=\angle OCB=\dfrac{1}{2}\times(180°-100°)=40°$

∴ $\angle OBI=\angle OBC-\angle IBC=40°-32.5°=\boxed{\text{❷}}$

답 ❶ 90° ❷ 7.5°

직각삼각형의 외심과 내심

오른쪽 그림과 같이 $\angle C=90°$인 직각삼각형 ABC에서 점 O와 점 I는 각각 외심과 내심이다. $\overline{AB}=20$ cm, $\overline{BC}=12$ cm, $\overline{CA}=16$ cm일 때, 색칠한 부분의 넓이를 구하시오.

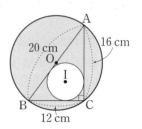

Tip

이것을 기억해!

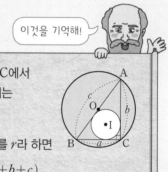

$\angle C=90°$인 직각삼각형 ABC에서
(1) 외접원 O의 반지름의 길이는
$$\frac{1}{2}\overline{AB}=\frac{1}{2}c$$
(2) 내접원 I의 반지름의 길이를 r라 하면
$$\triangle ABC=\frac{1}{2}ab=\frac{1}{2}r(a+b+c)$$

풀이 답 | 84π cm²

외접원 O의 반지름의 길이는 $\dfrac{1}{2}\overline{AB}=\dfrac{1}{2}\times 20=$ ❶ （cm）

내접원 I의 반지름의 길이를 r cm라 하면

$$\frac{1}{2}\times r\times(20+12+16)=\frac{1}{2}\times 12\times 16$$

$$24r=96 \qquad \therefore r=4$$

∴ (색칠한 부분의 넓이)＝(원 O의 넓이)－(원 I의 넓이)

$$=\pi\times 10^2-\pi\times 4^2=$$ ❷ （cm²）

답 ❶ 10 ❷ 84π

22 평행사변형의 성질의 활용 (1) – 변의 길이

오른쪽 그림과 같은 평행사변형 ABCD에서
∠A, ∠D의 이등분선이 $\overline{BC}$와 만나는 점을 각
각 E, F라 하자. $\overline{AB}$=7 cm, $\overline{AD}$=10 cm일
때, $\overline{FE}$의 길이를 구하시오.

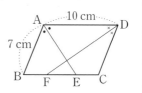

Tip

평행사변형 문제네?

평행한 두 직선이 다른 한
직선과 만나서 생기는 엇각의 크기는
같음을 이용해.

풀이 답| 4 cm

$\overline{AD}/\!/\overline{BC}$이므로 ∠BEA＝∠DAE (엇각)

이때 ∠DAE＝∠BAE이므로 ∠BEA＝∠BAE

즉 △BEA는 $\overline{BA}$＝$\overline{BE}$인 이등변삼각형이므로 $\overline{BE}$＝$\overline{BA}$＝ ① cm

또 $\overline{AD}/\!/\overline{BC}$이므로 ∠CFD＝∠ADF (엇각)

이때 ∠ADF＝∠CDF이므로 ∠CFD＝∠CDF

즉 △CDF는 $\overline{CD}$＝$\overline{CF}$인 이등변삼각형이므로 $\overline{CF}$＝$\overline{CD}$＝7 cm

한편 $\overline{BC}$＝$\overline{AD}$＝10 cm이므로

$\overline{BF}$＝$\overline{BC}$－$\overline{CF}$＝10－7＝3 (cm)

∴ $\overline{FE}$＝$\overline{BE}$－$\overline{BF}$＝7－3＝ ② (cm)

답 ❶ 7 ❷ 4

23 **평행사변형의 성질의 활용 (2) – 각의 크기**

오른쪽 그림과 같은 평행사변형 ABCD에서
∠B=45°, ∠AED=75°이고
∠ADE : ∠CDE=2 : 1일 때, ∠x의 크기를
구하시오.

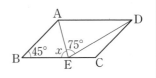

Tip

평행사변형은 두 쌍의
대각의 크기가 각각 같지!

성질2

풀이 답| 75°

∠ADC=∠B=❶ [ ]이고 ∠ADE : ∠CDE=2 : 1이므로

∠ADE=45°× $\dfrac{2}{3}$ =30°

△AED에서 ∠DAE=180°−(75°+30°)=75°

이때 $\overline{AD} \parallel \overline{BC}$이므로

∠x=∠DAE=75° (❷ [ ])

답 ❶ 45° ❷ 엇각

26 일등전략 수학 2-2 · 중간

평행사변형의 성질의 활용 (3) – 대각선

오른쪽 그림과 같은 평행사변형 ABCD에서 두 대각선의 교점 O를 지나는 직선이 $\overline{AB}$, $\overline{DC}$ 와 만나는 점을 각각 E, F라 하자. $\angle OFC = 90°$ 이고 $\overline{AB} = 6$ cm, $\overline{OF} = 4$ cm, $\overline{CF} = 2$ cm일 때, $\triangle OEB$의 넓이를 구하시오.

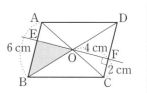

Tip

△OAE와 △OCF가 서로 합동임을 보이자.

풀이 답| 8 cm²

△OAE와 △OCF에서

$\overline{OA} = \overline{OC}$, $\angle OAE = \angle OCF$ (엇각),

$\angle EOA = \angle FOC$ (맞꼭지각)

따라서 $\triangle OAE \equiv \triangle OCF$ (❶ _____ 합동)이므로

$\overline{OE} = \overline{OF} = 4$ cm, $\angle OEA = \angle OFC = 90°$, $\overline{AE} = \overline{CF} = 2$ cm

이때 $\overline{BE} = \overline{AB} - \overline{AE} = 6 - 2 = 4$ (cm)이므로

$\triangle OEB = \dfrac{1}{2} \times \overline{BE} \times \overline{OE}$

$\qquad = \dfrac{1}{2} \times 4 \times 4 = $ ❷ ____ (cm²)

답 ❶ ASA ❷ 8

25 평행사변형이 되는 조건의 활용

오른쪽 그림과 같은 평행사변형 ABCD에서 ∠B
와 ∠D의 이등분선이 $\overline{AD}$, $\overline{BC}$와 만나는 점을 각
각 E, F라 할 때, 다음 중 옳지 <u>않은</u> 것을 말한 학
생을 고르시오.

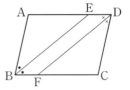

지혜 : $\overline{AB}=\overline{AE}$

승규 : $\overline{BE}=\overline{CF}$

우식 : $\overline{BF}=\overline{DE}$

진수 : $\angle BED = \angle BFD$

다윤 : $\angle AEB = \angle FDC$

Tip

평행사변형이 되는 조건을 이용하여 새로운 사각형이 평행사변형임을 설명한다.

풀이 답ㅣ승규

지혜 : $\overline{AD} /\!/ \overline{BC}$이므로 $\angle AEB = \angle EBF$ (엇각)   ∴ $\angle ABE = \angle AEB$
   즉 △ABE는 $\overline{AB}=\overline{AE}$인 이등변삼각형이다.

우식, 진수 : $\angle B = \angle D$이므로 $\angle EBF = \dfrac{1}{2}\angle B = \dfrac{1}{2}\angle D = \angle EDF$

   $\angle AEB = \angle EBF$ (엇각), $\angle EDF = \angle DFC$ (엇각)이므로

   $\angle AEB = \angle DFC$

   ∴ $\angle BED = 180° - \angle AEB = 180° - \angle DFC = \boxed{①\qquad}$

   즉 □EBFD는 두 쌍의 대각의 크기가 각각 같으므로 평행사변형이다.

   따라서 $\overline{BF}=\overline{DE}$

다윤 : $\angle AEB = \angle EBF = \angle EDF = \boxed{②\qquad}$

따라서 옳지 않은 것을 말한 학생은 승규이다.

답 ① $\angle BFD$ ② $\angle FDC$

26 평행사변형과 넓이

오른쪽 그림과 같은 평행사변형 ABCD에서 $\overline{BC}$, $\overline{DC}$의 연장선 위에 $\overline{BC}=\overline{CE}$, $\overline{DC}=\overline{CF}$가 되도록 두 점 E, F를 잡았다. △ABC의 넓이가 25 cm^2일 때, □BFED의 넓이는?

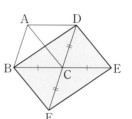

① 70 cm^2 ② 85 cm^2 ③ 100 cm^2

④ 115 cm^2 ⑤ 130 cm^2

Tip

평행사변형의 넓이는
한 대각선에 의하여 이등분되고
두 대각선에 의하여 사등분된다.

풀이 답 | ③

$\triangle BCD = \boxed{\text{❶}} = 25 \text{ cm}^2$

이때 □BFED는 두 대각선이 서로 다른 것을 이등분하므로 평행사변형이다.

∴ □BFED $= \boxed{\text{❷}} \triangle BCD = 4 \times 25 = 100 \ (\text{cm}^2)$

답 ❶ $\triangle ABC$ ❷ 4

직사각형

오른쪽 그림과 같은 직사각형 ABCD에서 점 O 는 두 대각선의 교점이다. ∠BOC=150°일 때, ∠y−∠x의 크기는?

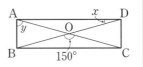

① 50°　　　　② 55°　　　　③ 60°

④ 65°　　　　⑤ 70°

Tip

직사각형은 네 내각의 크기가 모두 같은 사각형이야.

직사각형의 두 대각선은 길이가 같고, 서로 다른 것을 이등분해.

풀이 답 | ③

∠AOD=∠BOC= [❶] (맞꼭지각)

$\overline{OA}=\overline{OD}$이므로 $\angle x=\dfrac{1}{2}\times(180°-150°)=15°$

$\angle y=90°-15°=75°$

$\therefore \angle y-\angle x=75°-15°=$ [❷]

답 ❶ 150°　❷ 60°

평행사변형이 직사각형이 되는 조건

오른쪽 그림과 같은 평행사변형 ABCD에서 점 O 는 두 대각선의 교점이다. $\overline{AD}=6$ cm, $\overline{BD}=10$ cm일 때, 다음 중 □ABCD가 직사각형이 되는 조건을 모두 고르시오.

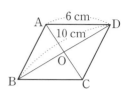

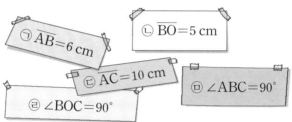

ㄱ $\overline{AB}=6$ cm

ㄴ $\overline{BO}=5$ cm

ㄷ $\overline{AC}=10$ cm

ㄹ $\angle BOC=90°$

ㅁ $\angle ABC=90°$

Tip

평행사변형이 직사각형이 되는 조건

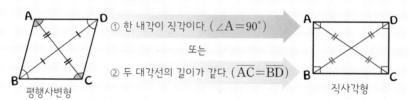

① 한 내각이 직각이다. ($\angle A=90°$)

또는

② 두 대각선의 길이가 같다. ($\overline{AC}=\overline{BD}$)

평행사변형 → 직사각형

풀이 답 | ㄷ, ㅁ

ㄷ 두 대각선의 길이가 ❶ _____ .

ㅁ 한 내각의 크기가 ❷ _____ 이다.

따라서 직사각형이 되는 조건은 ㄷ, ㅁ이다.

참고 평행사변형 ABCD가 마름모가 되는 조건은 ㄱ, ㄹ이다.

답 ❶ 같다 ❷ 90°

29 마름모

오른쪽 그림과 같은 마름모 ABCD에서 점 O는
두 대각선의 교점이고 $\overline{AE} \perp \overline{CD}$이다.
∠ABO=33°일 때, ∠x+∠y의 크기는?

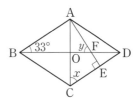

① 106°　　② 108°　　③ 110°

④ 112°　　⑤ 114°

Tip

마름모는 네 변의 길이가
모두 같은 사각형이야.

마름모의 두 대각선은
서로 다른 것을 수직이등분해.

풀이　답 | ⑤

$\overline{AB} /\!/ \overline{DC}$이므로 ∠BDC=❶[　　　　]=33° (엇각)

△DOC에서 ∠DOC=90°이므로

∠x=180°−(90°+33°)=57°

△DFE에서

∠DFE=180°−(90°+33°)=57°이므로

∠y=❷[　　　　]=57° (맞꼭지각)

∴ ∠x+∠y=57°+57°=114°

답 ❶ ∠ABD ❷ ∠DFE

평행사변형이 마름모가 되는 조건

오른쪽 그림과 같은 평행사변형 ABCD가 마름모가 되도록 하는 x, y에 대하여 $x-y$의 값은?

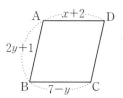

① 4   ② 3   ③ 2

④ 1   ⑤ 0

Tip

평행사변형이 마름모가 되는 조건

평행사변형

① 이웃하는 두 변의 길이가 같다. ($\overline{AB}=\overline{BC}$)

또는

② 두 대각선이 서로 수직이다. ($\overline{AC}\perp\overline{BD}$)

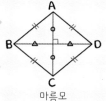

마름모

풀이 답 | ④

$\overline{AB}=$ ❶   이어야 하므로

$2y+1=7-y$, $3y=6$ ∴ $y=2$

$\overline{AB}=2y+1=2\times2+1=5$이므로

$\overline{AD}=$ ❷ , 즉 $x+2=5$ ∴ $x=3$

∴ $x-y=3-2=1$

답 ❶ $\overline{BC}$ ❷ 5

정사각형

오른쪽 그림과 같은 정사각형 ABCD에서 $\overline{BC}$를 한 변으로 하는 정삼각형 PBC를 그렸다. 이때 ∠PAD의 크기를 구하시오.

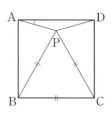

Tip

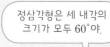

정삼각형은 세 내각의 크기가 모두 60°야.

$\overline{AB}=\overline{BC}=\overline{PB}$이니까 △ABP가 어떤 삼각형인지 알겠지?

풀이 답 | 15°

△PBC는 정삼각형이므로 ∠PBC=60°

∴ ∠ABP=90°−60°=30°

이때 $\overline{AB}=\overline{BC}=\overline{PB}$이므로 △ABP는 ❶⬜⬜⬜⬜ 삼각형이다.

따라서 ∠BAP=$\dfrac{1}{2}$×(180°−30°)=75°이므로

∠PAD=∠BAD−❷⬜⬜⬜⬜

  =90°−75°=15°

답 ❶ 이등변 ❷ ∠BAP

32 **정사각형이 되는 조건**

다음 중 오른쪽 그림과 같은 마름모 ABCD가 정사각형이 되는 조건이 <u>아닌</u> 것을 모두 고르면? (단, 점 O는 두 대각선의 교점이다.) (정답 2개)

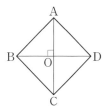

① $\overline{AC}=\overline{BD}$ ② $\overline{AC}\perp\overline{BD}$

③ $\overline{AB}\perp\overline{BC}$ ④ $\angle ABC=\angle BAD$

⑤ $\overline{AB}=\overline{BC}$

Tip

직사각형이 정사각형이 되는 조건이야.

① 이웃하는 두 변의 길이가 같다.
② 두 대각선이 수직으로 만난다.

마름모가 정사각형이 되는 조건이야.

① 한 내각이 직각이다.
② 두 대각선의 길이가 같다.

풀이 답| ②, ⑤

① 두 대각선의 길이가 ⓐ   .   ② 두 대각선이 수직으로 만난다.

③, ④ 한 내각이 ⓑ   이다.   ⑤ 이웃하는 두 변의 길이가 같다.

따라서 마름모가 정사각형이 되는 조건이 아닌 것은 ②, ⑤이다.

참고 직사각형이 정사각형이 되는 조건은 ②, ⑤이다.

답 ❶ 같다 ❷ 직각

등변사다리꼴

오른쪽 그림과 같이 $\overline{AD}\,/\!/\,\overline{BC}$인 등변사다리꼴
ABCD에서 $\overline{AB}=\overline{AD}$이고 $\angle DBC=40°$일 때,
$\angle BDC$의 크기는?

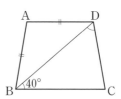

① $50°$　　　② $55°$　　　③ $60°$

④ $65°$　　　⑤ $70°$

Tip

등변사다리꼴은 밑변의
양 끝 각의 크기가 같은
사다리꼴이야.

△ABD는 이등변삼각형이니까
$\angle ABD=\angle ADB$네!

풀이 답 | ③

$\angle ADB=\angle DBC=\boxed{①\qquad}$ (엇각)이고

△ABD는 $\overline{AB}=\overline{AD}$인 이등변삼각형이므로

$\angle ABD=\angle ADB=40°$

$\angle ABC=\angle ABD+\angle DBC=40°+40°=80°$이므로

$\angle C=\angle ABC=\boxed{②\qquad}$

따라서 △DBC에서

$\angle BDC=180°-(40°+80°)=60°$

답 ❶ $40°$　❷ $80°$

여러 가지 사각형 사이의 관계

다음 그림은 일반적인 사각형에 조건을 하나씩 추가하여 여러 가지 사각형이 되는 과정을 나타낸 것이다. ㉠~㉢에 추가되는 조건을 바르게 말한 학생을 고르시오.

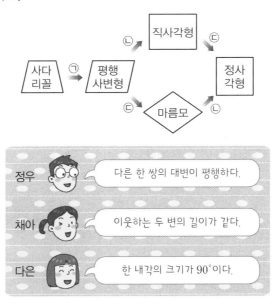

정우: 다른 한 쌍의 대변이 평행하다.

채아: 이웃하는 두 변의 길이가 같다.

다은: 한 내각의 크기가 90°이다.

Tip

각각의 사각형이 다른 사각형이 되는 조건을 생각한다.

풀이 답| ㉠ – 정우, ㉡ – 다은, ㉢ – 채아

㉠ 다른 한 쌍의 대변이 평행하다. ➡ 정우

㉡ 한 내각의 크기가 90°이다. ➡ **❶**

㉢ 이웃하는 두 변의 길이가 같다. ➡ **❷**

답 ❶ 다은 ❷ 채아

평행선과 삼각형의 넓이

오른쪽 그림과 같이 □ABCD의 꼭짓점 D를 지나고 $\overline{AC}$에 평행한 직선이 $\overline{BC}$의 연장선과 만나는 점을 E라 하자. $\overline{AB}=5$ cm, $\overline{BE}=8$ cm이고 △ACD의 넓이가 9 cm²일 때, △ABC의 넓이를 구하시오.

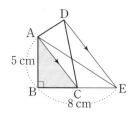

Tip

먼저 평행선을 이용하여 넓이가 같은 삼각형을 찾아야 해.

풀이 답| 11 cm²

$\overline{AC}\,/\!/\,\overline{DE}$이므로

$\triangle ACE = \boxed{\text{❶}} = 9$ cm²

$\triangle ABE = \dfrac{1}{2} \times 8 \times 5 = 20$ (cm²)이므로

$\triangle ABC = \triangle ABE - \triangle ACE$

$\qquad = 20 - 9$

$\qquad = \boxed{\text{❷}}$ (cm²)

답 ❶ △ACD ❷ 11

36 높이가 같은 두 삼각형의 넓이

오른쪽 그림과 같은 △ABC에서 $\overline{AC} /\!/ \overline{DE}$이고 $\overline{BF} : \overline{FC} = 3 : 5$이다. △DBF의 넓이가 9 cm²일 때, □ADFE의 넓이는?

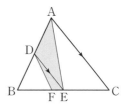

① 12 cm²   ② 15 cm²   ③ 18 cm²

④ 21 cm²   ⑤ 24 cm²

Tip

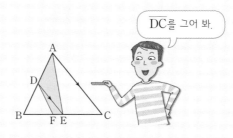

$\overline{DC}$를 그어 봐.

풀이 답 ②

오른쪽 그림과 같이 $\overline{DC}$를 그으면 $\overline{AC} /\!/ \overline{DE}$이므로

$$\triangle ADE = \boxed{\text{❶} }$$

$$\therefore \ \square ADFE = \triangle DFE + \triangle ADE$$
$$= \triangle DFE + \triangle CDE$$
$$= \triangle DFC$$
$$= \frac{5}{3} \triangle DBF$$
$$= \frac{5}{3} \times 9 = \boxed{\text{❷} } \ (\text{cm}^2)$$

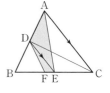

답 ❶ △CDE **❷** 15

37 평행사변형에서 높이가 같은 두 삼각형의 넓이

오른쪽 그림과 같은 평행사변형 ABCD에서
$\overline{\text{BD}} /\!/ \overline{\text{EF}}$일 때, 다음 중 넓이가 나머지 넷과 다른
하나를 들고 있는 학생을 고르시오.

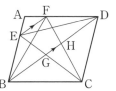

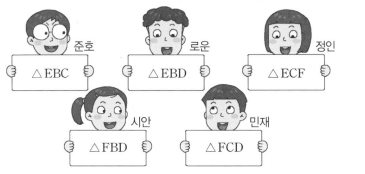

준호 $\triangle$ EBC

로운 $\triangle$ EBD

정인 $\triangle$ ECF

시안 $\triangle$ FBD

민재 $\triangle$ FCD

Tip

$\overline{\text{AB}} /\!/ \overline{\text{DC}}$, $\overline{\text{AD}} /\!/ \overline{\text{BC}}$, $\overline{\text{BD}} /\!/ \overline{\text{EF}}$임을 이용하여 삼각형의 넓이가 다른 하나를 찾는다.

풀이 답 | 정인

$\overline{\text{AB}} /\!/ \overline{\text{DC}}$이므로 $\triangle$ EBC = ❶ ⬚

$\overline{\text{EF}} /\!/ \overline{\text{BD}}$이므로 $\triangle$ EBD = ❷ ⬚

$\overline{\text{AD}} /\!/ \overline{\text{BC}}$이므로 $\triangle$ FBD = $\triangle$ FCD

∴ $\triangle$ EBC = $\triangle$ EBD = $\triangle$ FBD = $\triangle$ FCD

따라서 넓이가 나머지 넷과 다른 하나를 들고 있는 학생은 정인이다.

답 ❶ $\triangle$ EBD ❷ $\triangle$ FBD

38 사다리꼴에서 높이가 같은 두 삼각형의 넓이

오른쪽 그림과 같이 $\overline{AD} /\!/ \overline{BC}$인 사다리꼴 ABCD에서 두 대각선의 교점을 O라 하자. $\triangle OAD$의 넓이가 15 cm^{2}이고 $\triangle OAB$의 넓이가 30 cm^{2}일 때, $\triangle DBC$의 넓이를 구하시오.

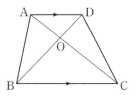

Tip

□ABCD에서 $\overline{AD} /\!/ \overline{BC}$일 때, 다음과 같이 넓이가 같은 삼각형을 찾을 수 있어.

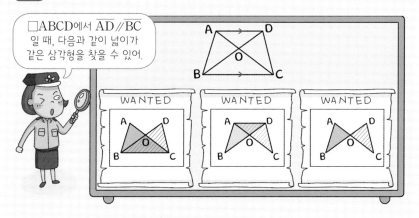

풀이 답| 90 cm^2

$\overline{OB} : \overline{OD} = \triangle OAB : \triangle OAD = 30 : 15 = $ ❶ ▭

$\overline{AD} /\!/ \overline{BC}$이므로

$\triangle OCD = \triangle OAB = 30$ cm^2

$\triangle OBC : \triangle OCD = \overline{OB} : \overline{OD} = 2 : 1$에서 $\triangle OBC = $ ❷ ▭ (cm^2)

$\therefore \triangle DBC = \triangle OCD + \triangle OBC$
$= 30 + 60 = 90$ (cm^2)

답 ❶ 2 : 1 ❷ 60

지훈이는 쿠키를 만들기 위해 오른쪽 그림과 같이 큰 원 모양의 반죽에 작은 원 모양 틀을 사용하여 크기가 같은 원 모양의 반죽 7개를 떼어내었다. 떼어낸 원 모양의 반죽 한 개와 큰 원 모양의 반죽의 지름의 길이의 비는 1 : 3이고 떼어낸 원 모양의 반죽 한 개의 넓이는 $7\ \mathrm{cm}^2$일 때, 남은 반죽의 넓이를 구하시오.

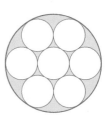

(단, 반죽의 두께와 틀의 두께는 무시한다.)

Tip

닮음비가 $m : n$인 두 평면도형의 넓이의 비는 $m^2 : n^2$이다.

풀이 답| $14\ \mathrm{cm}^2$

떼어낸 원 모양의 반죽 한 개와 큰 원 모양의 반죽은 닮은 도형이고

닮음비는 1 : 3이므로 넓이의 비는 $1^2 : 3^2 =$ ❶〔   〕

이때 떼어낸 원 모양의 반죽 한 개의 넓이는 $7\ \mathrm{cm}^2$이므로

7 : (큰 원 모양의 반죽의 넓이)=1 : 9에서

(큰 원 모양의 반죽의 넓이)=$63\ (\mathrm{cm}^2)$

∴ (남은 반죽의 넓이)=$63-7\times7=$ ❷〔   〕(cm^2)

답 ❶ 1 : 9 ❷ 14

닮은 두 입체도형의 겉넓이의 비와 부피의 비

아래 그림과 같이 한 모서리의 길이가 1 m인 큰 정육면체 모양의 얼음 한 개로 크기와 모양이 같은 작은 정육면체 모양의 얼음을 여러 개 만들려고 한다. 작은 정육면체 모양의 얼음의 한 모서리의 길이가 5 cm일 때, 다음 물음에 답하시오.

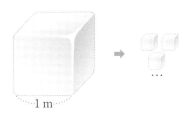

(1) 작은 얼음은 모두 몇 개를 만들 수 있는지 구하시오.
(2) 작은 얼음의 겉넓이를 모두 합하면 처음 큰 얼음의 겉넓이의 몇 배인지 구하시오.

Tip

닮음비가 $m : n$인 두 입체도형에서
(1) 겉넓이의 비 ➡ $m^2 : n^2$ (2) 부피의 비 ➡ $m^3 : n^3$

풀이 답 | (1) 8000개 (2) 20배

(1) 큰 얼음과 작은 얼음의 닮음비가 $100 : 5 = 20 : 1$이므로
부피의 비는 $20^3 : 1^3 = 8000 : 1$
따라서 작은 얼음은 모두 [❶]개를 만들 수 있다.

(2) 큰 얼음과 작은 얼음의 겉넓이의 비는 $20^2 : 1^2 = 400 : 1$이므로
(큰 얼음 한 개의 겉넓이) : (작은 얼음 8000개의 겉넓이의 합)
$= 400 : (1 \times 8000) = 400 : 8000 = 1 : 20$
따라서 작은 얼음 8000개의 겉넓이를 모두 합하면 처음 큰 얼음의 겉넓이의
[❷]배이다.

답 ❶ 8000 ❷ 20

오른쪽 그림과 같은 △ABC에서 $\overline{AD}$의 길이
는?

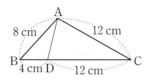

① 5 cm   ② 5.5 cm

③ 6 cm   ④ 6.5 cm

⑤ 7 cm

Tip

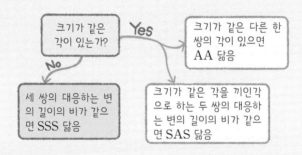

풀이 답 ③

△ABC와 △DBA에서

$\overline{AB} : \overline{DB} = \overline{BC} : \overline{BA} =$ ❶ [   ], ∠B는 공통이므로

△ABC∽△DBA (❷ [   ] 닮음)

즉 $\overline{CA} : \overline{AD} = 2 : 1$에서

$12 : \overline{AD} = 2 : 1$ ∴ $\overline{AD} = 6$ (cm)

답 ❶ 2 : 1   ❷ SAS

삼각형의 닮음 조건 – AA 닮음

오른쪽 그림에서 $\overline{AD}\,/\!/\,\overline{BC}$, $\overline{AB}\,/\!/\,\overline{DE}$이고
$\overline{AE}=4$ cm, $\overline{BC}=9$ cm, $\overline{CE}=6$ cm일 때, $\overline{AD}$의
길이는?

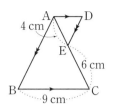

① 3 cm   ② 3.6 cm   ③ 4.2 cm

④ 4.8 cm   ⑤ 5.4 cm

Tip

풀이 답 | ②

$\triangle ABC$와 $\triangle EDA$에서

$\angle BAC = \angle DEA$ (엇각), $\angle BCA =$ ❶ ☐☐☐☐☐ (엇각)이므로

$\triangle ABC \backsim \triangle EDA$ (AA 닮음)

즉 $\overline{BC} : \overline{DA} =$ ❷ ☐☐☐ : $\overline{EA}$에서

$9 : \overline{AD} = (4+6) : 4$ $\therefore \overline{AD} = 3.6$ (cm)

답 ❶ $\angle DAE$ ❷ $\overline{AC}$

직각삼각형의 닮음

오른쪽 그림과 같이 ∠A＝90°인 직각삼각형
ABC에서 $\overline{AH} \perp \overline{BC}$이다. $\overline{AC}=15$ cm,
$\overline{CH}=9$ cm일 때, △ABH의 넓이를 구하시
오.

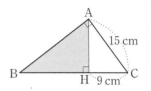

Tip

△ABC∽△HBA∽△HAC
(1) △ABC∽△HBA이므로 $\overline{AB}^2=\overline{BH}\times\overline{BC}$
(2) △ABC∽△HAC이므로 $\overline{AC}^2=\overline{CH}\times\overline{CB}$
(3) △HBA∽△HAC이므로 $\overline{AH}^2=\overline{HB}\times\overline{HC}$

서로 닮음이야.

풀이 답| 96 cm²

$\overline{AC}^2=\overline{CH}\times\overline{CB}$에서
$15^2=9\times(9+\overline{BH})$　　∴ $\overline{BH}=$ ❶ ▭ (cm)
$\overline{AH}^2=\overline{HB}\times\overline{HC}$에서
$\overline{AH}^2=16\times9=144$　　∴ $\overline{AH}=$ ❷ ▭ (cm) (∵ $\overline{AH}>0$)
∴ $\triangle ABH=\dfrac{1}{2}\times\overline{BH}\times\overline{AH}$

$\qquad\qquad =\dfrac{1}{2}\times16\times12=96\,(\text{cm}^2)$

답 ❶ 16　❷ 12

닮음의 활용

다음 그림에서 △DEF는 나무의 높이를 구하기 위하여 △ABC를 축소하여 그린 것이다. 이때 나무의 실제 높이는 몇 m인지 구하시오.

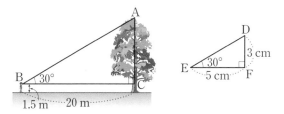

Tip

풀이 답| 13.5 m

△ABC∽❶[⬜⬜⬜⬜⬜]이므로 $\overline{AC}=x$ m라 하면

$\overline{BC}:\overline{EF}=\overline{AC}:\overline{DF}$에서

$20:0.05=x:0.03,\ 0.05x=0.6$ ∴ $x=12$

따라서 나무의 실제 높이는 $12+$❷[⬜⬜⬜]$=13.5\ (m)$

답 ❶ △DEF ❷ 1.5

특목고 대비

일등
전략

시험에 잘 나오는

대표 유형 ZIP

중 간 고 사 대 비

중학 수학 2-2

BOOK 1

중간고사 대비

일등
전략

이 책의 구성과 활용

주 도입

이번 주에 배울 내용이 무엇인지 안내하는 부분입니다. 재미있는 만화를 통해 앞으로 배울 학습 요소를 미리 떠올려 봅니다.

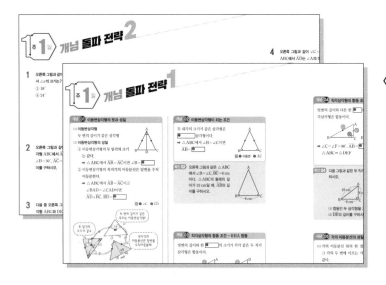

1일 · 개념 돌파 전략

성취기준별로 꼭 알아야 하는 핵심 개념을 익힌 뒤 문제를 풀며 개념을 잘 이해했는지 확인합니다.

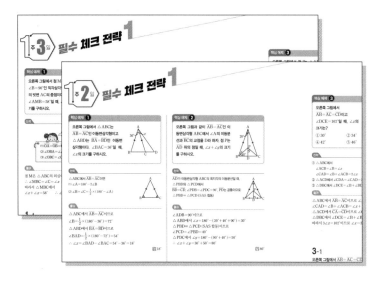

2일, 3일 · 필수 체크 전략

꼭 알아야 할 대표 유형 문제를 뽑아 쌍둥이 문제와 함께 풀어 보며 문제에 접근하는 과정과 방법을 체계적으로 익혀 봅니다.

주 마무리 코너

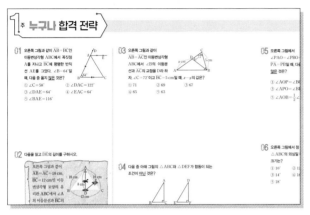

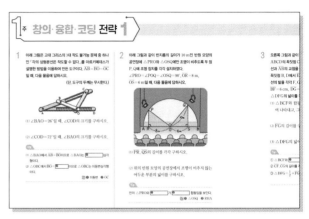

누구나 합격 전략
기말고사 종합 문제로 학습 자신감을 고취할 수 있습니다.

창의·융합·코딩 전략
융복합적 사고력과 문제 해결력을 길러 주는 문제로 구성하였습니다.

중간고사 마무리 코너

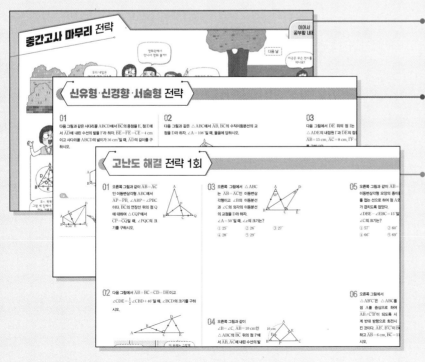

● **중간고사 마무리 전략**
학습 내용을 만화로 정리하여 앞에서 공부한 내용을 한눈에 파악할 수 있습니다.

● **신유형·신경향·서술형 전략**
신유형·서술형 문제를 집중적으로 풀며 문제 적응력을 높일 수 있습니다.

● **고난도 해결 전략**
실제 시험에 대비할 수 있는 고난도 실전 문제를 2회로 구성하였습니다.

이 책의 차례

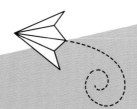

삼각형의 성질

공부할 내용

❶ 이등변삼각형
❷ 직각삼각형의 닮음 조건
❸ 삼각형의 외심
❹ 삼각형의 내심

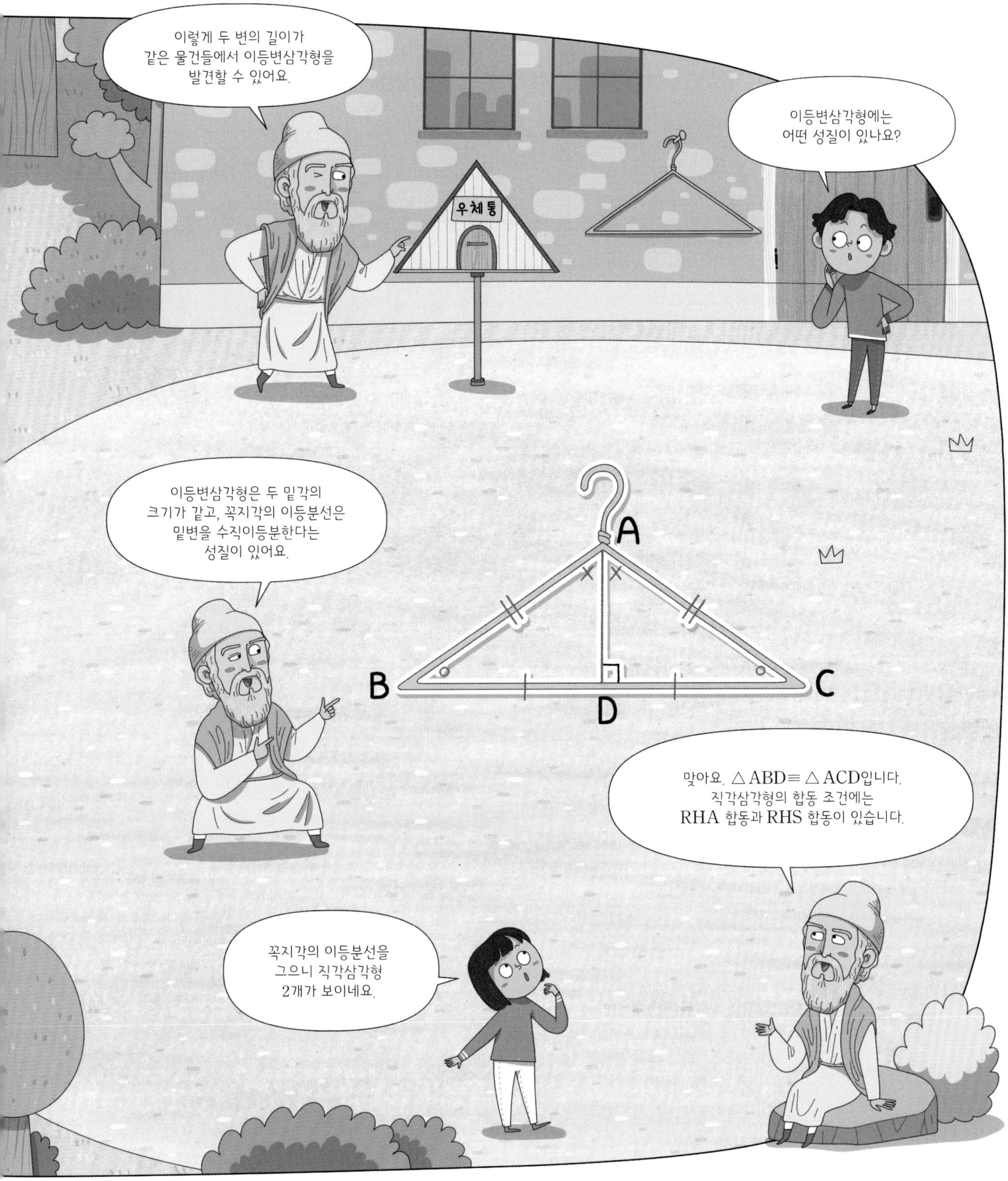

개념 **01** 이등변삼각형의 뜻과 성질

(1) **이등변삼각형**
두 변의 길이가 같은 삼각형

(2) **이등변삼각형의 성질**
① 이등변삼각형의 두 밑각의 크기
는 같다.
➡ △ABC에서 $\overline{AB}=\overline{AC}$이면 ∠B=**❶** □

② 이등변삼각형의 꼭지각의 이등분선은 밑변을 수직
이등분한다.
➡ △ABC에서 $\overline{AB}=\overline{AC}$이고
∠BAD=∠CAD이면
$\overline{AD}⊥\overline{BC}$, $\overline{BD}=$**❷** □

답 ❶ ∠C ❷ $\overline{CD}$

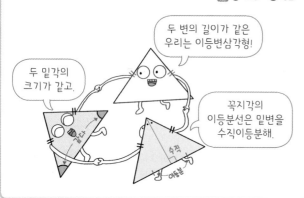

두 변의 길이가 같은
우리는 이등변삼각형!

두 밑각의
크기가 같고.

꼭지각의
이등분선은 밑변을
수직이등분해.

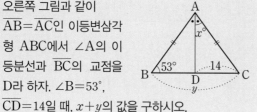

확인 **01** 오른쪽 그림과 같이
$\overline{AB}=\overline{AC}$인 이등변삼각
형 ABC에서 ∠A의 이
등분선과 $\overline{BC}$의 교점을
D라 하자. ∠B=53°,
$\overline{CD}=14$일 때, $x+y$의 값을 구하시오.

개념 **02** 이등변삼각형이 되는 조건

두 내각의 크기가 같은 삼각형은
❶ □ 삼각형이다.
➡ △ABC에서 ∠B=∠C이면
$\overline{AB}=$**❷** □

답 ❶ 이등변 ❷ $\overline{AC}$

확인 **02** 오른쪽 그림과 같은 △ABC
에서 ∠B=∠C, $\overline{BC}=6$ cm
이다. △ABC의 둘레의 길
이가 22 cm일 때, $\overline{AB}$의 길
이를 구하시오.

개념 **03** 직각삼각형의 합동 조건 – RHA 합동

빗변의 길이와 한 **❶** □ 의 크기가 각각 같은 두 직각
삼각형은 합동이다.

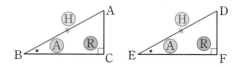

➡ ∠C=∠F=**❷** □ , $\overline{AB}=\overline{DE}$, ∠B=∠E이면
△ABC≡△DEF

답 ❶ 예각 ❷ 90°

확인 **03** 오른쪽 그림과 같이 길
이가 같은 두 사다리를
벽에 기대어 세웠을 때,
합동인 두 삼각형을 기
호로 나타내고, $\overline{DF}$의
길이를 구하시오.

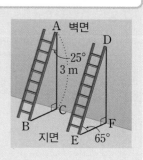

개념 04 직각삼각형의 합동 조건 – RHS 합동

빗변의 길이와 다른 한 ❶[　　] 의 길이가 각각 같은 두 직각삼각형은 합동이다.

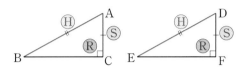

➡ ∠C＝∠F＝90°, $\overline{AB}$＝❷[　　], $\overline{AC}$＝$\overline{DF}$이면
　△ABC≡△DEF

답 ❶ 변 ❷ $\overline{DE}$

확인 04 다음 그림과 같은 두 직각삼각형에 대하여 물음에 답하시오.

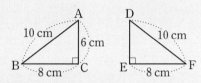

(1) 합동인 두 삼각형을 기호로 나타내시오.
(2) $\overline{DE}$의 길이를 구하시오.

개념 05 각의 이등분선의 성질

(1) 각의 이등분선 위의 한 점에서 그 각의 두 변에 이르는 거리는 같다.
　➡ ∠AOP＝∠BOP이면
　　$\overline{PA}$＝❶[　　]

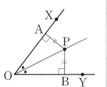

(2) 각의 두 변에서 같은 거리에 있는 점은 그 각의 이등분선 위에 있다.
　➡ $\overline{PA}$＝$\overline{PB}$이면
　　∠AOP＝❷[　　]

답 ❶ $\overline{PB}$ ❷ ∠BOP

확인 05 다음 그림에서 x의 값을 구하시오.

(1)　　　　　　(2)

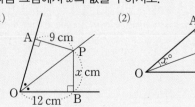

개념 06 삼각형의 외심

(1) 외접 : △ABC의 세 꼭짓점이 원 O 위에 있을 때, 원 O는 △ABC에 외접한다고 한다.

(2) 외접원 : 삼각형의 세 꼭짓점을 지나는 원 O

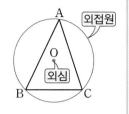
외접원
외심

(3) 외심 : 삼각형의 외접원의 중심 O

(4) 삼각형의 외심의 성질

① 삼각형의 세 변의 수직이등분선은 한 점(❶[　　])에서 만난다.

② 삼각형의 외심에서 세 꼭짓점에 이르는 거리는 같다.

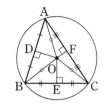

➡ $\overline{OA}$＝$\overline{OB}$＝$\overline{OC}$
　＝(외접원 O의 ❷[　　]의 길이)

참고 △OAD≡△OBD, △OBE≡△OCE,
　△OCF≡△OAF

답 ❶ 외심 ❷ 반지름

확인 06 오른쪽 그림에서 점 O는 △ABC의 외심이다. 다음 중 옳은 것에는 ○표, 옳지 않은 것에는 ×표를 ( ) 안에 써넣으시오.

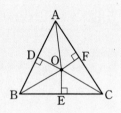

(1) $\overline{OA}$＝$\overline{OB}$＝$\overline{OC}$　　　　(　)
(2) $\overline{AF}$＝$\overline{CF}$　　　　　　　(　)
(3) $\overline{BD}$＝$\overline{BE}$　　　　　　　(　)
(4) ∠OBC＝∠OCB　　　　(　)
(5) △OAD≡△OAF　　　　(　)

삼각형의 외심은 삼각형의 세 변의 수직이등분선의 교점이야.

개념 07 삼각형의 외심의 위치

예각삼각형	직각삼각형	둔각삼각형
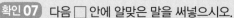
삼각형의 내부	빗변의 ❶	삼각형의 ❷

답 ❶ 중점 ❷ 외부

확인 07 다음 □ 안에 알맞은 말을 써넣으시오.

□ 삼각형의 외심은 삼각형의 내부에,
□ 삼각형의 외심은 빗변의 중점에,
둔각삼각형의 외심은 삼각형의 □ 에
있다.

삼각형의 모양에
따라 외심의 위치가 달라!

개념 08 삼각형의 외심의 활용 (1)

점 O가 △ABC의 외심일 때

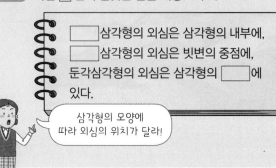

$$\angle x + \angle y + \angle z = ❶$$

답 ❶ 90°

확인 08 다음 그림에서 점 O는 △ABC의 외심일 때, ∠x의 크기를 구하시오.

(1)   (2)

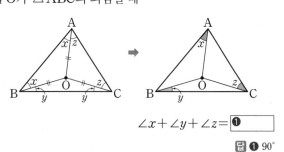

개념 09 삼각형의 외심의 활용 (2)

점 O가 △ABC의 외심일 때

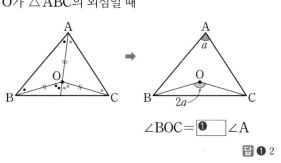

$$\angle BOC = ❶ \angle A$$

답 ❶ 2

확인 09 다음 그림에서 점 O는 △ABC의 외심일 때, ∠x의 크기를 구하시오.

(1)   (2)

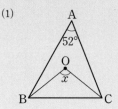 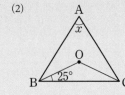

개념 10 접선과 접점

(1) 원과 직선이 한 점에서 만날 때, 이 직선은 원에 접한다고 한다.

(2) **접선** : 원과 한 ❶ 에서 만나는 직선

(3) **접점** : 원과 접선이 만나는 점

(4) 원의 접선은 그 접점을 지나는 반지름에 ❷ 이다.

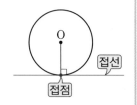

답 ❶ 점 ❷ 수직

확인 10 오른쪽 그림과 같이 직선 PA와 원 O가 한 점 A에서 만날 때, ∠x의 크기를 구하시오.

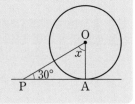

개념 ⑪ 삼각형의 내심

(1) **내접** : 원 I가 △ABC의 세 변
에 모두 접할 때, 원 I는
△ABC에 내접한다고 한다.

(2) **내접원** : 삼각형의 세 변에 접
하는 원 I

(3) **내심** : 삼각형의 내접원의 중심 I

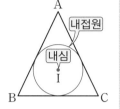

(4) **삼각형의 내심의 성질**

① 삼각형의 세 내각의 이등
분선은 한 점(**❶** ☐)
에서 만난다.

② 삼각형의 내심에서 세 변
에 이르는 거리는 같다.
➡ $\overline{ID}=\overline{IE}=\overline{IF}$
=(**❷** ☐ I의 반지름의 길이)

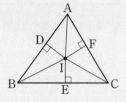

참고 △IAD≡△IAF, △IBD≡△IBE,
△ICE≡△ICF

답 **❶** 내심 **❷** 내접원

확인 **11** 오른쪽 그림에서 점 I는
△ABC의 내심이다. 다
음 중 옳은 것에는 ○표,
옳지 않은 것에는 ×표를
( ) 안에 써넣으시오.

(1) $\overline{ID}=\overline{IE}=\overline{IF}$ ( )

(2) ∠IBE=∠ICE ( )

(3) $\overline{AD}=\overline{AF}$ ( )

(4) $\overline{BE}=\overline{CE}$ ( )

(5) △IBD≡△IBE ( )

삼각형의 내심은 삼각형의 세 내각의
이등분선의 교점이야.

개념 ⑫ 삼각형의 내심의 활용

점 I가 △ABC의 내심일 때

(1)

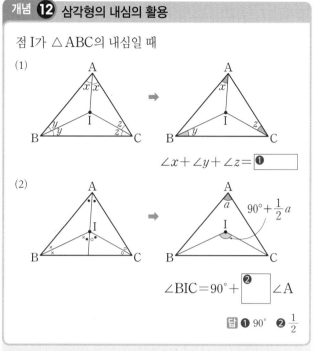

$$\angle x+\angle y+\angle z=\boxed{❶}$$

(2)

$$\angle BIC=90°+\boxed{❷}\angle A$$

답 **❶** 90° **❷** $\frac{1}{2}$

확인 **12** 다음 그림에서 점 I는 △ABC의 내심일 때, ∠x의
크기를 구하시오.

(1)

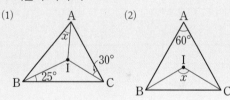

(2)

개념 ⑬ 삼각형의 내심과 내접원

원 I가 △ABC의 내접원이고
세 점 D, E, F는 접점일 때

(1) $\overline{AD}=\overline{AF}$, $\overline{BD}=\overline{BE}$,
$\overline{CE}=\boxed{❶}$

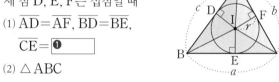

(2) △ABC
= △IBC + △ICA + △IAB
= $\frac{1}{2}ar+\frac{1}{2}\boxed{❷}+\frac{1}{2}cr=\frac{1}{2}r(a+b+c)$

답 **❶** $\overline{CF}$ **❷** br

확인 **13** 오른쪽 그림에서 원 I는
△ABC의 내접원이고
세 점 D, E, F는 접점일
때, $\overline{BC}$의 길이를 구하
시오.

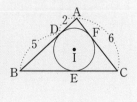

1주 1일 개념 돌파 전략 2

1 오른쪽 그림과 같이 $\overline{AB}=\overline{AC}$인 이등변삼각형 ABC에서 $\angle x$의 크기는?

① 18°　② 20°　③ 22°
④ 24°　⑤ 26°

A
x
B
C
2x+30°

문제 해결 전략

- $\angle B=$ ❶ ☐ 임을 이용한다.
- $\angle A+\angle B+\angle C=$ ❷ ☐ 임을 이용한다.

답 ❶ $\angle C$　❷ 180°

2 오른쪽 그림과 같이 $\angle C=90^\circ$인 직각삼각형 ABC에서 $\overline{AD}=\overline{CD}$이고 $\angle B=30^\circ$, $\overline{AC}=3\text{ cm}$일 때, $\overline{AB}$의 길이를 구하시오.

A
D
3 cm
B
30°
C

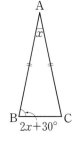

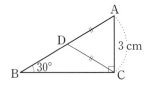

문제 해결 전략

- 두 내각의 크기가 같은 삼각형은 ❶ ☐ 삼각형임을 이용한다.
- $\overline{AB}=\overline{AD}+$ ❷ ☐ 임을 이용한다.

답 ❶ 이등변　❷ $\overline{DB}$

3 다음 중 오른쪽 그림과 같은 두 직각삼각형 ABC와 DEF가 합동이 되는 조건을 잘못 들고 있는 학생을 고르시오.

A
B
C
D
E
F

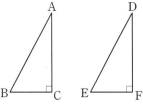

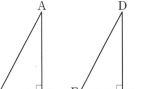

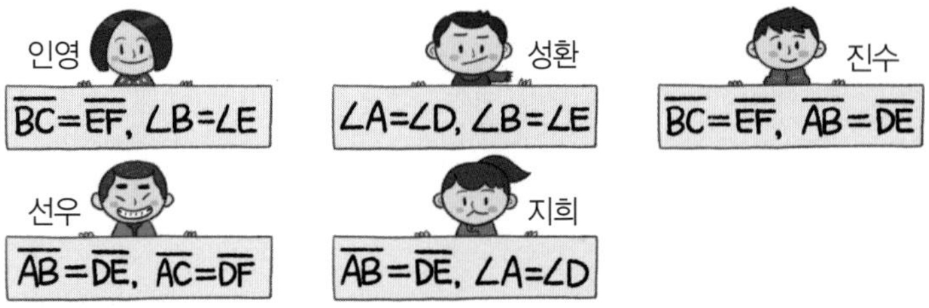

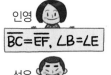

인영
$\overline{BC}=\overline{EF}$, ∠B=∠E
성환
∠A=∠D, ∠B=∠E
진수
$\overline{BC}=\overline{EF}$, $\overline{AB}=\overline{DE}$
선우
$\overline{AB}=\overline{DE}$, $\overline{AC}=\overline{DF}$
지희
$\overline{AB}=\overline{DE}$, ∠A=∠D

문제 해결 전략

- $\angle C=\angle F=$ ❶ ☐ 임을 이용한다.
- 빗변의 길이와 한 예각의 크기가 각각 같으면 RHA 합동, 빗변의 길이와 다른 한 변의 길이가 각각 같으면 ❷ ☐ 합동이다.

답 ❶ 90°　❷ RHS

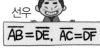

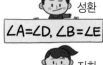

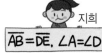

>> 정답과 풀이 2쪽

4 오른쪽 그림과 같이 ∠C＝90°인 직각삼각형 ABC에서 $\overline{AD}$는 ∠A의 이등분선이고, 점 D에서 $\overline{AB}$에 내린 수선의 발을 E라 하자. $\overline{AB}$＝20 cm, $\overline{CD}$＝6 cm일 때, △ABD의 넓이는?

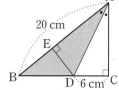
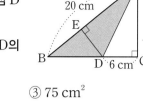

① 45 cm²   ② 60 cm²   ③ 75 cm²

④ 90 cm²   ⑤ 105 cm²

△ABD의 넓이를 구하려면?

△ABD＝$\frac{1}{2}$×$\overline{AB}$×$\overline{DE}$이니까 $\overline{DE}$의 길이를 구해야 해.

문제 해결 전략

· ∠C＝90°인 직각삼각형 ABC에서 $\overline{AD}$는 ∠A의 이등분선이고 $\overline{AB}⊥\overline{DE}$이면

△AED ≡ △ACD (RHA 합동)

∴ $\overline{AE}$＝❶   , $\overline{ED}$＝❷

답 ❶ $\overline{AC}$ ❷ $\overline{CD}$

---

5 오른쪽 그림과 같이 △ABC의 외심 O에서 $\overline{AB}$에 내린 수선의 발을 D라 하자. $\overline{AD}$＝5 cm이고 △OAB의 둘레의 길이가 26 cm일 때, △ABC의 외접원의 반지름의 길이는?

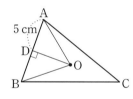

① 7 cm   ② 8 cm   ③ 9 cm

④ 10 cm   ⑤ 11 cm

문제 해결 전략

· 점 O가 △ABC의 외심이므로

$\overline{OA}$＝❶   , $\overline{AD}$＝❷

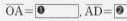

답 ❶ $\overline{OB}$ ❷ $\overline{BD}$

---

6 오른쪽 그림에서 점 I는 △ABC의 내심이고, 내접원 I의 반지름의 길이는 3 cm이다. $\overline{AB}$＝8 cm, $\overline{BC}$＝17 cm, $\overline{CA}$＝15 cm일 때, △ABC의 넓이를 구하시오.

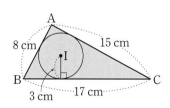

문제 해결 전략

· △ABC＝$\frac{1}{2}$×(내접원의 ❶   의 길이)

×(△ABC의 ❷   의 길이)

답 ❶ 반지름   ❷ 둘레

핵심 예제 **1**

오른쪽 그림에서 △ABC는 $\overline{AB}=\overline{AC}$인 이등변삼각형이고 △ABD는 $\overline{BA}=\overline{BD}$인 이등변삼각형이다. ∠BAC=36°일 때, ∠x의 크기를 구하시오.

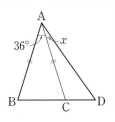

전략

△ABC에서 $\overline{AB}=\overline{AC}$이면

(1) ∠A=180°−2∠B

(2) ∠B=∠C=$\frac{1}{2}$×(180°−∠A)

풀이

△ABC에서 $\overline{AB}=\overline{AC}$이므로

∠B=$\frac{1}{2}$×(180°−36°)=72°

△ABD에서 $\overline{BA}=\overline{BD}$이므로

∠BAD=$\frac{1}{2}$×(180°−72°)=54°

∴ ∠x=∠BAD−∠BAC=54°−36°=18°

답 18°

1-1

오른쪽 그림과 같이 $\overline{AB}=\overline{AC}$인 이등변삼각형 ABC에서 $\overline{BC}=\overline{BD}$이고 ∠C=70°일 때, ∠$x$의 크기는?

① 20° ② 25° ③ 30°
④ 35° ⑤ 40°

1-2

오른쪽 그림과 같은 △ABC에서 $\overline{BA}=\overline{BD}$, $\overline{CD}=\overline{CE}$이고 ∠B=70°, ∠C=30°일 때, ∠$x$의 크기를 구하시오.

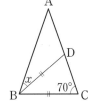

핵심 예제 **2**

오른쪽 그림과 같이 $\overline{AB}=\overline{AC}$인 이등변삼각형 ABC에서 ∠A의 이등분선과 $\overline{BC}$의 교점을 D라 하자. 점 P는 $\overline{AD}$ 위의 점일 때, ∠x+∠y의 크기를 구하시오.

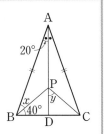

전략

$\overline{AD}$가 이등변삼각형 ABC의 꼭지각의 이등분선일 때, △PBD와 △PCD에서 $\overline{BD}=\overline{CD}$, ∠PDB=∠PDC=90°, $\overline{PD}$는 공통이므로 △PBD≡△PCD (SAS 합동)

풀이

∠ADB=90°이므로

△ABD에서 ∠x=180°−(20°+40°+90°)=30°

△PBD≡△PCD (SAS 합동)이므로

∠PCD=∠PBD=40°

△PDC에서 ∠y=180°−(90°+40°)=50°

∴ ∠x+∠y=30°+50°=80°

답 80°

2-1

오른쪽 그림과 같이 $\overline{AB}=\overline{AC}$인 이등변삼각형 ABC에서 $\overline{AD}$는 ∠A의 이등분선이고 점 P는 $\overline{AD}$ 위의 점이다. ∠BAP=30°, ∠PCD=35°일 때, ∠x+∠y의 크기를 구하시오.

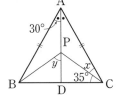

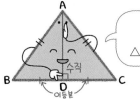

$\overline{AD}$ 위에 임의의 점 P를 잡으면 항상 △PBD≡△PCD가 성립해.

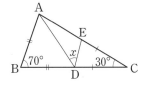

핵심 예제 ❸

오른쪽 그림에서
$\overline{AB}=\overline{AC}=\overline{CD}$이고
$\angle DCE=102°$일 때, $\angle x$의
크기는?

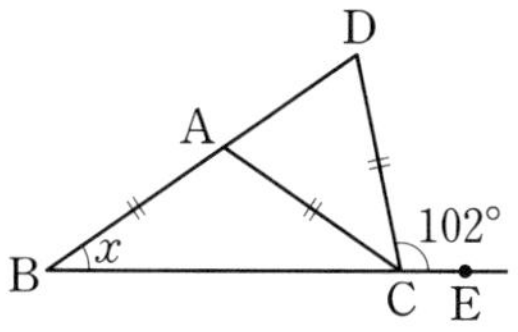

① 30° ② 34° ③ 38°

④ 42° ⑤ 46°

전략

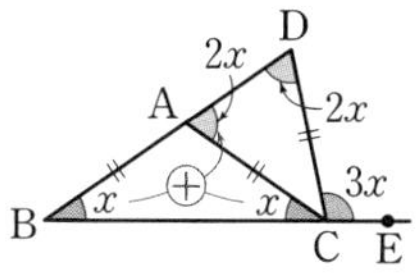

① △ABC에서
   $\angle ACB=\angle B=\angle x$
   $\angle CAD=\angle B+\angle ACB=2\angle x$
② △ACD에서 $\angle CDA=\angle CAD=2\angle x$
③ △DBC에서 $\angle DCE=\angle B+\angle BDC=3\angle x$

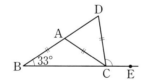

풀이

△ABC에서 $\overline{AB}=\overline{AC}$이므로 $\angle ACB=\angle B=\angle x$
$\angle CAD=\angle B+\angle ACB=\angle x+\angle x=2\angle x$
△ACD에서 $\overline{CA}=\overline{CD}$이므로 $\angle CDA=\angle CAD=2\angle x$
△DBC에서 $\angle DCE=\angle B+\angle BDC=\angle x+2\angle x=3\angle x$
따라서 $3\angle x=102°$이므로 $\angle x=34°$

답 ②

3-1

오른쪽 그림에서 $\overline{AB}=\overline{AC}=\overline{CD}$
이고 $\angle B=33°$일 때, $\angle DCE$의
크기를 구하시오.

3-2

오른쪽 그림에서 △ABC와 △BCD
는 각각 $\overline{AB}=\overline{AC}$, $\overline{CB}=\overline{CD}$인 이
등변삼각형이고 $\angle ACD=\angle DCE$이
다. $\angle A=40°$일 때, $\angle x$의 크기를 구
하시오.

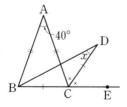

핵심 예제 ❹

오른쪽 그림과 같이 $\overline{AB}=\overline{AC}$인 이등
변삼각형 ABC에서 $\angle C$의 이등분선이
$\overline{AB}$와 만나는 점을 D라 하자.
$\angle A=36°$, $\overline{BC}=8$ cm일 때, $x+y$의
값을 구하시오.

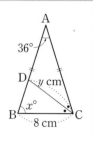

전략

두 내각의 크기가 같은 삼각형은 이등변삼각형임을 이용한다.

풀이

△ABC에서 $\overline{AB}=\overline{AC}$이므로
$\angle B=\angle ACB=\dfrac{1}{2}\times(180°-36°)=72°$ ∴ $x=72$
또 $\angle BCD=\dfrac{1}{2}\angle ACB=\dfrac{1}{2}\times 72°=36°$이므로
△BCD에서 $\angle CDB=180°-(72°+36°)=72°$
즉 $\angle B=\angle CDB=72°$이므로 $\overline{CD}=\overline{CB}=8$ cm ∴ $y=8$
∴ $x+y=72+8=80$

답 80

4-1

오른쪽 그림과 같이 $\overline{AB}=\overline{AC}=12$ cm,
$\overline{BC}=6$ cm인 이등변삼각형 ABC에서
$\angle A$의 이등분선과 $\overline{BC}$의 교점을 D라 하
자. $\overline{AD}$ 위의 점 E에 대하여
$\angle BEC=90°$일 때, $\overline{ED}$의 길이를 구하
시오.

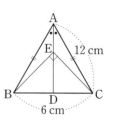

두 내각의 크기가 같으면
두 변의 길이도 같으므로
이등변삼각형!

같다.

핵심 예제 5

오른쪽 그림과 같이 직사각형 모양의 종이를 접었을 때, 다음 중 옳은 것은?

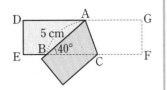

① $\overline{AC}=5$ cm

② $\overline{AC}=\overline{BC}$　　③ ∠DAB=50°

④ ∠GAC=70°　　⑤ ∠ACF=140°

전략

오른쪽 그림과 같이 직사각형 모양의 종이를 접었을 때 ∠CAB=∠ACB이므로 △ABC는 $\overline{BA}=\overline{BC}$인 이등변삼각형이다.

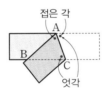

풀이

① $\overline{AC}$의 길이는 알 수 없다.

② $\overline{AC}\neq\overline{BC}$

③ ∠DAB=∠ABC=40° (엇각)

④ ∠GAC=∠BAC=$\frac{1}{2}$×(180°−40°)=70°

⑤ ∠ACB=∠BAC=70°이므로
　∠ACF=180°−∠ACB=180°−70°=110°

따라서 옳은 것은 ④이다.

답 ④

5-1

오른쪽 그림과 같이 직사각형 모양의 종이를 $\overline{BC}$를 접는 선으로 하여 접었다. $\overline{AC}=7$ cm, $\overline{BC}=5$ cm일 때, $\overline{AB}$의 길이를 구하시오.

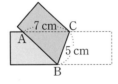

5-2

오른쪽 그림과 같이 직사각형 모양의 종이를 $\overline{EF}$를 접는 선으로 하여 접었다. ∠GEF=52°일 때, ∠x의 크기를 구하시오.

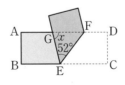

핵심 예제 6

오른쪽 그림과 같이 ∠A=90°인 직각이등변삼각형 ABC의 두 꼭짓점 B, C에서 꼭짓점 A를 지나는 직선 l에 내린 수선의 발을 각각 D, E라 하자. $\overline{BD}=6$ cm, $\overline{CE}=4$ cm일 때, $\overline{DE}$의 길이를 구하시오.

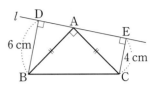

전략

∠DBA+∠DAB=90°,
∠DAB+∠EAC=90°이므로
∠DBA=∠EAC
∴ △ABD≡△CAE (RHA 합동)

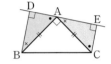

풀이

△ABD와 △CAE에서
∠ADB=∠CEA=90°, $\overline{AB}=\overline{CA}$,
∠DBA=90°−∠DAB=∠EAC
∴ △ABD≡△CAE (RHA 합동)
따라서 $\overline{AD}=\overline{CE}=4$ cm, $\overline{AE}=\overline{BD}=6$ cm이므로
$\overline{DE}=\overline{AD}+\overline{AE}=4+6=10$ (cm)

답 10 cm

6-1

오른쪽 그림과 같이 ∠B=90°인 직각이등변삼각형 ABC의 두 꼭짓점 A, C에서 꼭짓점 B를 지나는 직선 l에 내린 수선의 발을 각각 D, E라 하자. $\overline{AD}=5$ cm, $\overline{CE}=7$ cm일 때, 사다리꼴 ADEC의 넓이는?

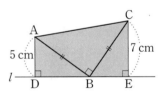

① 35 cm² 　② 42 cm² 　③ 56 cm²

④ 63 cm² 　⑤ 72 cm²

사다리꼴 ADEC의 넓이는?

$\frac{1}{2}\times(\overline{AD}+\overline{CE})\times\overline{DE}$!

핵심 예제 7

오른쪽 그림과 같이 ∠C=90°인 직
각이등변삼각형 ABC에서
$\overline{AC}=\overline{AD}$, $\overline{AB}\perp\overline{ED}$일 때, 다음 중
옳지 <u>않은</u> 것은?

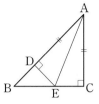

① ∠DAE=∠CAE ② $\overline{DB}=\overline{DE}=\overline{CE}$

③ △ADE≡△ACE ④ $\overline{BE}=\overline{EC}$

⑤ ∠DEB=∠BAC

전략

∠C=90°인 직각삼각형 ABC에서 $\overline{AC}=\overline{AD}$,
$\overline{AB}\perp\overline{ED}$이면 △ADE와 △ACE에서
∠ADE=∠ACE=90°, $\overline{AE}$는 공통, $\overline{AD}=\overline{AC}$
이므로 △ADE≡△ACE (RHS 합동)

풀이

△ADE≡△ACE (RHS 합동) (③)이므로
∠DAE=∠CAE (①), $\overline{DE}=\overline{CE}$
△ABC가 직각이등변삼각형이므로 ∠BAC=∠B=45°
△DBE에서 ∠DEB=180°−(90°+45°)=45°
∴ ∠DEB=∠BAC (⑤)
또 $\overline{DB}=\overline{DE}$이므로 $\overline{DB}=\overline{DE}=\overline{CE}$ (②)
따라서 옳지 않은 것은 ④이다.

답 ④

7-1

오른쪽 그림과 같이 ∠C=90°인 직
각삼각형 ABC에서 $\overline{AC}=\overline{AE}$,
$\overline{AB}\perp\overline{DE}$이다. ∠CAD=32°일 때,
∠x의 크기를 구하시오.

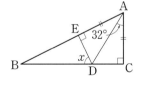

7-2

오른쪽 그림과 같이 △ABC의 변
BC의 중점 M에서 두 변 AB, AC에
내린 수선의 발을 각각 D, E라 하자.
$\overline{MD}=\overline{ME}$이고 ∠A=76°일 때,
∠x의 크기를 구하시오.

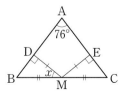

핵심 예제 8

오른쪽 그림과 같이 ∠B=90°인
직각삼각형 ABC에서 ∠A의 이
등분선과 $\overline{BC}$의 교점을 D라 하
자. $\overline{AC}=28$ cm, $\overline{BD}=8$ cm
일 때, △ADC의 넓이는?

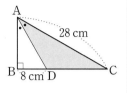

① 56 cm² ② 78 cm² ③ 96 cm²

④ 112 cm² ⑤ 120 cm²

전략

∠B=90°인 직각삼각형 ABC에서 $\overline{AD}$는 ∠A
의 이등분선이고 $\overline{AC}\perp\overline{DE}$이면
△ABD와 △AED에서
∠ABD=∠AED=90°, $\overline{AD}$는 공통,
∠BAD=∠EAD이므로 △ABD≡△AED (RHA 합동)

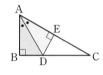

풀이

오른쪽 그림과 같이 점 D에서 $\overline{AC}$에
내린 수선의 발을 E라 하면
△ABD≡△AED (RHA 합동)
이므로 $\overline{DE}=\overline{DB}=8$ cm
∴ △ADC=$\frac{1}{2}\times\overline{AC}\times\overline{DE}$
$=\frac{1}{2}\times 28\times 8=112$ (cm²)

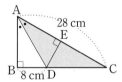

답 ④

8-1

오른쪽 그림과 같이 ∠C=90°인 직각이
등변삼각형 ABC에서 $\overline{AD}$는 ∠A의 이
등분선이고, 점 D에서 $\overline{AB}$에 내린 수선
의 발을 E라 하자. $\overline{CD}=6$ cm일 때,
△BDE의 넓이를 구하시오.

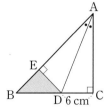

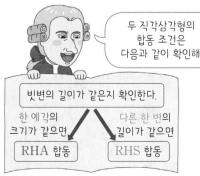

두 직각삼각형의
합동 조건은
다음과 같이 확인해.

빗변의 길이가 같은지 확인한다.

한 예각의
크기가 같으면
→ RHA 합동

다른 한 변의
길이가 같으면
→ RHS 합동

1 오른쪽 그림과 같이 $\overline{AB}=\overline{AC}$인 이등변삼각형ABC에서 $\angle A=100°$이고 $\overline{BD}=\overline{BE}$, $\overline{CE}=\overline{CF}$일 때, $\angle x$의 크기를 구하시오.

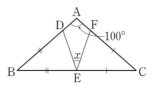

Tip

① △ABC가 ❶ [_____] 삼각형임을 이용하여 ∠B, ∠C의 크기를 각각 구한다.

② △BED, ❷ [_____] 가 이등변삼각형임을 이용하여 ∠BED, ∠CEF의 크기를 각각 구한다.

③ ∠x의 크기를 구한다.

답 ❶ 이등변 ❷ △CEF

2 다음 그림과 같은 △ABC에서 ∠BAC=120°이고 $\overline{BD}=\overline{DE}=\overline{EA}=\overline{AC}$일 때, $\angle x$의 크기를 구하시오.

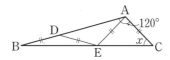

Tip

① ∠B=∠a라 하고 이등변삼각형의 성질을 이용하여 ∠x의 크기를 ❶ [_____] 를 사용하여 나타낸다.

② 삼각형의 세 내각의 크기의 합은 ❷ [_____] 임을 이용하여 ∠a의 크기를 구한다.

③ ∠x의 크기를 구한다.

답 ❶ ∠a ❷ 180°

3 오른쪽 그림과 같이 $\overline{AB}=\overline{AC}$인 이등변삼각형 ABC에서 ∠B의 이등분선과 ∠C의 외각의 이등분선의 교점을 D라 하자. ∠A=32°일 때, $\angle x$의 크기를 구하시오.

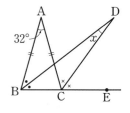

Tip

① $\angle ABC=\angle ACB=\dfrac{1}{2}\times(180°-\angle A)$

② $\angle DBC=$ ❶ [□] $\angle ABC$

③ $\angle DCE=\dfrac{1}{2}\times(180°-\angle ACB)$

④ △DBC에서 ∠BDC=∠DCE− ❷ [_____]

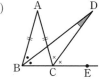

답 ❶ $\dfrac{1}{2}$ ❷ ∠DBC

4 오른쪽 그림과 같이 ∠B=∠C인 △ABC의 $\overline{BC}$ 위의 점 P에서 $\overline{AB}$, $\overline{AC}$에 내린 수선의 발을 각각 D, E라 하자. $\overline{AB}=8$ cm이고 △ABC의 넓이가 24 cm²일 때, $\overline{PD}+\overline{PE}$의 길이를 구하시오.

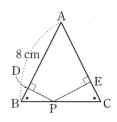

Tip

❶ [_____] 를 긋고 △ABC = △APB+ ❷ [_____] 임을 이용해 봐.

답 ❶ $\overline{AP}$ ❷ △APC

5 오른쪽 그림과 같이 $\overline{AB}=\overline{AC}$인 이등변삼각형 모양의 종이를 $\overline{DE}$를 접는 선으로 하여 꼭짓점 A가 꼭짓점 B에 오도록 접었다. $\angle EBC=15°$일 때, $\angle x$의 크기를 구하시오.

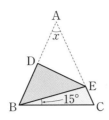

Tip

$\overline{AB}=\overline{AC}$인 이등변삼각형 모양의 종이를 접었을 때

이렇게 접은 각끼리 크기가 같구나.

❶

$\angle x+(\angle x+\angle y)+(\angle x+\angle y)=$ ❷

답 ❶ 접은 각 ❷ 180°

6 오른쪽 그림과 같이 $\overline{AB}=\overline{AC}$인 이등변삼각형 ABC에서 $\overline{BF}=\overline{CD}$, $\overline{BD}=\overline{CE}$이다. $\angle A=44°$일 때, $\angle FDE$의 크기를 구하시오.

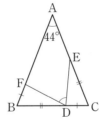

Tip

$\overline{AB}=\overline{AC}$인 이등변삼각형 ABC에서 $\overline{BF}=\overline{CD}$, $\overline{BD}=\overline{CE}$일 때,
△BDF와 △CED에서
$\overline{BF}=\overline{CD}$, $\overline{BD}=\overline{CE}$, $\angle B=$ ❶
∴ △BDF≡△CED (❷ 합동)

답 ❶ ∠C ❷ SAS

7 오른쪽 그림과 같이 $\angle A=90°$이고 $\overline{AB}=\overline{AC}$인 직각이등변삼각형 ABC의 두 꼭짓점 B, C에서 꼭짓점 A를 지나는 직선 l에 내린 수선의 발을 각각 D, E라 하자. $\overline{BD}=12$, $\overline{CE}=7$일 때, $\overline{DE}$의 길이를 구하시오.

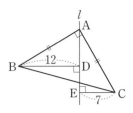

Tip

① △ABD와 △CAE가 ❶ 합동임을 보인다.
② $\overline{AE}$, $\overline{AD}$의 길이를 각각 구한다.
③ ❷ 의 길이를 구한다.

답 ❶ RHA ❷ $\overline{DE}$

8 오른쪽 그림과 같이 $\angle A=90°$인 직각삼각형 ABC에서 $\angle B$의 이등분선이 $\overline{AC}$와 만나는 점을 D라 하자. $\overline{AD}=3\,cm$, $\overline{BC}=10\,cm$, $\overline{CD}=5\,cm$일 때, △BCD의 넓이를 구하시오.

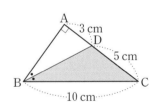

Tip

① 점 D에서 ❶ 에 내린 수선의 발을 E라 하고 △BDE와 합동인 삼각형을 찾아 $\overline{DE}$의 길이를 구한다.
② △BCD$=\dfrac{1}{2}\times\overline{BC}\times$ ❷

답 ❶ $\overline{BC}$ ❷ $\overline{DE}$

핵심 예제 1

오른쪽 그림에서 점 M은 ∠B=90°인 직각삼각형 ABC의 빗변 AC의 중점이다. ∠AMB=58°일 때, ∠x의 크기를 구하시오.

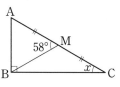

전략

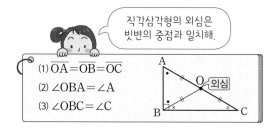

직각삼각형의 외심은 빗변의 중점과 일치해.

(1) $\overline{OA}=\overline{OB}=\overline{OC}$
(2) ∠OBA=∠A
(3) ∠OBC=∠C

O 외심

풀이

점 M은 △ABC의 외심이므로 $\overline{MB}=\overline{MC}$
∴ ∠MBC=∠C=∠x
따라서 △MBC에서
∠x+∠x=58° ∴ ∠x=29°

답 29°

1-1

오른쪽 그림에서 점 O는 ∠B=90°인 직각삼각형 ABC의 외심이다. $\overline{AB}$=8 cm, $\overline{BC}$=15 cm일 때, △OBC의 넓이를 구하시오.

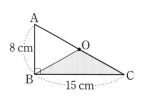

1-2

오른쪽 그림에서 점 O는 ∠B=90°인 직각삼각형 ABC의 빗변 AC의 중점이다. ∠AOB : ∠COB=4 : 5일 때, ∠OBC의 크기를 구하시오.

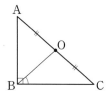

핵심 예제 2

오른쪽 그림에서 점 O는 △ABC의 외심이고 ∠OAB=30°, ∠B=50°일 때, ∠x, ∠y의 크기를 각각 구하시오.

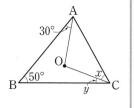

전략

점 O가 △ABC의 외심일 때

(1) ∠x+∠y+∠z=90°

(2) ∠BOC=2∠A

풀이

$\overline{OB}$를 그으면 △OAB에서 $\overline{OA}=\overline{OB}$
이므로 ∠OBA=∠OAB=30°
△OBC에서 $\overline{OB}=\overline{OC}$이므로
∠y=∠OBC=∠ABC−∠OBA
    =50°−30°=20°
또 ∠OAB+∠OBC+∠OCA=90°이므로
30°+20°+∠x=90° ∴ ∠x=40°

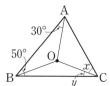

답 ∠x=40°, ∠y=20°

2-1

오른쪽 그림에서 점 O는 △ABC의 외심이고 ∠A=72°, ∠OBA=20°일 때, ∠x−∠y의 크기를 구하시오.

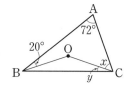

2-2

오른쪽 그림과 같이 $\overline{AB}=\overline{AC}$인 이등변삼각형 ABC에서 점 O는 외심이고 ∠A=50°일 때, ∠OBA의 크기를 구하시오.

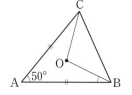

핵심 예제 ③

오른쪽 그림에서 점 I는 △ABC의 내심이고 ∠IBA=28°, ∠C=70°일 때, ∠IAB의 크기를 구하시오.

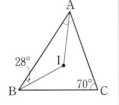

전략

점 I가 △ABC의 내심일 때

(1) $\angle x + \angle y + \angle z = 90°$

(2) $\angle BIC = 90° + \dfrac{1}{2}\angle A$

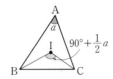

풀이

$\overline{IC}$를 그으면

$\angle ICA = \dfrac{1}{2}\angle C = \dfrac{1}{2}\times 70° = 35°$

$\angle IBC = \angle IBA = 28°$

$\angle IAB + \angle IBC + \angle ICA = 90°$이므로

$\angle IAB + 28° + 35° = 90°$

$\therefore \angle IAB = 27°$

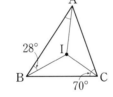

다른 풀이 $\angle AIB = 90° + \dfrac{1}{2}\angle C = 90° + \dfrac{1}{2}\times 70° = 125°$

△ABI에서 $\angle IAB = 180° - (28° + 125°) = 27°$

답 27°

3-1

오른쪽 그림에서 점 I는 △ABC의 내심이고 ∠A=58°, ∠ICB=26°일 때, ∠x의 크기를 구하시오.

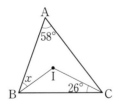

3-2

오른쪽 그림에서 점 I는 △ABC의 내심이고 ∠BIC=122°, ∠ICA=30°일 때, ∠x+∠y의 크기를 구하시오.

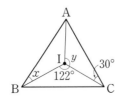

핵심 예제 ④

오른쪽 그림에서 원 I는 △ABC의 내접원이고 세 점 D, E, F는 접점이다. $\overline{AB}=5$ cm, $\overline{BC}=8$ cm, $\overline{CA}=7$ cm일 때, $\overline{AD}$의 길이를 구하시오.

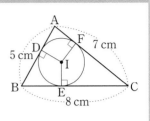

전략

구하려는 변의 길이를 x로 놓고 다른 변의 길이를 x를 사용한 식으로 나타낸다.

① $\overline{AD}=x$라 하면 $\overline{AF}=\overline{AD}=x$

② $\overline{BE}=\overline{BD}=c-x$

$\overline{CE}=\overline{CF}=b-x$

③ $\overline{BC}=\overline{BE}+\overline{CE}$이므로 $a=(c-x)+(b-x)$

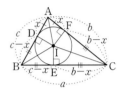

풀이

$\overline{AD}=x$ cm라 하면 $\overline{AF}=\overline{AD}=x$ cm

$\overline{BE}=\overline{BD}=(5-x)$ cm, $\overline{CE}=\overline{CF}=(7-x)$ cm

이때 $\overline{BC}=\overline{BE}+\overline{CE}$이므로

$8=(5-x)+(7-x)$, $2x=4$ $\therefore x=2$

따라서 $\overline{AD}$의 길이는 2 cm이다.

답 2 cm

4-1

다음 그림에서 원 I는 △ABC의 내접원이고 세 점 D, E, F는 접점이다. 선생님의 물음에 답하시오.

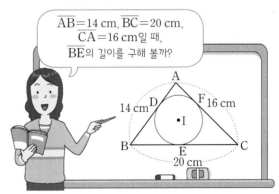

$\overline{AB}=14$ cm, $\overline{BC}=20$ cm, $\overline{CA}=16$ cm일 때, $\overline{BE}$의 길이를 구해 볼까?

핵심 예제 5

오른쪽 그림에서 점 I는 △ABC의 내심이다. △ABC의 넓이가 84 cm²일 때, 내접원 I의 반지름의 길이를 구하시오.

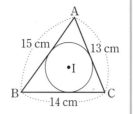

전략

점 I가 △ABC의 내심일 때
$$\triangle ABC = \triangle IAB + \triangle IBC + \triangle ICA$$
$$= \frac{1}{2}cr + \frac{1}{2}ar + \frac{1}{2}br$$
$$= \frac{1}{2}r(a+b+c)$$

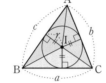

풀이

내접원 I의 반지름의 길이를 r cm라 하면
$\triangle ABC = \frac{1}{2} \times r \times (\overline{AB} + \overline{BC} + \overline{CA})$이므로
$84 = \frac{1}{2} \times r \times (15 + 14 + 13)$, $21r = 84$ ∴ $r = 4$
따라서 내접원 I의 반지름의 길이는 4 cm이다.

답 4 cm

핵심 예제 6

오른쪽 그림에서 점 I는 △ABC의 내심이고 $\overline{DE} \parallel \overline{BC}$이다. $\overline{AB} = 9$ cm, $\overline{BC} = 10$ cm, $\overline{CA} = 8$ cm일 때, △ADE의 둘레의 길이를 구하시오.

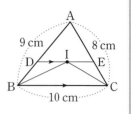

전략

점 I가 △ABC의 내심이고 $\overline{DE} \parallel \overline{BC}$일 때
(1) ∠DBI = ∠IBC = ∠DIB이므로 $\overline{DI} = \overline{DB}$
(2) ∠ECI = ∠ICB = ∠EIC이므로 $\overline{EI} = \overline{EC}$
(3) (△ADE의 둘레의 길이)
$= \overline{AD} + \overline{DE} + \overline{AE} = \overline{AD} + (\overline{DI} + \overline{EI}) + \overline{AE}$
$= (\overline{AD} + \overline{DB}) + (\overline{EC} + \overline{AE}) = \overline{AB} + \overline{AC}$

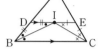

풀이

(△ADE의 둘레의 길이) $= \overline{AD} + \overline{DE} + \overline{AE}$
$= \overline{AD} + (\overline{DI} + \overline{EI}) + \overline{AE}$
$= (\overline{AD} + \overline{DB}) + (\overline{EC} + \overline{AE})$
$= \overline{AB} + \overline{AC}$
$= 9 + 8 = 17$ (cm)

답 17 cm

5-1

오른쪽 그림에서 △ABC의 넓이는 63 cm²이고 내접원 I의 반지름의 길이는 3 cm일 때, △ABC의 둘레의 길이를 구하시오.

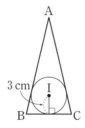

6-1

오른쪽 그림에서 점 I는 △ABC의 내심이고 $\overline{DE} \parallel \overline{BC}$이다. △ADE의 둘레의 길이가 15 cm일 때, $\overline{AC}$의 길이를 구하시오.

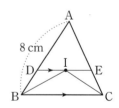

5-2

오른쪽 그림에서 점 I는 ∠C = 90°인 직각삼각형 ABC의 내심이다. $\overline{AB} = 10$ cm, $\overline{BC} = 8$ cm, $\overline{CA} = 6$ cm일 때, △IAB의 넓이를 구하시오.

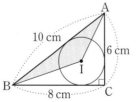

△ABC는 ∠C = 90°인 직각삼각형이니까 △ABC의 넓이를 구하면 내접원의 반지름의 길이를 구할 수 있어.

6-2

오른쪽 그림에서 점 I는 △ABC의 내심이고 $\overline{DE} \parallel \overline{BC}$이다. $\overline{AD} = 8$ cm, $\overline{DB} = 4$ cm, $\overline{AE} = 6$ cm, $\overline{EC} = 3$ cm일 때, $\overline{DE}$의 길이를 구하시오.

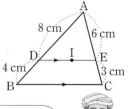

내심을 지나는 평행선이 보이면 $\overline{BI}$, $\overline{CI}$를 그어 보자.

핵심 예제 7

오른쪽 그림에서 두 점 O, I는 각각 △ABC의 외심, 내심이다. ∠BOC=84°일 때, ∠BIC의 크기는?

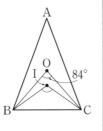

① 108° ② 111° ③ 114°
④ 117° ⑤ 120°

전략

두 점 O, I가 각각 △ABC의 외심, 내심일 때
(1) ∠BOC=2∠A
(2) ∠BIC=90°+$\frac{1}{2}$∠A

풀이

점 O가 △ABC의 외심이므로
∠A=$\frac{1}{2}$∠BOC=$\frac{1}{2}$×84°=42°
점 I가 △ABC의 내심이므로
∠BIC=90°+$\frac{1}{2}$∠A=90°+$\frac{1}{2}$×42°=111°

답 ②

7-1

오른쪽 그림에서 두 점 O, I는 각각 △ABC의 외심, 내심이다. ∠BIC=130°일 때, ∠BOC의 크기를 구하시오.

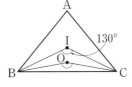

7-2

오른쪽 그림에서 두 점 O, I는 각각 △ABC의 외심, 내심이다. ∠OBC=42°일 때, ∠BIC의 크기를 구하시오.

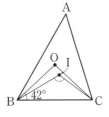

핵심 예제 8

오른쪽 그림과 같이 ∠A=90°인 직각삼각형 ABC에서 점 O와 점 I는 각각 외심과 내심이다. $\overline{AB}$=6 cm, $\overline{BC}$=10 cm, $\overline{CA}$=8 cm일 때, 색칠한 부분의 넓이를 구하시오.

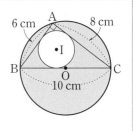

전략

∠A=90°인 직각삼각형 ABC에서
(1) 외접원 O의 반지름의 길이는 $\frac{1}{2}\overline{BC}$=$\frac{1}{2}a$
(2) 내접원 I의 반지름의 길이를 r라 하면
△ABC=$\frac{1}{2}bc$=$\frac{1}{2}r(a+b+c)$

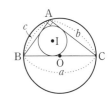

풀이

외접원 O의 반지름의 길이는 $\frac{1}{2}\overline{BC}$=$\frac{1}{2}$×10=5 (cm)
내접원 I의 반지름의 길이를 r cm라 하면
$\frac{1}{2}$×6×8=$\frac{1}{2}$×r×(6+10+8), 12r=24 ∴ r=2
∴ (색칠한 부분의 넓이)=(원 O의 넓이)−(원 I의 넓이)
=π×5²−π×2²=21π (cm²)

답 21π cm²

8-1

오른쪽 그림은 ∠C=90°인 직각삼각형 ABC의 외접원 O와 내접원 I를 그린 것이다. 두 원 O, I의 반지름의 길이가 각각 6 cm, 2 cm일 때, △ABC의 넓이를 구하시오. (단, 세 점 D, E, F는 접점이다.)

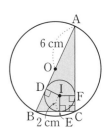

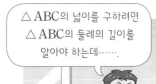

△ABC의 넓이를 구하려면 △ABC의 둘레의 길이를 알아야 하는데……

$\overline{AD}$=$\overline{AF}$, $\overline{BD}$=$\overline{BE}$이고 $\overline{IE}$=$\overline{EC}$=$\overline{CF}$=$\overline{IF}$이니까 △ABC의 둘레의 길이를 구할 수 있지!

1 오른쪽 그림과 같이 $\angle A = 90°$인 직각삼각형 ABC에서 $\overline{BC}$의 중점을 M, 꼭짓점 A에서 $\overline{BC}$에 내린 수선의 발을 H라 하자. $\angle B = 36°$일 때, $\angle x$의 크기를 구하시오.

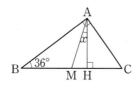

> **Tip**
>
> 점 M은 △ABC의 **❶**□□□ 이므로 $\overline{MA} = \overline{MB} =$ **❷**□□ 임을 이용한다.
>
> 답 **❶** 외심 **❷** $\overline{MC}$

2 오른쪽 그림에서 점 O는 △ABC의 외심이다. $\angle OBA = 20°$, $\angle OCA = 25°$이고 $\overline{OB} = 4$ cm일 때, 부채꼴 BOC의 넓이를 구하시오.

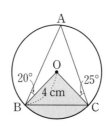

> **Tip**
>
> ① **❶**□□ 를 그어 $\angle BAC$의 크기를 구한다.
> ② $\angle BOC = x°$라 하면
>
> $$(\text{부채꼴 BOC의 넓이}) = \pi \times \overline{OB}^2 \times \frac{\text{❷}□}{360}$$
>
> 답 **❶** $\overline{OA}$ **❷** x

부채꼴의 넓이를 구하려면 중심각 BOC의 크기를 알아야 하는데……

$\angle BOC = 2\angle A$임을 이용하여 $\angle BOC$의 크기를 구하자!

3 오른쪽 그림에서 점 I는 △ABC의 내심이고 $\overline{BI}$, $\overline{CI}$의 연장선이 $\overline{AC}$, $\overline{AB}$와 만나는 점을 각각 D, E라 하자. $\angle A = 50°$일 때, $\angle x + \angle y$의 크기는?

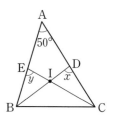

① 150°   ② 155°   ③ 160°
④ 165°   ⑤ 170°

> **Tip**
>
> 점 I가 △ABC의 내심일 때
> ① $\angle DBA =$ **❶**□□ 이므로
>   △ABD에서 $\angle x = \bullet + \times$
> ② $\angle ECA =$ **❷**□□ 이므로
>   △CAE에서 $\angle y = \circ + \bullet$
>
>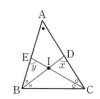
>
> 답 **❶** $\angle DBC$ **❷** $\angle ECB$

4 다음 그림에서 점 I는 $\angle C = 90°$인 직각삼각형 ABC의 내심이고 세 점 D, E, F는 접점이다. $\overline{AB} = 26$ cm, $\overline{CA} = 10$ cm이고 △ABC의 내접원의 반지름의 길이가 4 cm일 때, $\overline{BC}$의 길이를 구하시오.

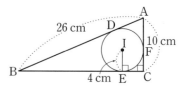

> **Tip**
>
> $\angle C = 90°$, $\overline{IE} \perp$ **❶**□□, $\overline{IF} \perp \overline{AC}$이고 $\overline{IE} = \overline{IF} =$ **❷**□ cm이므로 사각형 IECF는 정사각형이다.
>
> 답 **❶** $\overline{BC}$ **❷** 4

5 오른쪽 그림에서 원 I는
∠C＝90°인 직각삼각형
ABC의 내접원이다.
$\overline{AB}$＝15 cm, $\overline{BC}$＝9 cm,
$\overline{CA}$＝12 cm일 때, 색칠한 부
분의 넓이를 구하시오.

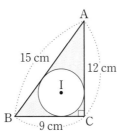

Tip

① 삼각형의 넓이를 이용하여 내접원의 **❶** ⬚ 의 길이를 구
한다.
② (색칠한 부분의 넓이)＝△ABC－(원 **❷** ⬚ 의 넓이)

📝 ❶ 반지름 ❷ I

6 오른쪽 그림에서 점 I는
△ABC의 내심이고
$\overline{DE}$∥$\overline{BC}$이다.
∠DBI＝35°, ∠ECI＝25°
일 때, 다음 중 옳지 <u>않은</u> 것
은?

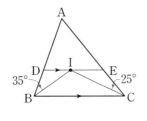

① ∠DIB＝35° ② ∠EIC＝25°
③ ∠A＝60° ④ $\overline{DI}$＝$\overline{EI}$
⑤ $\overline{DE}$＝$\overline{DB}$＋$\overline{EC}$

$\overline{DE}$∥$\overline{BC}$이면 △DBI와 **❶** ⬚ 는 **❷** ⬚ 삼각형
이다.

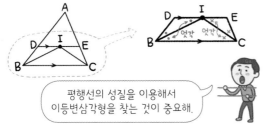

평행선의 성질을 이용해서
이등변삼각형을 찾는 것이 중요해.

📝 ❶ △EIC ❷ 이등변

7 오른쪽 그림에서 두 점 O, I는 각각
$\overline{AB}$＝$\overline{AC}$인 이등변삼각형 ABC
의 외심과 내심이다. ∠A＝44°일
때, ∠OBI의 크기를 구하려고 한
다. 다음을 구하시오.

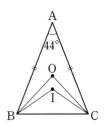

(1) ∠OBC의 크기
(2) ∠IBC의 크기
(3) ∠OBI의 크기

Tip

∠OBI＝∠OBC－ **❶** ⬚ 이므로 먼저 **❷** ⬚ ,
∠IBC의 크기를 각각 구한다.

📝 ❶ ∠IBC ❷ ∠OBC

8 오른쪽 그림과 같이 점 O와 점 I
는 각각 ∠C＝90°인 직각삼각형
ABC의 외심과 내심이다.
$\overline{AB}$＝5 cm, $\overline{BC}$＝4 cm,
$\overline{CA}$＝3 cm일 때, 색칠한 부분의
넓이를 구하려고 한다. 다음을 구하시오.

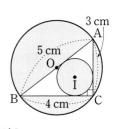

(1) 외접원 O의 넓이
(2) 내접원 I의 넓이
(3) 색칠한 부분의 넓이

Tip

(색칠한 부분의 넓이)
＝(외접원 O의 넓이) **❶** ⬚ △ABC **❷** ⬚ (내접원 I의 넓이)

📝 ❶ － ❷ ＋

01 오른쪽 그림과 같이 $\overline{AB}=\overline{BC}$인 이등변삼각형 ABC에서 꼭짓점 A를 지나고 $\overline{BC}$에 평행한 반직선 AE를 그었다. ∠B=64°일 때, 다음 중 옳지 <u>않은</u> 것은?

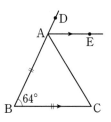

① ∠C=58°   ② ∠DAC=122°

③ ∠DAE=64°   ④ ∠EAC=64°

⑤ ∠BAE=116°

03 오른쪽 그림과 같이 $\overline{AB}=\overline{AC}$인 이등변삼각형 ABC에서 ∠B의 이등분선과 $\overline{AC}$의 교점을 D라 하자. ∠C=72°이고 $\overline{BC}=5$ cm일 때, $x-y$의 값은?

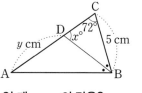

① 71   ② 69   ③ 67

④ 65   ⑤ 63

02 다음을 읽고 $\overline{DE}$의 길이를 구하시오.

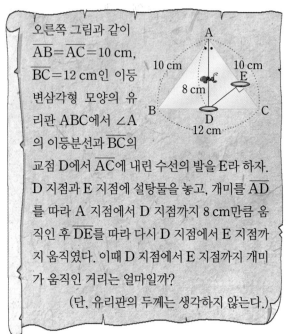

오른쪽 그림과 같이 $\overline{AB}=\overline{AC}=10$ cm, $\overline{BC}=12$ cm인 이등변삼각형 모양의 유리판 ABC에서 ∠A의 이등분선과 $\overline{BC}$의 교점 D에서 $\overline{AC}$에 내린 수선의 발을 E라 하자. D 지점과 E 지점에 설탕물을 놓고, 개미를 $\overline{AD}$를 따라 A 지점에서 D 지점까지 8 cm만큼 움직인 후 $\overline{DE}$를 따라 다시 D 지점에서 E 지점까지 움직였다. 이때 D 지점에서 E 지점까지 개미가 움직인 거리는 얼마일까?

(단, 유리판의 두께는 생각하지 않는다.)

04 다음 중 아래 그림의 △ABC와 △DEF가 합동이 되는 조건이 <u>아닌</u> 것은?

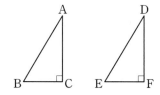

① ∠B=∠E=50°, $\overline{AB}=\overline{DE}=10$ cm

② ∠B=∠E=50°, $\overline{BC}=\overline{EF}=4$ cm

③ $\overline{AB}=\overline{DE}=7$ cm, $\overline{BC}=\overline{EF}=5$ cm

④ $\overline{BC}=\overline{EF}=7$ cm, $\overline{AC}=\overline{DF}=5$ cm

⑤ $\overline{AB}=\overline{EF}=7$ cm, $\overline{AC}=\overline{DF}=5$ cm

05 오른쪽 그림에서
∠PAO=∠PBO=90°이고
$\overline{PA}=\overline{PB}$일 때, 다음 중 옳지
않은 것은?

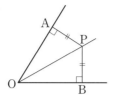

① ∠AOP=∠BOP　　② $\overline{OA}=\overline{OB}$
③ ∠APO=∠BPO　　④ △POA≡△POB
⑤ ∠AOB=$\dfrac{1}{2}$∠APB

06 오른쪽 그림에서 점 O는
△ABC의 외심일 때, ∠x의
크기는?

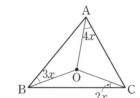

① 10°　　② 12°
③ 14°　　④ 16°
⑤ 18°

07 오른쪽 그림에서 점 O는
△ABC의 외심이다. ∠B=64°
일 때, ∠x의 크기는?

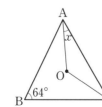

① 18°　　② 20°
③ 22°　　④ 24°
⑤ 26°

08 예한이는 삼각형 모양의 화단 밖으로 물이 뿌려지지 않으
면서 최대한 많은 곳에 물을 주기 위하여 스프링클러를 설
치하려고 한다. 스프링클러를 설치해야 하는 위치 ㈎에 대
한 설명으로 옳은 것을 모두 고르면? (정답 2개)

삼각형의 ㈎에
스프링클러를
설치하면 되겠네.

① ㈎는 외심이다.
② ㈎는 내심이다.
③ ㈎는 삼각형의 세 변의 수직이등분선의 교점이다.
④ ㈎에서 삼각형의 세 꼭짓점에 이르는 거리가 같다.
⑤ ㈎에서 삼각형의 세 변에 이르는 거리가 같다.

09 오른쪽 그림에서 점 I는 △ABC의
세 내각의 이등분선의 교점이다.
∠BAC : ∠ABC : ∠ACB
=2 : 5 : 3
일 때, ∠AIC의 크기를 구하시오.

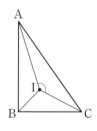

10 오른쪽 그림에서 점 I는
△ABC의 내심이고
∠A=66°, ∠IBC=32°일 때,
∠ICB의 크기를 구하시오.

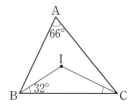

1 아래 그림은 고대 그리스의 3대 작도 불가능 문제 중 하나인 「각의 삼등분선은 작도할 수 없다.」를 아르키메데스가 설명한 방법을 이용하여 만든 도구이다. $\overline{AB}=\overline{BO}=\overline{OC}$ 일 때, 다음 물음에 답하시오.

(단, 도구의 두께는 무시한다.)

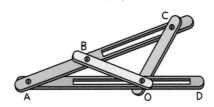

(1) $\angle BAO=26°$일 때, $\angle COD$의 크기를 구하시오.

(2) $\angle COD=72°$일 때, $\angle BAO$의 크기를 구하시오.

> **Tip**
>
> (1) △BAO에서 $\overline{AB}=\overline{BO}$이므로 △BAO는 ❶ [   ]삼각형이다.
> (2) △OBC에서 $\overline{BO}=$ ❷ [   ]이므로 △OBC는 이등변삼각형이다.
>
> **답** ❶ 이등변 ❷ $\overline{OC}$

2 아래 그림과 같이 반지름의 길이가 $10\ m$인 반원 모양의 공연장에 △PRO와 △OSQ에만 조명이 비추도록 두 점 P, Q에 조명 장치를 각각 설치하였다.
$\angle PRO=\angle POQ=\angle OSQ=90°$, $\overline{OR}=8\ m$, $\overline{OS}=6\ m$일 때, 다음 물음에 답하시오.

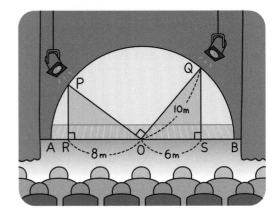

(1) $\overline{PR}$, $\overline{QS}$의 길이를 각각 구하시오.

(2) 위의 반원 모양의 공연장에서 조명이 비추지 않는 어두운 부분의 넓이를 구하시오.

> **Tip**
>
> 먼저 △PRO와 ❶ [   ]가 ❷ [   ] 합동임을 보인다.
>
> **답** ❶ △OSQ ❷ RHA

3 오른쪽 그림과 같이 정사각형 ABCD의 꼭짓점 C를 지나는 직선과 $\overline{AB}$의 교점을 E라 하고 두 꼭짓점 B, D에서 $\overline{EC}$에 내린 수선의 발을 각각 F, G라 하자. $\overline{BF}=6$ cm, $\overline{DG}=8$ cm일 때, △DFG의 넓이를 구하려고 한다. 다음 물음에 답하시오.

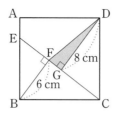

(1) △BCF와 합동인 삼각형을 찾아 기호를 사용하여 나타내고, 그때의 합동 조건을 말하시오.

(2) $\overline{FG}$의 길이를 구하시오.

(3) △DFG의 넓이를 구하시오.

Tip

① △BCF와 **❶** ⬚ 가 합동임을 보인다.
② $\overline{CF}$, $\overline{CG}$의 길이를 각각 구한 후 $\overline{FG}$의 길이를 구한다.
③ △DFG$=\dfrac{1}{2}\times\overline{FG}\times$ **❷** ⬚

답 ❶ △CDG **❷** $\overline{DG}$

4 소현이네 반은 다음과 같이 색종이를 접는 활동을 하였다.

> **1** 색종이 위에 세 점 A, O, B를 표시하고 두 직선 OA와 OB를 각각 접는다.
>
>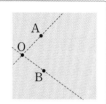
>
> **2** 두 직선 OA와 OB가 서로 포개어지도록 접고 접은 선 위에 점 P를 잡는다.
>
>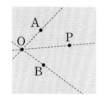
>
> **3** 직각자를 이용하여 점 P에서 두 직선 OA와 OB에 수선을 긋고 그 수선의 발을 각각 C와 D라 한다.
>
>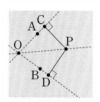

위의 활동을 이용하여 「각의 이등분선 위의 한 점에서 각의 두 변에 이르는 거리는 같다.」를 설명하려고 할 때, ㈎~㈏에 알맞은 것을 써넣으시오.

△COP와 ㈎ 에서
∠PCO=∠PDO=90°, ㈏ 는 공통,
∠COP= ㈐ 이므로
△COP= ㈎ (㈑ 합동)
∴ $\overline{CP}=$ ㈒
따라서 점 P에서 두 직선 OA와 OB에 이르는 거리는 같다.

Tip

△COP와 **❶** ⬚ 가 **❷** ⬚ 합동임을 보인다.

답 ❶ △DOP **❷** RHA

5 다음 만화를 읽고, 아래 보기에서 텐트를 치는 지점 P에 대한 설명으로 옳은 것을 고르시오.

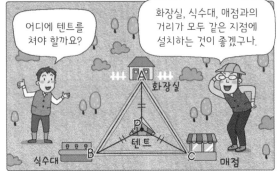

보기

ㄱ. 점 P는 △ABC의 세 꼭짓점에서 대변에 내린 수선의 교점이다.

ㄴ. 점 P는 △ABC의 세 변에서 같은 거리에 있다.

ㄷ. 점 P는 △ABC의 세 변의 수직이등분선의 교점이다.

ㄹ. 점 P는 △ABC의 세 꼭짓점에서 대변의 중점을 이은 선분의 교점이다.

Tip

점 P는 △ABC의 세 ❶ [   ]에서 같은 거리에 있으므로 ❷ [   ]이다.

답 ❶ 꼭짓점 ❷ 외심

6 다음 만화를 읽고 물음에 답하시오.

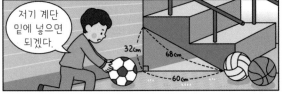

위 만화에 나온 계단 밑의 공간과 공의 크기가 아래와 같을 때, 축구공, 농구공, 배구공 중 어떤 공을 넣을 수 있는지 구하시오.

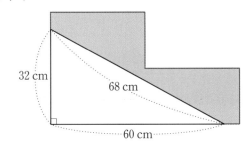

축구공
지름 22 cm

농구공
지름 24 cm

배구공
지름 20 cm

Tip

계단 밑의 공간은 직각삼각형 모양이므로 공의 지름의 길이가 삼각형의 ❶ [   ]의 지름의 길이보다 같거나 ❷ [   ]으면 넣을 수 있다.

답 ❶ 내접원 ❷ 작

7 다음 그림과 같이 ∠A＝90°이고 $\overline{AB}$＝48 cm, $\overline{BC}$＝52 cm, $\overline{CA}$＝20 cm인 **직각삼각형 모양의 틀 안에 원 모양의 시계를 만들려고 한다.** 삼각형의 내부에 되도록 큰 원 모양의 시계를 만들어 원의 중심에 시침과 분침을 고정하려고 할 때, 원의 반지름의 길이는 몇 cm로 해야 하는지 구하시오.

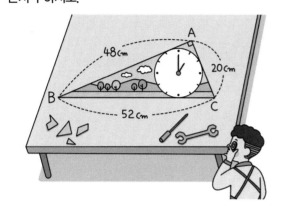

Tip

$\triangle ABC = \dfrac{1}{2} \times \overline{AB} \times \boxed{❶}$

$= \dfrac{1}{2} \times$ (내접원의 반지름의 길이)

$\times (\triangle ABC의 \boxed{❷} 의 길이)$

답 ❶ $\overline{AC}$ ❷ 둘레

8 아래의 [그림 1]과 같이 ∠C＝∠F＝90°인 합동인 두 직각삼각형 모양의 종이가 있다. $\triangle ABC$와 $\triangle DEF$를 각각 5개의 조각으로 자른 후 [그림 2]와 같이 이어 붙여 새로운 직사각형을 만들었을 때, 다음 물음에 답하시오.
(단, 두 원 I, I′은 각각 $\triangle ABC$, $\triangle DEF$의 내접원이다.)

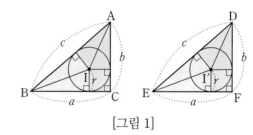

[그림 1]

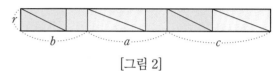

[그림 2]

(1) 위의 [그림 1]과 [그림 2]를 이용하여 $ab = r(a+b+c)$임을 설명하시오.

(2) $\triangle ABC$의 넓이를 a, b, c, r를 사용한 식으로 나타내시오.

Tip

[그림 1]의 넓이와 [그림 2]의 넓이가 $\boxed{❶}$ 을 이용하여 $ab = r(\boxed{❷})$임을 설명한다.

답 ❶ 같음 ❷ $a+b+c$

사각형의 성질과 도형의 닮음

안녕하세요.
나는 탈레스입니다.
그리스 최초의 수학자이지요.
피타고라스도 저의 제자입니다.

스승님!
오랜만입니다.

나는 이집트 여행에서
도형의 닮음을
이용하여 피라미드의
높이도 알아냈어요.

어떨게요?

이렇게 막대를 수직으로
세우면 피라미드와 막대가
받는 햇빛의 각도가 같으므로
두 삼각형 ABC와 DEF가
서로 닮은 도형이 됩니다.

아하! $\overline{AC} : \overline{DF} = \overline{BC} : \overline{EF}$이니까
닮음비를 이용해서 피라미드의
높이 $\overline{DF}$의 길이를 구할 수 있겠군요.

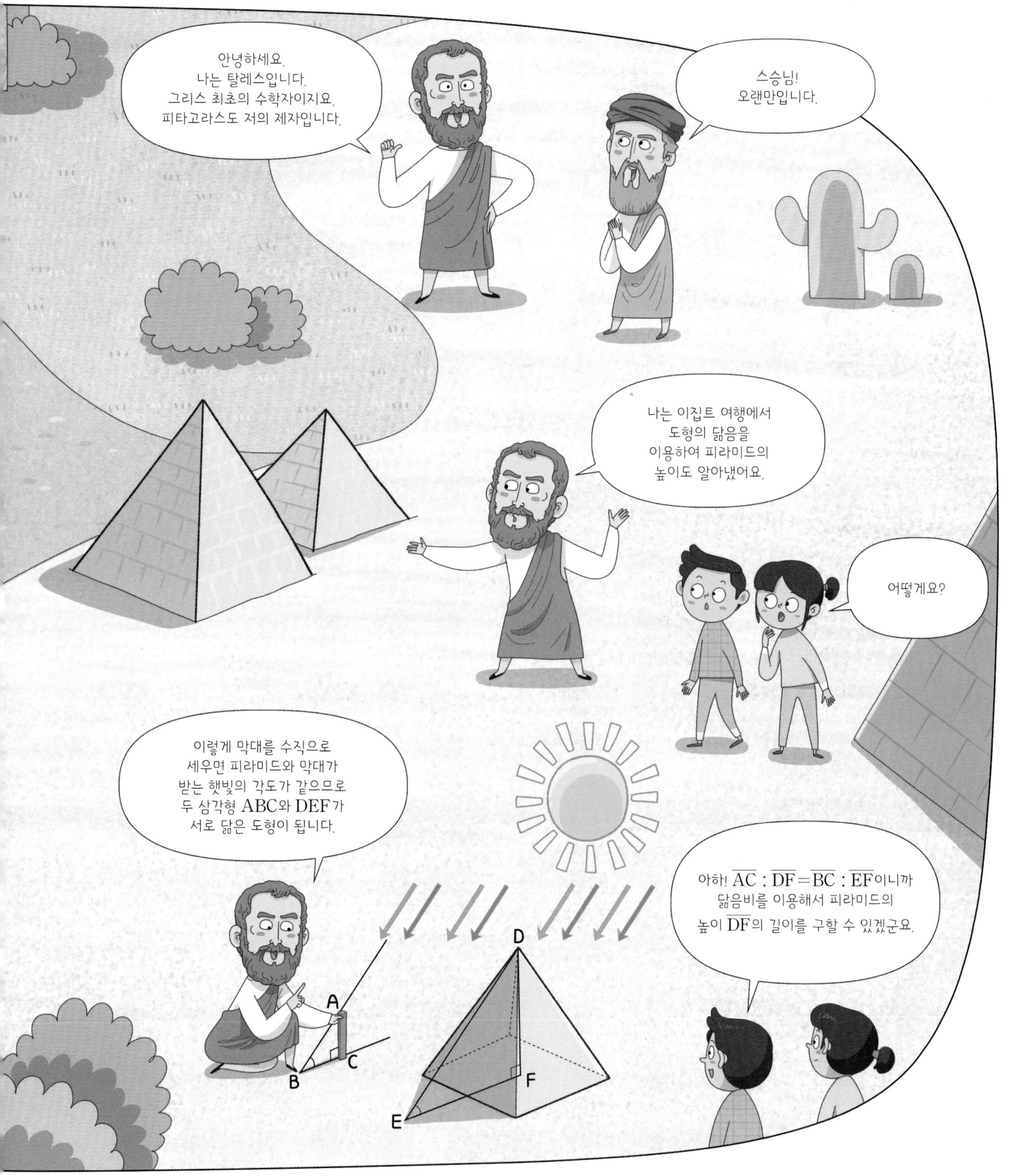

개념 01 평행사변형의 뜻과 성질

(1) **평행사변형**

두 쌍의 대변이 각각 평행한 사각형

➡ $\overline{AB} /\!/ \overline{DC}$, $\overline{AD} /\!/ \overline{BC}$

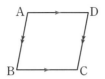

(2) **평행사변형의 성질**

평행사변형 ABCD에서

① 두 쌍의 대변의 길이는 각각 같다.

➡ $\overline{AB} = \overline{DC}$, $\overline{AD} = $ ❶

② 두 쌍의 대각의 크기는 각각 같다.

➡ $\angle A = \angle C$, $\angle B = $ ❷

③ 두 대각선은 서로 다른 것을 이등분한다.

➡ $\overline{OA} = \overline{OC}$, $\overline{OB} = $ ❸

답 ❶ $\overline{BC}$ ❷ $\angle D$ ❸ $\overline{OD}$

확인 01

다음 그림과 같은 평행사변형 ABCD에서 x, y의 값을 각각 구하시오.

(단, 점 O는 두 대각선의 교점이다.)

(1)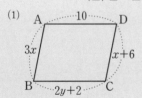

(2)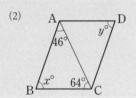

(3)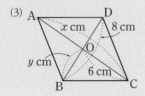

개념 02 평행사변형이 되는 조건

□ABCD가 다음 조건 중 어느 하나를 만족시키면 평행사변형이다.

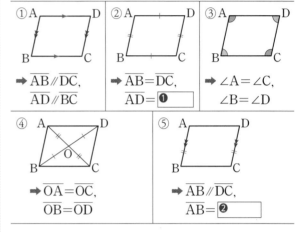

① $\overline{AB} /\!/ \overline{DC}$, $\overline{AD} /\!/ \overline{BC}$

② $\overline{AB} = \overline{DC}$, $\overline{AD} = $ ❶

③ $\angle A = \angle C$, $\angle B = \angle D$

④ $\overline{OA} = \overline{OC}$, $\overline{OB} = \overline{OD}$

⑤ $\overline{AB} /\!/ \overline{DC}$, $\overline{AB} = $ ❷

답 ❶ $\overline{BC}$ ❷ $\overline{DC}$

확인 02

다음 보기에서 오른쪽 그림의 □ABCD가 평행사변형이 되는 조건과 그 이유를 말한 학생을 짝 지으시오.

(단, 점 O는 두 대각선의 교점이다.)

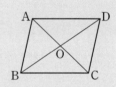

┌ 보기 ┐

㉠ $\overline{AB} = \overline{DC} = 5 \, cm$, $\overline{AD} = \overline{BC} = 7 \, cm$

㉡ $\overline{AB} /\!/ \overline{DC}$, $\overline{AB} = 5 \, cm$, $\overline{DC} = 5 \, cm$

㉢ $\angle A = 100°$, $\angle B = 80°$, $\angle C = 100°$

㉣ $\overline{OA} = \overline{OC} = 5 \, cm$, $\overline{OB} = \overline{OD} = 6 \, cm$

정우: 두 쌍의 대변의 길이가 각각 같아.

채아: 두 쌍의 대각의 크기가 각각 같아.

다은: 두 대각선이 서로 다른 것을 이등분해.

수현: 한 쌍의 대변이 평행하고, 그 길이가 같아.

개념 03 평행사변형과 넓이

(1) 평행사변형 ABCD에서 두 대 각선의 교점을 O라 하면

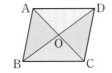

① △ABC=△BCD
=△CDA
=△DAB=❶□□ABCD

② △ABO=△BCO=△CDO=△DAO
=❷□□ABCD

(2)
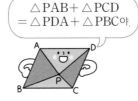

평행사변형 ABCD의 내부의 한 점 P에 대하여

△PAB+△PCD
=△PDA+△PBC야.

답 ❶ $\frac{1}{2}$ ❷ $\frac{1}{4}$

확인 03 오른쪽 그림과 같이 평행사 변형 ABCD의 내부의 한 점 P에 대하여 □ABCD의 넓이가 36 cm²일 때, △PAB와 △PCD의 넓이의 합을 구하시오.

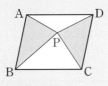

개념 04 직사각형

(1) **직사각형** : 네 내각의 크기가 모 두 같은 사각형
➡ ∠A=∠B=∠C=❶∠D

(2) **직사각형의 성질** : 두 대각선은 길이가 같고 서로 다른 것을 이등분한다.
➡ $\overline{AC}$=❷$\overline{BD}$, $\overline{AO}=\overline{BO}=\overline{CO}=\overline{DO}$

(3) **평행사변형이 직사각형이 되는 조건**
① 한 내각이 직각이다. → 직사각형의 뜻
② 두 대각선의 길이가 같다. → 직사각형의 성질

답 ❶ ∠D ❷ $\overline{BD}$

확인 04 오른쪽 그림과 같은 직사각 형 ABCD에서 x, y의 값을 각각 구하시오. (단, 점 O는 두 대각선의 교점이다.)

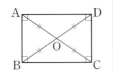

개념 05 마름모

(1) **마름모** : 네 변의 ❶ 길이 가 모두 같은 사각형
➡ $\overline{AB}=\overline{BC}=\overline{CD}=\overline{DA}$

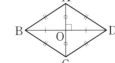

(2) **마름모의 성질** : 두 대각선은 서로 다른 것을 수직이등분한다.
➡ $\overline{AC}⊥\overline{BD}$, $\overline{AO}=\overline{CO}$, $\overline{BO}$❷=$\overline{DO}$

(3) **평행사변형이 마름모가 되는 조건**
① 이웃하는 두 변의 길이가 같다. → 마름모의 뜻
② 두 대각선이 서로 수직이다. → 마름모의 성질

답 ❶ 길이 ❷ =

확인 05 오른쪽 그림과 같은 마 름모 ABCD에서 x, y 의 값을 각각 구하시오. (단, 점 O는 두 대각선의 교점이다.)

개념 06 정사각형

(1) **정사각형** : 네 내각의 크기가 모두 같고, 네 변의 길이가 모두 같은 사 각형
➡ ∠A=∠B=∠C=∠D, $\overline{AB}=\overline{BC}$=❶$\overline{CD}$=$\overline{DA}$

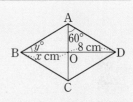

(2) **정사각형의 성질** : 두 대각선은 길이가 같고, 서로 다른 것을 수직❷이등분 한다.
➡ $\overline{AC}=\overline{BD}$, $\overline{AC}⊥\overline{BD}$, $\overline{AO}=\overline{BO}=\overline{CO}=\overline{DO}$

(3) **정사각형이 되는 조건**

직사각형 ➡ 정사각형	마름모 ➡ 정사각형
① 이웃하는 두 변의 길이 가 같다. → 정사각형의 뜻	① 한 내각이 직각이다. → 정사각형의뜻
② 두 대각선이 수직이다.	② 두 대각선의 길이가 같 다. → 정사각형의 성질
→ 정사각형의 성질	

답 ❶ $\overline{CD}$ ❷ 이등분

확인 06 오른쪽 그림과 같은 정사각형 ABCD에서 점 O는 두 대각선 의 교점이고 $\overline{OA}$=5 cm일 때, □ABCD의 넓이를 구하시오.

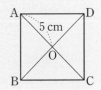

개념 07 여러 가지 사각형 사이의 관계

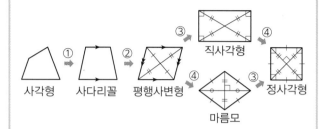

① 한 쌍의 대변이 평행하다.
② 다른 한 쌍의 대변이 평행하다.
③ 한 내각이 **❶**｜｜｜이거나 두 대각선의 길이가 같다.
④ 이웃하는 두 **❷**｜｜｜의 길이가 같거나 두 대각선이 서로 수직이다.

답 ❶ 직각 ❷ 변

확인 07

다음은 여러 가지 사각형의 성질을 표로 나타낸 것이다. 옳은 것에는 ○표, 옳지 않은 것에는 ×표를 하시오.

사각형의 성질 \ 사각형의 종류	평행 사변형	직사 각형	마름모	정사 각형
(1) 두 쌍의 대변이 각각 평행하다.				
(2) 두 쌍의 대변의 길이가 각각 같다.				
(3) 네 내각의 크기가 모두 같다.				
(4) 이웃하는 두 변의 길이가 같다.				
(5) 두 대각선의 길이가 같다.				
(6) 두 대각선이 서로 수직이다.				

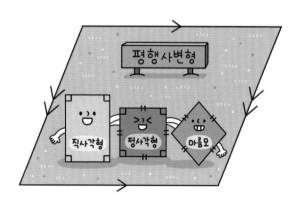

개념 08 평행선과 삼각형의 넓이

(1) $l /\!/ m$이면

$$\triangle ABC = \triangle DBC$$
$$= \triangle EBC = \frac{1}{2}ah$$

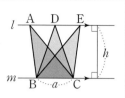

(2) 높이가 같은 두 삼각형의 넓이의 비는 밑변의 길이의 비와 같다.

$\Rightarrow \triangle ABC : \triangle ACD$
$= $ **❶**｜｜｜$: $ **❷**｜｜｜

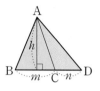

답 ❶ m ❷ n

확인 08

오른쪽 그림에서 $\triangle ABC$의 넓이가 $50\ cm^2$이고 $\overline{BD} : \overline{DC} = 3 : 2$일 때, $\triangle ABD$의 넓이를 구하시오.

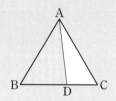

개념 09 닮은 도형

(1) 한 도형을 일정한 비율로 확대 또는 축소한 것이 다른 도형과 합동이 될 때, 이 두 도형은 서로 닮음인 관계가 있다고 한다.
(2) **닮은 도형**: 서로 **❶**｜｜｜인 관계에 있는 두 도형
(3) **닮음 기호**: $\triangle ABC$ **❷**｜｜｜ $\triangle A'B'C'$

닮은 도형을 기호로 나타낼 때에는 두 도형의 대응점의 순서대로 써야 해.

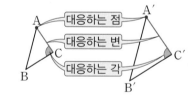

대응하는 점
대응하는 변
대응하는 각

답 ❶ 닮음 ❷ ∽

확인 09

다음 중 항상 닮은 도형인 것에는 ○표, 아닌 것에는 ×표를 ( ) 안에 써넣으시오.

(1) 두 원　　　　( )　(2) 두 마름모　　　( )
(3) 두 정삼각형　( )　(4) 두 직사각형　　( )
(5) 두 삼각기둥　( )　(6) 두 구　　　　　( )

개념 ❿ 닮음의 성질

(1) **평면도형에서 닮음의 성질**

① 대응하는 변의 길이의 비는 일정하다.

② 대응하는 각의 크기는 각각 **❶**⬚.

③ 닮음비는 대응하는 변의 길이의 비이다.

(2) **입체도형에서 닮음의 성질**

① 대응하는 모서리의 길이의 비는 일정하다.

② 대응하는 **❷**⬚은 닮은 도형이다.

③ 닮음비는 대응하는 모서리의 길이의 비이다.

답 ❶ 같다 ❷ 면

확인 10 아래 그림에서 □ABCD∽□EFGH일 때, 다음 보기 중 옳지 <u>않은</u> 것을 모두 고르시오.

┌─ 보기 ─────────────────────
ⓐ ∠A=60° ⓑ $\overline{AB}$=27 cm ⓒ ∠H=140°
ⓓ □ABCD와 □EFGH의 닮음비는 2 : 3이다.
└────────────────────────

개념 ⓫ 닮은 도형의 넓이의 비와 부피의 비

(1) 닮음비가 $m : n$인 두 평면도형에서

① 둘레의 길이의 비 ➡ $m : n$

② 넓이의 비 ➡ $m^2 :$ **❶**⬚

(2) 닮음비가 $m : n$인 두 입체도형에서

① 겉넓이의 비 ➡ $m^2 : n^2$

② 부피의 비 ➡ $m^3 :$ **❷**⬚

답 ❶ n^2 ❷ n^3

확인 11 오른쪽 그림에서 축구공의 지름의 길이는 22 cm 이다. 축구공과 농구공의 겉넓이의 비가 121 : 144 일 때, 농구공의 지름의 길이를 구하시오.

개념 ⓬ 삼각형의 닮음 조건

다음 조건 중 어느 하나를 만족시키면 두 삼각형은 서로 닮음이다.

① 세 쌍의 대응하는 변의 길이의 비가 같다. (SSS 닮음)

➡ $a : a' = b : b' =$ **❶**⬚

② 두 쌍의 대응하는 변의 길이의 비가 같고, 그 끼인각의 크기가 같다. (SAS 닮음)

➡ $a : a' = c : c'$, ∠B = ∠B′

③ 두 쌍의 대응하는 각의 크기가 각각 같다. (AA 닮음)

➡ ∠B = ∠B′, ∠C **❷**⬚ ∠C′

답 ❶ $c : c'$ ❷ =

확인 12 다음 중 △ABC∽△DEF가 되도록 하는 조건인 것에는 ○표, 아닌 것에는 ×표를 하시오.

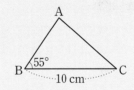
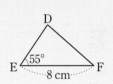

(1) $\overline{AB}$=15 cm, $\overline{DE}$=12 cm ( )

(2) ∠C=40°, ∠F=65° ( )

(3) ∠A=85°, ∠D=85° ( )

개념 ⓭ 직각삼각형의 닮음의 활용

∠A=90°인 직각삼각형 ABC 에서 $\overline{AD}\perp\overline{BC}$일 때,

△ABC∽△DBA∽△DAC 임을 이용한다.

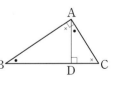

① $\overline{AB}^2 = \overline{BD} \times \overline{BC}$ ② $\overline{AC}^2 = \overline{CD} \times$ **❶**⬚

③ $\overline{AD}^2 =$ **❷**⬚ $\times \overline{CD}$

답 ❶ $\overline{CB}$ ❷ $\overline{BD}$

확인 13 오른쪽 그림과 같은 △ABC에서 x의 값을 구하시오.

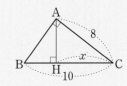

1 오른쪽 그림과 같은 평행사변형
ABCD에서 점 O는 두 대각선의
교점이다. ∠BCD=105°이고
$\overline{CD}$=9 cm, $\overline{AC}$=12 cm일 때,
$x-y+z$의 값을 구하시오.

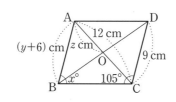

> 평행사변형의
> 두 대각선은 서로 다른 것
> 을 이등분하지!

문제 해결 전략

• 평행사변형은 두 쌍의 대변이 각각 **❶** [　　　] 하
므로 이웃하는 두 내각의 크기의 **❷** [　] 은 180°이다.

답 ❶ 평행 ❷ 합

2 다음 중 오른쪽 그림과 같은 □ABCD가 평
행사변형이 되는 조건으로 옳은 것은?

(단, 점 O는 두 대각선의 교점이다.)

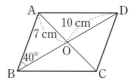

① $\overline{OB}$=7 cm, $\overline{OC}$=10 cm
② $\overline{OB}$=10 cm, $\overline{OC}$=7 cm
③ ∠ODC=40°
④ ∠OBC=40°
⑤ ∠ODA=∠OCD

문제 해결 전략

• 다음 중 어느 한 조건을 만족하는 사각형은 평행사
변형이다.
(1) 두 쌍의 대변이 각각 **❶** [　　] 하다.
(2) 두 쌍의 대변의 길이가 각각 같다.
(3) 두 쌍의 대각의 크기가 각각 같다.
(4) 두 대각선이 서로 다른 것을 **❷** [　　] 한다.
(5) 한 쌍의 대변이 평행하고, 그 길이가 같다.

답 ❶ 평행 ❷ 이등분

3 오른쪽 그림과 같이 $\overline{AD} \parallel \overline{BC}$인 등변사다
리꼴 ABCD에서 ∠DAC=28°,
∠B=64°일 때, ∠x-∠y의 크기를 구하
시오.

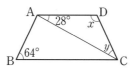

문제 해결 전략

• 사다리꼴은 **❶** [　] 쌍의 대변이 평행한 사각형이다.
• 등변사다리꼴은 밑변의 양 **❷** [　　] 의 크기가
같은 사다리꼴이다.

답 ❶ 한 ❷ 끝 각

4 아래 그림의 두 직육면체는 닮은 도형이고 □ABCD∽□A′B′C′D′일 때, 다음 중 옳지 <u>않은</u> 것을 모두 고르면? (정답 2개)

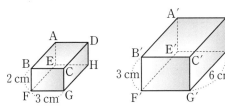

① $\overline{CG} : \overline{C'G'} = \overline{AB} : \overline{A'B'}$　② $\overline{GH} = 5$ cm
③ $\overline{F'G'} = 4.5$ cm　④ $\overline{FG} : \overline{F'G'} = 2 : 3$
⑤ 두 직육면체의 겉넓이의 비는 1 : 4이다.

5 오른쪽 그림과 같이 ∠A = 90°인 직각삼각형 ABC에서 $\overline{BC} \perp \overline{DE}$이다. $\overline{BD} = 20$ cm, $\overline{BE} = 16$ cm, $\overline{CE} = 14$ cm, $\overline{DE} = 12$ cm일 때, $\overline{AD}$의 길이를 구하시오.

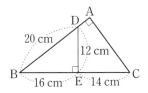

6 다음 그림에서 △A′B′C′은 호수의 양 끝 점 A, C 사이의 거리를 구하기 위하여 △ABC를 축소하여 그린 것이다. 두 지점 A, C 사이의 실제 거리는 몇 m인지 구하시오.

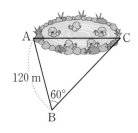 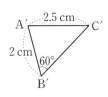

축척을 알면 실제 거리는
(축도에서의 길이) ÷ (축척)으로
구할 수 있어.

핵심 예제 ①

오른쪽 그림과 같은 평행사변형 ABCD에서 ∠A의 이등분선이 $\overline{BC}$, $\overline{DC}$의 연장선과 만나는 점을 각각 E, F라 하자. $\overline{AB}=3$ cm, $\overline{AD}=5$ cm일 때, $\overline{CF}$의 길이를 구하시오.

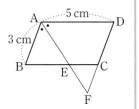

전략

평행한 두 직선이 다른 한 직선과 만나서 생기는 엇각의 크기는 같음을 이용한다.

풀이

∠DFA=∠BAF (엇각), ∠BAF=∠DAF이므로
∠DFA=∠DAF
따라서 △DAF는 $\overline{DF}=\overline{DA}=5$ cm인 이등변삼각형이므로
$\overline{CF}=\overline{DF}-\overline{DC}=5-3=2$ (cm)

답 2 cm

1-1

오른쪽 그림과 같은 평행사변형 ABCD에서 ∠B의 이등분선이 $\overline{AD}$와 만나는 점을 E라 하자. $\overline{BC}=10$ cm, $\overline{CD}=7$ cm일 때, $\overline{DE}$의 길이를 구하시오.

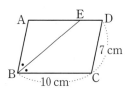

1-2

오른쪽 그림과 같은 평행사변형 ABCD에서 ∠A의 이등분선과 ∠D의 이등분선이 $\overline{BC}$와 만나는 점을 각각 E, F라 하자. $\overline{AB}=5$ cm, $\overline{AD}=8$ cm일 때, $\overline{FE}$의 길이를 구하시오.

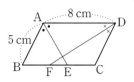

핵심 예제 ②

오른쪽 그림과 같은 평행사변형 ABCD에서 ∠D의 이등분선이 $\overline{BC}$와 만나는 점을 E라 하고 ∠A에서 $\overline{DE}$에 내린 수선의 발을 F라 하자. ∠B=56°일 때, ∠x의 크기를 구하시오.

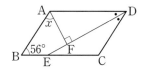

전략

평행사변형의 이웃하는 두 내각의 크기의 합은 180°임을 이용한다.

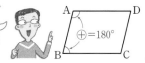

풀이

∠ADC=∠B=56°이므로
∠ADF=$\frac{1}{2}$∠ADC=$\frac{1}{2}$×56°=28°
△AFD에서 ∠DAF=180°-(90°+28°)=62°
이때 ∠BAD+∠B=180°이므로
(∠x+62°)+56°=180° ∴ ∠x=62°

답 62°

2-1

오른쪽 그림과 같은 평행사변형 ABCD에서 ∠A의 이등분선 AE와 ∠B의 이등분선 BF가 만나는 점을 G라 하자. ∠BFD=140°일 때, ∠x의 크기를 구하시오.

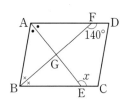

2-2

오른쪽 그림과 같은 평행사변형 ABCD에서 ∠DAC의 이등분선이 $\overline{BC}$의 연장선과 만나는 점을 E라 하자. ∠B=70°, ∠E=30°일 때, ∠x의 크기를 구하시오.

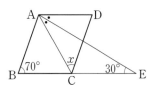

>> 정답과 풀이 12쪽

핵심 예제 3

오른쪽 그림과 같은 평행사변형 ABCD에서 점 O는 두 대각선의 교점이고 점 O를 지나는 직선이 $\overline{AD}$, $\overline{BC}$와 만나는 점을 각각 E, F라 하자. $\overline{AB}=6$ cm, $\overline{BC}=10$ cm, $\overline{AE}=3$ cm일 때, $\overline{BF}$의 길이를 구하시오.

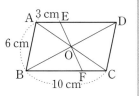

전략

평행사변형에서 두 대각선은 서로 다른 것을 이등분함을 이용하여 합동인 두 삼각형을 찾는다.

풀이

$\triangle OAE$와 $\triangle OCF$에서
$\angle OAE = \angle OCF$ (엇각), $\overline{OA}=\overline{OC}$,
$\angle AOE = \angle COF$ (맞꼭지각)
따라서 $\triangle OAE \equiv \triangle OCF$ (ASA 합동)이므로
$\overline{CF}=\overline{AE}=3$ cm
$\therefore \overline{BF}=\overline{BC}-\overline{CF}=10-3=7$ (cm)

답 7 cm

3-1

오른쪽 그림과 같은 평행사변형 ABCD에서 두 대각선의 교점 O를 지나는 직선이 $\overline{AD}$, $\overline{BC}$와 만나는 점을 각각 P, Q라 할 때, 다음 중 잘못 말한 학생을 고르시오.

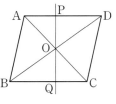

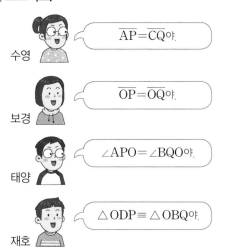

수영: $\overline{AP}=\overline{CQ}$야.

보경: $\overline{OP}=\overline{OQ}$야.

태양: $\angle APO = \angle BQO$야.

재호: $\triangle ODP \equiv \triangle OBQ$야.

핵심 예제 4

오른쪽 그림과 같은 평행사변형 ABCD의 두 대각선 AC, BD의 교점 O를 지나는 직선이 $\overline{AD}$, $\overline{BC}$와 만나는 점을 각각 E, F라 하자. □ABCD의 넓이가 36 cm²일 때, $\triangle ODE$와 $\triangle OCF$의 넓이의 합을 구하시오.

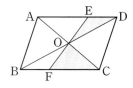

전략

평행사변형 ABCD에서 두 대각선의 교점을 O라 할 때

(1) $\triangle ABC = \triangle BCD = \triangle CDA$
　　　$= \triangle DAB = \dfrac{1}{2}$□ABCD

(2) $\triangle OAB = \triangle OBC = \triangle OCD = \triangle ODA = \dfrac{1}{4}$□ABCD

풀이

$\triangle OAE$와 $\triangle OCF$에서
$\angle OAE = \angle OCF$ (엇각), $\overline{OA}=\overline{OC}$,
$\angle AOE = \angle COF$ (맞꼭지각)
따라서 $\triangle OAE \equiv \triangle OCF$ (ASA 합동)이므로
$\triangle OAE = \triangle OCF$
$\therefore \triangle ODE + \triangle OCF = \triangle ODE + \triangle OAE = \triangle ODA$
　　　　　　$= \dfrac{1}{4}$□ABCD$= \dfrac{1}{4}\times 36 = 9$ (cm²)

답 9 cm²

4-1

오른쪽 그림과 같은 평행사변형 ABCD의 꼭짓점 D에서 $\overline{BC}$의 연장선에 내린 수선의 발을 E라 하자. $\overline{BC}=8$ cm, $\overline{DE}=5$ cm이고 $\triangle PBC$의 넓이가 7 cm²일 때, $\triangle PDA$의 넓이를 구하시오.

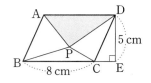

평행사변형 ABCD에서 내부의 한 점 P를 지나고 $\overline{AB}$, $\overline{BC}$에 평행한 직선을 각각 그으면 다음이 성립해.

$\triangle PAB + \triangle PCD$
$= \bullet + \times + \blacktriangle + \star$
$= \triangle PDA + \triangle PBC$
$= \dfrac{1}{2}$□ABCD

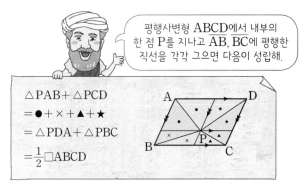

핵심 예제 5

오른쪽 그림과 같은 직사각형 ABCD에서 $\overline{BE}=\overline{DE}$이고 $\angle BDE=\angle EDC$일 때, $\angle x$의 크기를 구하시오.

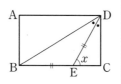

전략

직각삼각형의 한 내각의 크기는 90°임을 이용한다.

풀이

$\triangle$BED에서 $\overline{BE}=\overline{DE}$이므로 $\angle DBE=\angle BDE$

또 $\overline{AD}/\!\!/\overline{BC}$이므로 $\angle ADB=\angle DBE$ (엇각)

즉 $\angle ADB=\angle BDE=\angle EDC$이고

$\angle ADC=90°$이므로 $\angle EDC=\dfrac{1}{3}\times90°=30°$

따라서 $\triangle$DEC에서 $\angle x=180°-(30°+90°)=60°$

답 60°

핵심 예제 6

오른쪽 그림과 같은 마름모 ABCD에서 $\overline{AF}\perp\overline{CD}$이고 $\angle C=110°$일 때, $\angle AEB$의 크기를 구하시오.

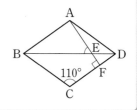

전략

$\overline{CB}=\overline{CD}$이므로 $\triangle$CDB는 이등변삼각형이다.

풀이

$\triangle$CDB에서 $\overline{CB}=\overline{CD}$이므로

$\angle CDB=\dfrac{1}{2}\times(180°-110°)=35°$

$\triangle$EFD에서 $\angle DEF=180°-(90°+35°)=55°$

$\therefore \angle AEB=\angle DEF=55°$ (맞꼭지각)

답 55°

5-1

오른쪽 그림과 같이 반지름의 길이가 5 cm인 원 O의 내부에 직사각형 OABC가 있다. □OABC의 둘레의 길이가 14 cm일 때, $\triangle$ABC의 둘레의 길이를 구하시오.

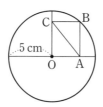

$\overline{AC}$와 길이가 같은 선분을 찾아 봐.

6-1

오른쪽 그림과 같은 마름모 ABCD에서 $\triangle$ABE는 정삼각형이고 $\angle ABC=84°$일 때, $\angle x+\angle y$의 크기를 구하시오.

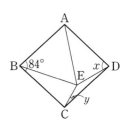

5-2

오른쪽 그림과 같은 평행사변형 ABCD가 직사각형이 되기 위한 조건을 모두 고르면? (정답 2개)

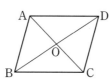

① $\overline{AB}=\overline{AD}$　　② $\overline{OA}=\overline{OB}$

③ $\overline{OA}=\overline{OC}$　　④ $\overline{AB}\perp\overline{BC}$　　⑤ $\overline{AC}\perp\overline{BD}$

6-2

오른쪽 그림과 같은 평행사변형 ABCD가 마름모가 되기 위한 조건을 모두 고르시오. (정답 2개)

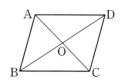

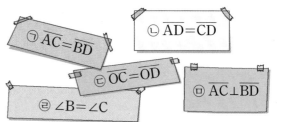

㉠ $\overline{AC}=\overline{BD}$

㉡ $\overline{AD}=\overline{CD}$

㉢ $\overline{OC}=\overline{OD}$

㉣ $\angle B=\angle C$

㉤ $\overline{AC}\perp\overline{BD}$

오른쪽 그림과 같은 정사각형 ABCD에서 대각선 $\overline{BD}$ 위의 점 P에 대하여 $\angle DAP = 22°$일 때, $\angle x$의 크기를 구하시오.

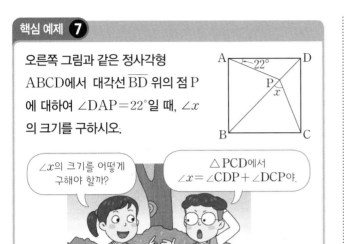

전략

△APD와 합동인 삼각형을 찾는다.

풀이

△APD와 △CPD에서
$\overline{AD} = \overline{CD}$, $\angle ADP = \angle CDP = 45°$, $\overline{PD}$는 공통이므로
△APD ≡ △CPD (SAS 합동)
즉 $\angle DCP = \angle DAP = 22°$이므로 △PCD에서
$\angle x = 45° + 22° = 67°$

답 67°

7-1

오른쪽 그림과 같은 정사각형 ABCD에서 $\overline{BE} = \overline{CF}$일 때, $\angle AGF$의 크기는?

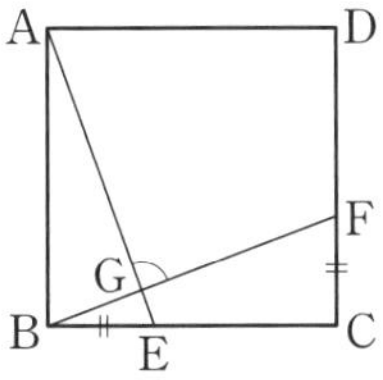

① 86° ② 88°
③ 90° ④ 92°
⑤ 94°

7-2

다음 중 $\overline{AB} /\!/ \overline{DC}$, $\overline{AB} = \overline{DC}$, $\overline{AC} = \overline{BD}$인 □ABCD가 정사각형이 되기 위한 조건은?

① $\overline{AD} = \overline{BC}$ ② $\overline{AD} /\!/ \overline{BC}$ ③ $\angle A = \angle D$
④ $\overline{AC} = \overline{BD}$ ⑤ $\overline{AC} \perp \overline{BD}$

다음 그림은 여러 가지 사각형 사이의 관계를 나타낸 것이다. ①~⑤에 알맞은 조건이 <u>아닌</u> 것은?

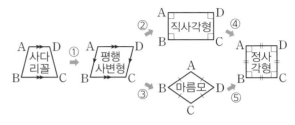

① $\overline{AB} /\!/ \overline{DC}$ ② $\angle A = 90°$ ③ $\overline{AC} \perp \overline{BD}$
④ $\angle A = \angle B$ ⑤ $\overline{AC} = \overline{BD}$

전략

여러 가지 사각형 사이의 관계를 파악한다.

풀이

④ 직사각형에서 이웃하는 두 변의 길이가 같거나 두 대각선이 서로 수직이면 정사각형이 되므로 알맞은 조건은 $\overline{AB} = \overline{BC}$ 또는 $\overline{AC} \perp \overline{BD}$이다.

답 ④

8-1

다음은 오른쪽 그림과 같은 평행사변형 ABCD에 대하여 네 명의 학생들이 각각의 조건을 만족할 때 어떤 사각형이 되는지를 말한 것이다. 잘못 말한 학생을 모두 고르시오.

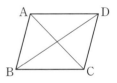

1 오른쪽 그림과 같은 평행사변형 ABCD에서 ∠A, ∠B의 이등분선이 $\overline{\text{CD}}$의 연장선과 만나는 점을 각각 E, F라 하자. $\overline{\text{AB}}=9$ cm, $\overline{\text{AD}}=13$ cm일 때, $\overline{\text{EF}}$의 길이를 구하시오.

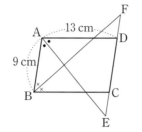

Tip

① △DAE가 ❶ [　　　　] 삼각형임을 이용하여 $\overline{\text{DE}}$의 길이를 구한다.

② △BCF가 이등변삼각형임을 이용하여 $\overline{\text{CF}}$의 길이를 구한다.

③ $\overline{\text{DF}}=\overline{\text{CF}}-\overline{\text{CD}}$이므로 $\overline{\text{EF}}=\overline{\text{DE}}+$ ❷ [　　　]

답 ❶ 이등변 ❷ $\overline{\text{DF}}$

2 오른쪽 그림과 같은 평행사변형 ABCD에서 $\overline{\text{AB}}=\overline{\text{AE}}$이고 점 D에서 $\overline{\text{AE}}$에 내린 수선의 발을 F라 하자. ∠CDF=34°일 때, ∠x의 크기를 구하시오.

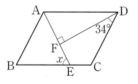

Tip

① ∠x와 크기가 ❶ [　　　] 각을 찾는다.

② △AFD에서 삼각형의 세 내각의 크기의 합은 ❷ [　　　]임을 이용하여 ∠x의 크기를 구한다.

답 ❶ 같은 ❷ 180°

3 오른쪽 그림과 같은 평행사변형 ABCD에서 두 대각선 AC, BD 위에 $\overline{\text{AP}}=\overline{\text{CR}}$, $\overline{\text{BQ}}=\overline{\text{DS}}$가 되도록 네 점 P, Q, R, S를 잡을 때, 다음 중 □PQRS가 평행사변형이 되는 조건으로 가장 알맞은 것을 말한 학생을 고르시오.

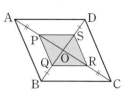

 지혜 ── 두 쌍의 대변이 각각 평행해.

 승규 ── 두 쌍의 대변의 길이가 각각 같아.

 우식 ── 두 쌍의 대각의 크기가 각각 같아.

 진수 ── 두 대각선이 서로 다른 것을 이등분해.

다윤 ── 한 쌍의 대변이 평행하고 그 길이가 같아.

Tip

(1) $\overline{\text{OA}}=\overline{\text{OC}}$, $\overline{\text{AP}}=\overline{\text{CR}}$이므로 $\overline{\text{OP}}=$ ❶ [　　　]

(2) $\overline{\text{OB}}=\overline{\text{OD}}$, $\overline{\text{BQ}}=\overline{\text{DS}}$이므로 $\overline{\text{OQ}}=$ ❷ [　　　]

답 ❶ $\overline{\text{OR}}$ ❷ $\overline{\text{OS}}$

4 오른쪽 그림과 같은 평행사변형 ABCD에서 $\overline{\text{AD}}$, $\overline{\text{BC}}$의 중점을 각각 M, N이라 하고 $\overline{\text{AN}}$과 $\overline{\text{BM}}$의 교점을 P, $\overline{\text{MC}}$와 $\overline{\text{ND}}$의 교점을 Q라 하자. □ABCD의 넓이가 64 cm²일 때, □MPNQ의 넓이를 구하시오.

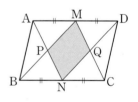

Tip

① $\overline{\text{MN}}$을 긋고, □ABNM과 □MNCD가 모두 ❶ [　　　　] 임을 확인한다.

② 평행사변형의 넓이는 두 대각선에 의해 ❷ [　　　] 됨을 이용하여 □MPNQ의 넓이를 구한다.

답 ❶ 평행사변형 ❷ 사등분

5 오른쪽 그림과 같이 직사각형 모양의 종이 ABCD를 $\overline{EF}$를 접는 선으로 하여 꼭짓점 C가 꼭짓점 A에 오도록 접었다. $\angle BAE = 18°$일 때, $\angle x$, $\angle y$ 의 크기를 각각 구하시오.

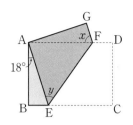

(1) 직사각형의 한 내각의 크기는 **❶** [   ]임을 이용하여 $\angle x$의 크기를 구한다.

(2) $\angle AEF = \angle FEC$ (**❷** [   ])임을 이용하여 $\angle y$의 크기를 구한다.

답 ❶ 90° **❷** 접은 각

6 오른쪽 그림과 같이 마름모 ABCD의 꼭짓점 A에서 $\overline{BC}$, $\overline{CD}$에 내린 수선의 발을 각각 E, F라 할 때, 다음 중 옳지 않은 것은?

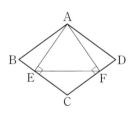

① $\triangle ABE \equiv \triangle ADF$ ② $\overline{AE} = \overline{AF}$
③ $\overline{EC} = \overline{CF}$ ④ $\angle BAE = \angle DAF$
⑤ $\triangle AEF$는 정삼각형이다.

마름모는 네 변의 길이가 모두 **❶** [   ] 사각형임을 이용하여 $\triangle ABE$와 **❷** [   ]인 삼각형을 찾는다.

답 ❶ 같은 **❷** 합동

7 오른쪽 그림에서 □ABCD 와 □OEFG는 서로 합동인 정사각형이다. 점 O는 $\overline{AC}$와 $\overline{BD}$의 교점이고 $\overline{AB} = 8$ cm 일 때, □OPCQ의 넓이를 구 하시오.

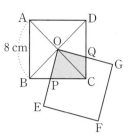

$\triangle OCQ$와 **❶** [   ]가 합동임을 보여서 □OPCQ의 넓이 와 **❷** [   ]의 넓이가 같음을 이용한다.

답 ❶ $\triangle OBP$ **❷** $\triangle OBC$

8 오른쪽 그림과 같이 평행사변 형 ABCD의 네 내각의 이등 분선의 교점을 각각 E, F, G, H라 할 때, 다음 중 □EFGH 에 대한 설명으로 옳지 않은 것은?

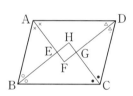

① 두 대각선의 길이가 같다.
② 두 쌍의 대변의 길이가 각각 같다.
③ 두 대각선이 수직으로 만난다.
④ 한 쌍의 대각의 크기의 합은 180°이다.
⑤ 두 대각선이 서로 다른 것을 이등분한다.

평행사변형에서 이웃한 두 내각의 크기의 합은 **❶** [   ]임을 이용하여 □EFGH가 **❷** [   ]임을 보인다.

답 ❶ 180° **❷** 직사각형

핵심 예제 1

오른쪽 그림과 같은 □ABCD에서 꼭짓점 D를 지나고 $\overline{AC}$에 평행한 직선이 $\overline{BC}$의 연장선과 만나는 점을 E라 하자. $\overline{AH}=6$ cm, $\overline{BC}=8$ cm, $\overline{CE}=4$ cm일 때, □ABCD의 넓이를 구하시오.

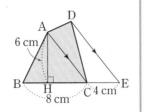

전략

오른쪽 그림에서 $\overline{AC}$ // $\overline{DE}$이면

(1) △ACD = △ACE
(2) □ABCD = △ABC + △ACD
　　　　 = △ABC + △ACE
　　　　 = △ABE

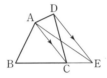

풀이

$\overline{AE}$를 그으면

□ABCD = △ABC + △ACD = △ABC + △ACE

　　　　 = △ABE = $\frac{1}{2} \times (8+4) \times 6 = 36$ (cm²)

답 36 cm²

1-1

오른쪽 그림과 같은 □ABCD에서 $\overline{AE}$ // $\overline{DC}$이고 ∠B=90°, $\overline{AB}=8$ cm, $\overline{BE}=5$ cm, $\overline{CE}=7$ cm일 때, □ABED의 넓이를 구하시오.

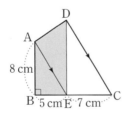

1-2

오른쪽 그림과 같이 반지름의 길이가 6 cm인 원 O에서 $\overline{AB}$는 지름이고 $\overline{AB}$ // $\overline{CD}$이다. ∠COD=60°일 때, 색칠한 부분의 넓이를 구하시오.

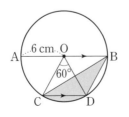

핵심 예제 2

오른쪽 그림과 같은 평행사변형 ABCD에서 $\overline{BD}$ // $\overline{EF}$일 때, 다음 중 넓이가 나머지 넷과 다른 하나는?

① △ABE　　② △DAF　　③ △DBE

④ △DBF　　⑤ △DEC

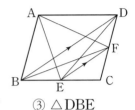

전략

오른쪽 그림과 같은 평행사변형 ABCD에서 $\overline{BD}$ // $\overline{EF}$이면

△ABE = △DBE = △DBF = △DAF

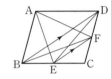

풀이

$\overline{AD}$ // $\overline{BC}$이므로 △ABE = △DBE
$\overline{BD}$ // $\overline{EF}$이므로 △DBE = △DBF
$\overline{AB}$ // $\overline{DC}$이므로 △DBF = △DAF
∴ △ABE = △DBE = △DBF = △DAF

답 ⑤

> $\overline{BE} : \overline{EC} = 1 : 2$이므로 △ABE : △AEC = 1 : 2이고
> $\overline{AD} : \overline{DC} = 3 : 2$이므로 △AED : △DEC = 3 : 2야.

2-1

오른쪽 그림과 같은 △ABC에서 $\overline{AD} : \overline{DC}=3:2$, $\overline{BE} : \overline{EC}=1:2$이다. △ABC의 넓이가 60 cm²일 때, △DEC의 넓이를 구하시오.

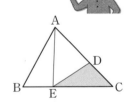

2-2

오른쪽 그림과 같이 $\overline{AD}$ // $\overline{BC}$인 사다리꼴 ABCD에서 두 대각선의 교점을 O라 하자. $\overline{BO} : \overline{DO}=3:2$이고 △OCD의 넓이가 30 cm²일 때, △AOD의 넓이를 구하시오.

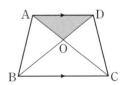

핵심 예제 3

오른쪽 그림과 같은 △ABC에서 $\overline{BC}$의 길이를 구하시오.

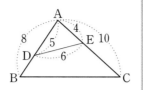

전략

공통인 각을 기준으로 대응하는 변의 길이의 비가 같은 두 삼각형을 찾는다.

풀이

△ABC와 △AED에서

$\overline{AC}:\overline{AD}=\overline{AB}:\overline{AE}=2:1$, ∠A는 공통이므로

△ABC∽△AED (SAS 닮음)

즉 $\overline{BC}:\overline{ED}=2:1$이므로

$\overline{BC}:6=2:1$ ∴ $\overline{BC}=12$

답 12

3-1

오른쪽 그림과 같은 △ABC에서 $\overline{DE}$의 길이를 구하시오.

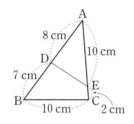

3-2

오른쪽 그림과 같은 △ABC에서 $\overline{DE}$의 길이를 구하시오.

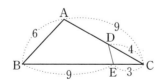

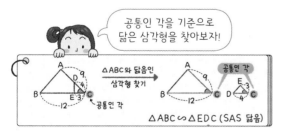

공통인 각을 기준으로 닮은 삼각형을 찾아보자!

△ABC와 닮음인 삼각형 찾기

△ABC∽△EDC (SAS 닮음)

핵심 예제 4

오른쪽 그림과 같은 △ABC에서 ∠B=∠AED일 때, $\overline{EC}$의 길이를 구하시오.

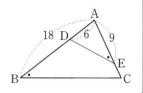

전략

공통인 각과 다른 한 각의 크기가 같은 두 삼각형을 찾는다.

풀이

△ABC와 △AED에서

∠A는 공통, ∠ABC=∠AED이므로

△ABC∽△AED (AA 닮음)

즉 $\overline{AB}:\overline{AE}=\overline{AC}:\overline{AD}$에서 $18:9=\overline{AC}:6$ ∴ $\overline{AC}=12$

∴ $\overline{EC}=\overline{AC}-\overline{AE}=12-9=3$

답 3

4-1

오른쪽 그림과 같은 △ABC에서 ∠C=∠EDB일 때, $\overline{EC}$의 길이를 구하시오.

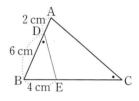

4-2

오른쪽 그림과 같은 △ABC에서 ∠ADE=∠C일 때, $\overline{BD}$의 길이를 구하시오.

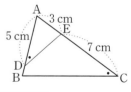

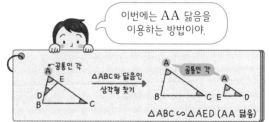

이번에는 AA 닮음을 이용하는 방법이야.

△ABC와 닮음인 삼각형 찾기

△ABC∽△AED (AA 닮음)

핵심 예제 5

오른쪽 그림의 △ABC에서
∠AED=∠B이고,
$\overline{AD}$=8 cm, $\overline{AC}$=12 cm이다.
△AED의 넓이가 40 cm²일
때, □DBCE의 넓이는?

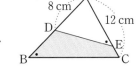

① 40 cm²　　② 45 cm²　　③ 50 cm²

④ 55 cm²　　⑤ 60 cm²

전략

닮음비가 $m:n$인 두 평면도형에서
(1) 둘레의 길이의 비 ➡ $m:n$　　(2) 넓이의 비 ➡ $m^2:n^2$

풀이

△ABC와 △AED에서 ∠A는 공통, ∠ABC=∠AED
이므로 △ABC∽△AED (AA 닮음)
이때 △ABC와 △AED의 닮음비는 $\overline{AC}:\overline{AD}$=12:8=3:2
이므로 넓이의 비는 $3^2:2^2$=9:4이다.
즉 △ABC:40=9:4에서 △ABC=90 (cm²)
∴ □DBCE=△ABC−△AED=90−40=50 (cm²)

답 ③

5-1

오른쪽 그림과 같이 A3 용지를 반으로 접을
때마다 생기는 종이의 크기를 각각 A4, A5,
A6, A7, … 용지라 한다. 이때 A3 용지와
A7 용지의 닮음비를 구하시오.

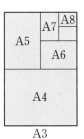

5-2

오른쪽 그림과 같이 원 O의 내부에 원 O′
이 놓여 있다. 원 O′의 넓이가 $\frac{9}{16}\pi$이고
두 원 O와 O′의 닮음비가 3:1일 때, 색칠
한 부분의 넓이를 구하시오.

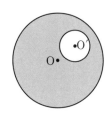

핵심 예제 6

아래 그림과 같이 닮은 두 직육면체 A, B의 겉넓이가 각각
160 cm², 250 cm²이다. 직육면체 B의 부피가 250 cm³일
때, 직육면체 A의 부피를 구하시오.

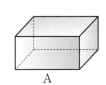 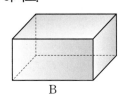

전략

닮음비가 $m:n$인 두 입체도형에서
(1) 옆넓이의 비 ➡ $m^2:n^2$　　(2) 겉넓이의 비 ➡ $m^2:n^2$
(3) 부피의 비 ➡ $m^3:n^3$

풀이

두 직육면체 A, B의 겉넓이의 비는 160:250=16:25=$4^2:5^2$
이므로 닮음비는 4:5이고 부피의 비는 $4^3:5^3$=64:125이다.
(A의 부피):250=64:125　　∴ (A의 부피)=128 (cm³)

답 128 cm³

6-1

오른쪽 그림과 같이 원뿔 모양의 그릇에
높이의 $\frac{2}{5}$만큼 물을 채웠다. 이때 수면
이 이루는 원의 넓이를 구하시오.

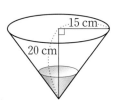

6-2

다음 그림과 같이 크기가 다른 구 모양의 두 멜론 A, B의 반지름
의 길이가 각각 10 cm, 15 cm이다. A 멜론의 가격이 4000원일
때, B 멜론의 가격을 구하시오.

(단, 멜론의 가격은 멜론의 부피에 정비례한다.)

핵심 예제 7

오른쪽 그림과 같이 $\angle A = 90°$인 직각삼각형 ABC에서 $\overline{AD} \perp \overline{BC}$일 때, 다음 중 옳지 않은 것은?

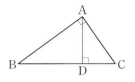

① $\angle C = \angle DAB$ ② $\angle B = \angle DAC$
③ $\triangle ABC \backsim \triangle DBA$ ④ $\overline{AC}^2 = \overline{BD} \times \overline{BC}$
⑤ $\overline{AD}^2 = \overline{BD} \times \overline{CD}$

전략

직각삼각형의 한 내각의 크기는 90°임을 이용하여 닮음인 직각삼각형을 찾는다.

풀이

① $\angle C = 90° - \angle CAD = \angle DAB$
② $\angle B = 90° - \angle C = \angle DAC$
③ $\triangle ABC$와 $\triangle DBA$에서
  $\angle B$는 공통, $\angle CAB = \angle ADB = 90°$이므로
  $\triangle ABC \backsim \triangle DBA$ (AA 닮음)
④ $\triangle ABC \backsim \triangle DAC$ (AA 닮음)이므로
  $\overline{AC} : \overline{DC} = \overline{BC} : \overline{AC}$ ∴ $\overline{AC}^2 = \overline{DC} \times \overline{BC}$
⑤ $\triangle ABD \backsim \triangle CAD$ (AA 닮음)이므로
  $\overline{AD} : \overline{CD} = \overline{BD} : \overline{AD}$ ∴ $\overline{AD}^2 = \overline{BD} \times \overline{CD}$

따라서 옳지 않은 것은 ④이다.

답 ④

7-1

오른쪽 그림과 같은 $\triangle ABC$에서 $\overline{AD} \perp \overline{BC}, \overline{CE} \perp \overline{AB}$이고 $\overline{AB} = 8\,\text{cm}, \overline{BC} = 9\,\text{cm}$, $\overline{DC} = 3\,\text{cm}$일 때, $\overline{BE}$의 길이를 구하시오.

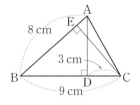

7-2

오른쪽 그림과 같이 $\angle A = 90°$인 직각삼각형 ABC에서 $\overline{AD} \perp \overline{BC}$이고 $\overline{AD} = 4\,\text{cm}$, $\overline{BD} = 8\,\text{cm}$일 때, $\triangle ABC$의 넓이를 구하시오.

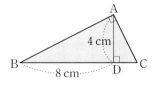

핵심 예제 8

어느 날 같은 시각에 길이가 1.5 m인 막대의 그림자와 나무의 그림자의 길이를 측량하였더니 다음 그림과 같이 각각 1.7 m, 6.8 m이었다. 이때 나무의 높이를 구하시오.

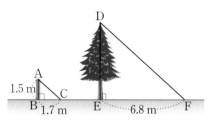

전략

① 닮은 두 도형을 찾고, 닮음비를 구한다.
② 비례식을 이용하여 구하고자 하는 답을 구한다.

풀이

$\triangle ABC \backsim \triangle DEF$ (AA 닮음)이므로
$\overline{AB} : \overline{DE} = \overline{BC} : \overline{EF}$에서
$1.5 : \overline{DE} = 1.7 : 6.8$ ∴ $\overline{DE} = 6\,(\text{m})$
따라서 나무의 높이는 6 m이다.

답 6 m

8-1

어떤 탑의 높이를 재기 위하여 다음 그림과 같이 탑의 그림자 끝 A 지점에서 2 m 떨어진 B 지점에 길이가 1.2 m인 막대를 세워 그 그림자의 끝이 탑의 그림자의 끝과 일치하게 하였다. 막대와 탑 사이의 거리가 6 m일 때, 탑의 높이를 구하시오.
(단, 막대의 두께는 생각하지 않는다.)

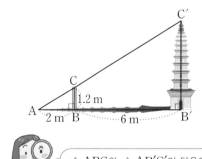

$\triangle ABC$와 $\triangle AB'C'$이 닮음이네~

1 오른쪽 그림과 같은 평행사변형 ABCD에서 $\overline{AC} /\!/ \overline{EF}$이고 □ABCD의 넓이는 $50\,cm^2$, △BCF의 넓이는 $13\,cm^2$일 때, △CDE의 넓이를 구하시오.

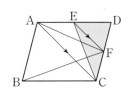

Tip

$\overline{AB} /\!/ \overline{DC}$이므로 △BCF = ❶ ☐
$\overline{AC} /\!/ \overline{EF}$이므로 △ACF = ❷ ☐
∴ △ACE = △BCF

답 ❶ △ACF ❷ △ACE

2 오른쪽 그림에서 $\overline{DC} /\!/ \overline{AF}$이고 $\overline{BE} : \overline{EF} = 2 : 3$이다. □ADEC의 넓이가 $24\,cm^2$일 때, △DBE의 넓이를 구하시오.

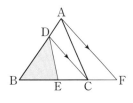

Tip

$\overline{DF}$를 긋고 $\overline{DC} /\!/$ ❶ ☐ 임을 이용하여 ❷ ☐ 와 넓이가 같은 삼각형을 찾는다.

답 ❶ $\overline{AF}$ ❷ □ADEC

3 오른쪽 그림에서 $\overline{AB}$, $\overline{AC}$, $\overline{AD}$는 각각 세 원의 지름이고 $\overline{AB} = \overline{BC} = \overline{CD}$이다. 색칠한 부분의 넓이가 25π일 때, $\overline{AB}$를 지름으로 하는 원의 넓이를 구하시오.

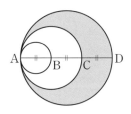

Tip

$\overline{AB} : \overline{AC} : \overline{AD} = 1 : 2 :$ ❶ ☐ 이므로 $\overline{AB}$, $\overline{AC}$, $\overline{AD}$를 지름으로 하는 각 원의 넓이의 비는 $1 : 4 :$ ❷ ☐ 이다.

답 ❶ 3 ❷ 9

4 오른쪽 그림과 같은 원뿔 모양의 그릇에 일정한 속도로 물을 채우고 있다. 전체 높이의 $\frac{1}{3}$만큼 채우는 데 2분이 걸렸다면 가득 채울 때까지 몇 분이 더 걸리는지 구하시오.

Tip

(1) 닮음비가 $m : n$인 두 입체도형의 부피의 비는 $m^3 :$ ❶ ☐ 이다.
(2) 물을 채우는 데 걸리는 시간은 원뿔의 ❷ ☐ 에 정비례한다.

답 ❶ n^3 ❷ 부피

5 오른쪽 그림과 같은 △ABC에서 ∠A=∠BCD이다. $\overline{AB}$=16 cm, $\overline{BD}$=4 cm일 때, x의 값을 구하시오.

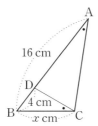

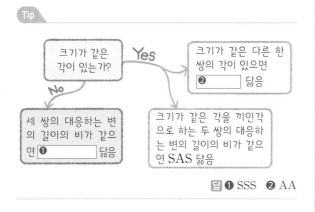

크기가 같은 각이 있는가? — Yes → 크기가 같은 다른 한 쌍의 각이 있으면 ❷ 닮음

No ↓

세 쌍의 대응하는 변의 길이의 비가 같으면 ❶ 닮음

크기가 같은 각을 끼인각으로 하는 두 쌍의 대응하는 변의 길이의 비가 같으면 SAS 닮음

답 ❶ SSS ❷ AA

7 오른쪽 그림과 같이 직사각형 ABCD를 $\overline{BE}$를 접는 선으로 하여 꼭짓점 C가 $\overline{AD}$ 위의 점 F에 오도록 접었다. 이때 $\overline{DE}$의 길이를 구하시오.

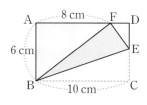

① $\overline{FD}$의 길이를 구한다.
② △ABF와 ❶　　　가 ❷　　　 닮음임을 파악한다.
③ $\overline{DE}$의 길이를 구한다.

답 ❶ △DFE ❷ AA

6 오른쪽 그림과 같은 직사각형 ABCD에서 $\overline{EF}$는 대각선 AC를 수직이등분할 때, △OEC의 넓이는?

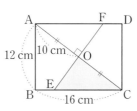

① $\dfrac{55}{2}$ cm² ② 30 cm² ③ $\dfrac{65}{2}$ cm²

④ 35 cm² ⑤ $\dfrac{75}{2}$ cm²

△ABC와 △EOC가 ❶　　　 닮음임을 이용하여 ❷　　　의 길이를 구한다.

답 ❶ AA ❷ $\overline{EO}$

8 나무의 높이를 구하기 위하여 다음 그림과 같이 축도를 그렸더니 $\overline{A'C'}$의 길이가 2.8 cm로 나타내어졌다. 이때 나무의 실제 높이는 몇 m인지 구하시오.

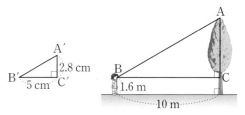

(1) 축도 : 어떤 도형을 일정한 ❶　　　로 줄인 그림
(2) 축척 : 축도에서의 길이와 ❷　　　 길이의 비율

➡ (축척)＝ $\dfrac{(축도에서의 길이)}{(실제 길이)}$

답 ❶ 비율 ❷ 실제

01 오른쪽 그림과 같은 평행사변형 ABCD에서 ∠A의 이등분선이 $\overline{BC}$와 만나는 점을 E라 하자. $\overline{AB}$=4 cm, $\overline{AD}$=5 cm일 때, $\overline{EC}$의 길이를 구하시오.

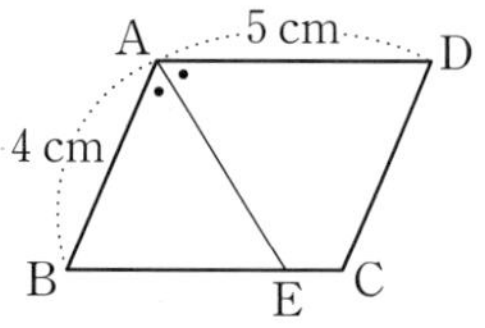

02 오른쪽 그림과 같은 평행사변형 ABCD에서 $\overline{DE}$는 ∠D의 이등분선이고 $\overline{AF}\perp\overline{DE}$이다. ∠B=80°일 때, ∠$x$의 크기는?

① 44°   ② 46°   ③ 48°

④ 50°   ⑤ 52°

03 오른쪽 그림과 같은 평행사변형 ABCD에서 점 O는 두 대각선의 교점이다. $\overline{AD}$=5 cm, $\overline{BD}$=8 cm일 때, 다음 중 평행사변형 ABCD가 직사각형이 되는 조건을 말한 학생을 모두 고르시오.

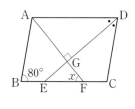

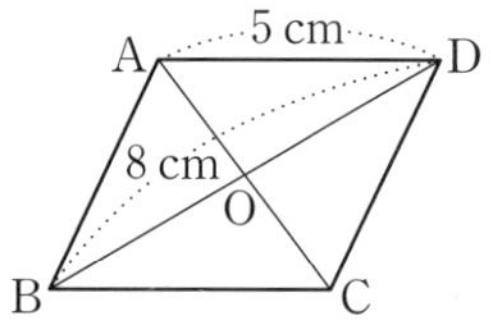

04 오른쪽 그림과 같이 마름모 ABCD의 꼭짓점 A에서 $\overline{BC}$, $\overline{CD}$에 내린 수선의 발을 각각 E, F라 하자. ∠EAF=54°일 때, ∠CFE의 크기는?

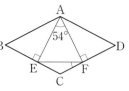

① 21°   ② 24°   ③ 27°

④ 30°   ⑤ 33°

05 오른쪽 그림과 같은 정사각형 ABCD에서 $\overline{AD}=\overline{AE}$이고 ∠ABE=30°일 때, ∠ADE의 크기를 구하시오.

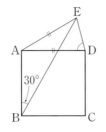

06 오른쪽 그림과 같이 $\overline{AD}\,/\!/\,\overline{BC}$인 등변사다리꼴 ABCD에서 $\overline{AB}=7\,cm$, $\overline{AD}=5\,cm$이고 ∠A=120°일 때, $\overline{BC}$의 길이를 구하시오.

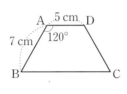

07 다음 중 옳지 <u>않은</u> 것은?

① 두 대각선의 길이가 같은 평행사변형은 직사각형이다.

② 두 대각선이 서로 수직인 직사각형은 정사각형이다.

③ 한 내각의 크기가 90°인 마름모는 정사각형이다.

④ 이웃하는 두 변의 길이가 같은 평행사변형은 정사각형이다.

⑤ 한 내각의 크기가 90°인 평행사변형은 직사각형이다.

08 오른쪽 그림과 같은 □ABCD에서 꼭짓점 D를 지나고 $\overline{AC}$에 평행한 직선이 $\overline{BC}$의 연장선과 만나는 점을 E라 하자. $\overline{AH}=10\,cm$, $\overline{BC}=14\,cm$, $\overline{CE}=6\,cm$일 때, □ABCD의 넓이는?

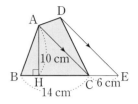

① 70 cm²   ② 80 cm²   ③ 90 cm²

④ 100 cm²   ⑤ 110 cm²

09 오른쪽 그림과 같은 △ABC에서 $\overline{AB}=6\,cm$, $\overline{AC}=9\,cm$, $\overline{AD}=4\,cm$, $\overline{BC}=12\,cm$일 때, $\overline{BD}$의 길이를 구하시오.

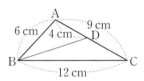

10 다음 그림과 같은 두 직육면체 모양의 선물 상자 (개), (내)는 닮은 도형이다. □CGHD∽□C′G′H′D′이고 (개) 선물 상자의 부피가 4 cm³일 때, (내) 선물 상자의 부피를 구하시오.

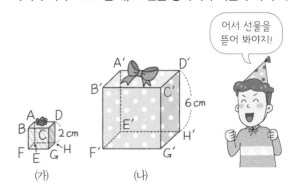

1 다음 그림과 같은 마름모 ABCD에서 점 P는 $\overline{BC}$ 위의 점이다. $\overline{BP} : \overline{PC} = 1 : 3$이고 $\overline{AC} = 16$ cm, $\overline{BD} = 12$ cm일 때, △APC의 넓이를 구하시오.

(단, 점 O는 두 대각선의 교점이다.)

Tip

마름모 ABCD에서 $\overline{AC}$ **❶** $\overline{BD}$이므로

$\square ABCD = \dfrac{1}{2} \times \overline{AC} \times$ **❷** 임을 이용한다.

답 ❶ ⊥ ❷ $\overline{BD}$

2 다음 그림과 같이 진이, 세희, 우재, 현아 네 사람이 P 지점에서 동시에 출발하여 동서남북 방향으로 각각 이동하였다. 진이와 우재는 자전거를 타고 시속 12 km로, 세희와 현아는 걸어서 시속 3 km로 이동할 때, 출발한 지 10분 후에 진이, 세희, 우재, 현아 네 사람이 도착하는 지점을 각각 A, B, C, D라 하자. 아래 물음에 답하시오.

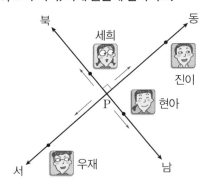

(1) 10분 동안 진이, 세희, 우재, 현아 네 사람이 각각 이동한 거리를 구하시오.

(2) $\square$ABCD는 어떤 사각형이 되는지 구하시오.

Tip

여러 가지 사각형의 대각선의 성질

(1) 두 대각선이 서로 다른 것을 이등분한다.
➡ 평행사변형, 직사각형, 마름모, 정사각형

(2) 두 대각선의 길이가 같다.
➡ **❶** , 정사각형, 등변사다리꼴

(3) 두 대각선이 서로 수직으로 만난다.
➡ **❷** , 정사각형

답 ❶ 직사각형 ❷ 마름모

3 형민이는 다음 그림과 같이 $\overline{AD} /\!/ \overline{BC}$이고 $\overline{BO}=5$ m, $\overline{DO}=3$ m인 사다리꼴 ABCD 모양의 꽃밭을 만들었다. 물음에 답하시오. (단, 점 O는 $\overline{AC}$와 $\overline{BD}$의 교점이다.)

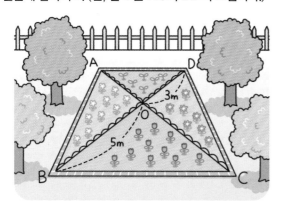

(1) △ABO 모양의 꽃밭을 가꾸는 데 하루에 필요한 물의 양이 15 L일 때, △AOD 모양의 꽃밭을 가꾸는 데에는 하루에 몇 L의 물이 필요한지 구하시오. (단, 꽃밭을 가꾸는 데 필요한 물의 양은 땅의 넓이에 정비례한다.)

(2) 사다리꼴 ABCD 모양의 꽃밭 전체를 가꾸는 데에는 하루에 몇 L의 물이 필요한지 구하시오.

Tip

① △ABO : △AOD=5 : **❶** ☐

② △ABO=△ABC−△OBC

      =△DBC−△OBC

      = **❷** ☐

③ △OBC : △DOC=5 : 3

답 ❶ 3   ❷ △DOC

4 다음 두 사람의 대화를 읽고 물음에 답하시오.

두 사람은 밭의 모양이 농사를 짓기에 불편하여 경계선을 반듯하게 새로 내기로 하였다. 두 밭의 넓이는 변함이 없도록 하면서 A 지점을 지나는 직선 모양의 새로운 경계선 AD를 만드는 방법을 아래 그림을 이용하여 설명하시오.

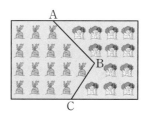

Tip

① **❶** ☐ 를 긋는다.

② B 지점을 지나고 $\overline{AC}$에 **❷** ☐ 직선을 긋는다.

③ $\overline{AC}$와 ②에서 그은 직선이 평행함을 이용하여 두 밭의 넓이가 같은 새로운 경계선을 찾는다.

답 ❶ $\overline{AC}$ ❷ 평행한

5 다음은 영국 작가 스위프트(Swift, J.; 1667~1745)가 1726년에 발표한 소설 "걸리버 여행기"에 등장하는 소인국 이야기의 일부이다. 물음에 답하시오.

> 1699년 동인도 제도를 항해하던 중 배가 난파되었다. 바다에 빠진 걸리버는 한동안 정신을 잃고 쓰러졌다가 깨어났는데, 걸리버가 도착한 곳은 모든 것의 길이가 걸리버가 살던 곳의 $\frac{1}{12}$배인 소인국이었다.
>
> ⋮
>
> 왕은 재봉사들을 불러 무엇인가를 명령했다. 갑자기 수백 명의 재봉사들이 오더니 하루만에 걸리버에게 맞는 새로운 옷을 지어주었고, 요리사들은 걸리버에게 맛있는 음식을 대접해 주었다.

(1) 걸리버가 살던 곳은 사람들의 평균 키가 168 cm였다고 할 때, 소인국 사람들의 평균 키는 얼마인지 구하시오.

(2) 사람의 식사량은 사람의 부피에 정비례한다고 할 때, 걸리버가 한 끼 식사를 하기 위해 필요한 양은 소인국 사람 몇 명이 한 끼에 먹을 수 있는 양인지 구하시오.

> **Tip**
>
> 소인국 사람들과 걸리버의 키는 도형에서 ❶ [   ]로 생각할 수 있으므로 그 비는 1 : ❷ [   ]이다.
>
> 답 ❶ 닮음비 ❷ 12

6 직사각형 모양의 종이를 준비하여 □ABCD로 놓고 다음과 같은 단계를 거쳤을 때, 물음에 답하시오.

> **1** 종이를 반으로 접었다 편다. ➡ $\overline{EF}$
> **2** 종이를 대각선으로 접었다 편다. ➡ $\overline{AC}$
> **3** 점 B와 점 E를 잇는 직선을 따라 접었다 편다. ➡ $\overline{BE}$
> **4** $\overline{AC}$와 $\overline{BE}$의 교점 G를 지나고, $\overline{AB}$에 평행하게 접었다 편다. ➡ $\overline{HI}$

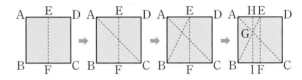

(1) △AGE와 서로 닮음인 삼각형을 찾아 기호로 나타내고, 그때의 닮음 조건을 말하시오.

(2) $\overline{GA} : \overline{GC}$를 구하시오.

(3) $\overline{BI} : \overline{BC}$를 구하시오.

> **Tip**
>
> 닮은 두 평면도형에서 대응하는 ❶ [   ]의 길이의 비는 ❷ [   ].
>
> 답 ❶ 변 ❷ 같다

7 다음 그림과 같은 사다리꼴 모양의 밭에 여러 가지 채소를 심으려고 한다. ∠B=∠C=∠AED=90°이고 $\overline{AB}$=8 m, $\overline{CD}$=20 m, $\overline{CE}$=16 m일 때, 밭의 넓이를 구하시오.

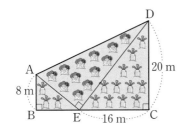

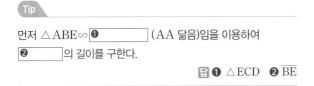

Tip

먼저 △ABE∽ ❶ [   ] (AA 닮음)임을 이용하여
❷ [   ] 의 길이를 구한다.

답 ❶ △ECD   ❷ $\overline{BE}$

8 다음 그림은 강의 폭인 $\overline{AB}$의 실제 거리를 구하기 위해 축척이 $\frac{1}{20000}$인 축도를 그린 것이다. $\overline{BC} /\!/ \overline{DE}$일 때, 실제 강의 폭은 몇 m인지 구하시오.

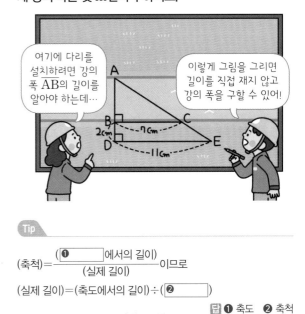

Tip

(축척)= $\dfrac{(\text{❶ [\quad\quad]} \text{에서의 길이})}{(\text{실제 길이})}$ 이므로

(실제 길이)=(축도에서의 길이)÷(❷ [   ])

답 ❶ 축도   ❷ 축척

01

다음 그림과 같은 사다리꼴 ABCD에서 $\overline{BC}$의 중점을 E, 점 E에서 $\overline{AD}$에 내린 수선의 발을 F라 하자. $\overline{BE}=\overline{FE}=\overline{CE}=4$ cm이고 사다리꼴 ABCD의 넓이가 36 cm²일 때, $\overline{AD}$의 길이를 구하시오.

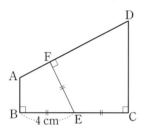

Tip

$\overline{AE}$, **❶** 를 긋고 직각삼각형의 합동 조건을 이용하여 **❷** 의 길이를 구하자.

답 ❶ $\overline{DE}$ ❷ $\overline{AD}$

02

다음 그림과 같은 △ABC에서 $\overline{AB}$, $\overline{BC}$의 수직이등분선의 교점을 D라 하자. ∠A=108°일 때, 물음에 답하시오.

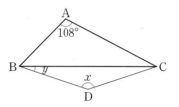

(1) ∠x의 크기를 구하시오.

(2) ∠y의 크기를 구하시오.

Tip

이것을 기억해!

(1) 삼각형의 세 변의 수직이등분선의 교점은 **❶** 이다.
(2) 둔각삼각형의 외심은 삼각형의 **❷** 에 있다.

답 ❶ 외심 ❷ 외부

03

다음 그림에서 $\overline{DE}$ 위의 점 I는 △ABC의 내심이고 점 F는 △ADE의 내접원 I′과 $\overline{DE}$의 접점이다. $\overline{BC} /\!/ \overline{DE}$이고 $\overline{AB}=15$ cm, $\overline{AC}=8$ cm, $\overline{I'F}=2$ cm일 때, △ADE의 넓이를 구하시오.

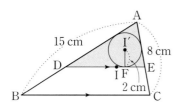

15 cm
8 cm
2 cm

04

다음 그림과 같은 마름모 ABCD에서 두 대각선의 교점을 O라 하자. $\overline{BE}=\overline{BF}=9$ cm, $\overline{DC}=17$ cm일 때, 물음에 답하시오.

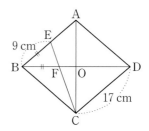

9 cm
17 cm

(1) △CDF는 어떤 삼각형인지 말하시오.

(2) $\overline{BD}$의 길이를 구하시오.

05

다음 그림과 같이 한 변의 길이가 10 cm인 정사각형 ABCD에서 점 O는 두 대각선의 교점이다. $\angle EOF = 90°$, $\overline{AE} = 4$ cm, $\overline{AF} = 6$ cm일 때, 물음에 답하시오.

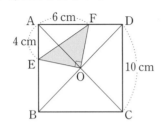

(1) △AOE와 합동인 삼각형을 찾으시오.

(2) △EOF의 넓이를 구하시오.

Tip

△EOF의 넓이는 □AEOF − ❶ ⬜ 로 구해.

이때 □AEOF의 넓이는 △AOE + ❷ ⬜ 로 구해.

답 ❶ △AEF ❷ △AOF

06

아래 그림과 같은 평행사변형 ABCD에서 $\overline{AE} : \overline{ED} = 2 : 1$인 지점에 점 E를 잡았다. $\overline{BC}$ 위의 점 F에 대하여 $\overline{AF}$와 $\overline{BE}$의 교점을 G, $\overline{CE}$와 $\overline{DF}$의 교점을 H라 하자. □ABCD의 넓이는 60 cm², △GBF의 넓이는 4 cm², △HFC의 넓이는 11 cm², △DEH의 넓이는 3 cm²일 때, 다음을 구하시오.

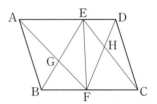

(1) □EGFH의 넓이

(2) △EFH의 넓이

(3) △AGE의 넓이

Tip

(1) □EGFH = △EBC − (△GBF + ❶ ⬜)

(2) △AFD = △BCE = $\frac{1}{2}$ ❷ ⬜

답 ❶ △HFC ❷ □ABCD

07

어느 아이스크림 전문점에서 한 모서리의 길이가 각각 4 cm, 5 cm, 6 cm인 정사면체 모양의 아이스크림을 다음 그림과 같이 A, B, C 세 메뉴로 판매하고 있다.

가격은 부피에 정비례한다고 할 때, A, B, C 세 메뉴의 가격을 바르게 비교한 것은?

> A : 한 모서리의 길이가 4 cm인 정사면체와 크기와 모양이 같은 아이스크림 15개
>
>
>
> B : 한 모서리의 길이가 5 cm인 정사면체와 크기와 모양이 같은 아이스크림 12개
>
>
>
> C : 한 모서리의 길이가 6 cm인 정사면체와 크기와 모양이 같은 아이스크림 5개
>
>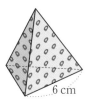

① A<B<C   ② A<C<B   ③ B<A<C
④ B<C<A   ⑤ C<B<A

 Tip

한 모서리의 길이가 각각 4 cm, 5 cm, 6 cm인 정사면체 모양의 아이스크림은 ❶ ☐ 도형이므로 닮음비는 4 : 5 : 6이고, 부피의 비는 4^3 : ❷ ☐ : 6^3이다.

 ❶ 닮은 ❷ 5^3

08

우주는 오른쪽 그림과 같이 C 지점에 거울을 놓고 나무의 높이를 측정하려고 한다. $\overline{BC}=6$ m, $\overline{CD}=1.2$ m, $\overline{DE}=1.6$ m이고 우주의 눈높이 E 지점에서 거울을 바라보았을 때, 나무의 꼭대기 A 지점이 보였다고 한다. 다음을 읽고 나무의 높이 $\overline{AB}$의 길이를 구하시오.

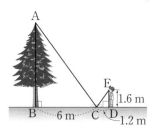

> 일정한 방향으로 진행하는 빛이 평면에 닿아 반사될 때 생기는 입사각과 반사각의 크기는 항상 같다.
>
> 입사각┊반사각
> ㉠ ┊ ㉡
> 입사점   거울
>
> ➡ (입사각)=(반사각)이므로 ㉠=㉡

Tip

(입사각)=(반사각)이므로 ∠ACB=❶ ☐ 임을 이용하여 △ABC와 ❷ ☐ 가 닮음임을 보인다.

📝 ❶ ∠ECD ❷ △EDC

01 오른쪽 그림과 같이 $\overline{AB}=\overline{AC}$ 인 이등변삼각형 ABC에서 $\overline{AP}=\overline{PB}$, $\angle ABP=\angle PBC$ 이다. $\overline{BC}$의 연장선 위의 점 Q 에 대하여 $\triangle CQP$에서 $\overline{CP}=\overline{CQ}$일 때, $\angle PQC$의 크기를 구하시오.

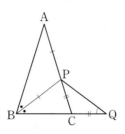

02 다음 그림에서 $\overline{AB}=\overline{BC}=\overline{CD}=\overline{DE}$이고 $\angle CDE=\dfrac{1}{2}\angle CBD+40^\circ$일 때, $\angle BCD$의 크기를 구하시오.

03 오른쪽 그림에서 $\triangle ABC$ 는 $\overline{AB}=\overline{AC}$인 이등변삼 각형이고 $\angle B$의 이등분선 과 $\angle C$의 외각의 이등분선 의 교점을 D라 하자. $\angle A=50^\circ$일 때, $\angle x$의 크기는?

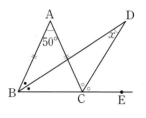

① 25°　　② 26°　　③ 27°

④ 28°　　⑤ 29°

04 오른쪽 그림과 같이 $\angle B=\angle C$, $\overline{AB}=10$ cm인 $\triangle ABC$의 $\overline{BC}$ 위의 점 P에 서 $\overline{AB}$, $\overline{AC}$에 내린 수선의 발 을 각각 D, E라 하자. $\triangle ABC$의 넓이가 50 cm²일 때, $\overline{PD}+\overline{PE}$의 값을 구하 시오.

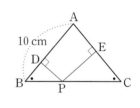

05 오른쪽 그림과 같이 $\overline{AB}=\overline{AC}$인 이등변삼각형 모양의 종이를 $\overline{DE}$를 접는 선으로 하여 점 A와 점 B가 겹치도록 접었다.

$\angle DBE-\angle EBC=15°$일 때, $\angle C$의 크기는?

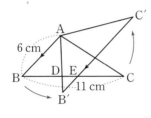

① 57°   ② 60°   ③ 63°

④ 66°   ⑤ 69°

07 오른쪽 그림과 같이 $\overline{AB}=\overline{AC}$인 이등변삼각형 ABC에서 $\overline{BC}$, $\overline{CA}$, $\overline{AB}$ 위에 $\overline{BP}=\overline{CQ}$, $\overline{CP}=\overline{BR}$가 되도록 세 점 P, Q, R를 잡았다. $\angle PQR=58°$일 때, $\angle A$의 크기는?

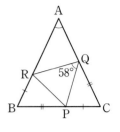

① 50°   ② 52°   ③ 54°

④ 56°   ⑤ 58°

06 오른쪽 그림에서 △AB'C'은 △ABC를 점 A를 중심으로 하여 $\overline{AB}\,/\!/\,\overline{C'B'}$이 되도록 시계 반대 방향으로 회전시킨 것이다. $\overline{AB'}$, $\overline{B'C'}$이 $\overline{BC}$와 만나는 점을 각각 D, E라 하고 $\overline{AB}=6\,\text{cm}$, $\overline{BC}=11\,\text{cm}$일 때, $\overline{EC}$의 길이를 구하시오.

어떻게 풀어야 할 지 모르겠어.

두 직선이 평행하면 엇각의 크기가 같음을 이용해서 △DAB와 △DB'E가 이등변삼각형임을 확인해.

08 오른쪽 그림과 같이 $\angle A=90°$인 직각삼각형 ABC에서 점 O는 △ABC의 외심이고, 점 A에서 $\overline{BC}$에 내린 수선의 발을 H라 하자. $\angle C=34°$일 때, $\angle OAH$의 크기는?

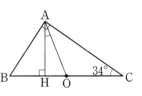

① 16°   ② 18°   ③ 20°

④ 22°   ⑤ 24°

09 오른쪽 그림에서 점 O는
△ABC의 외심이고, 점 O′
은 △AOC의 외심이다.
∠B=40°일 때, ∠OO′C
의 크기는?

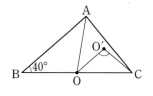

① 100°　　② 105°　　③ 110°

④ 115°　　⑤ 120°

11 오른쪽 그림에서 점 I는
△ABC의 내심이고,
∠C=80°이다. $\overline{AI}$, $\overline{BI}$의 연장
선이 $\overline{BC}$, $\overline{AC}$와 만나는 점을
각각 D, E라 할 때,
∠ADB+∠AEB의 크기는?

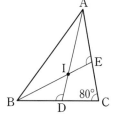

① 210°　　② 200°　　③ 190°

④ 180°　　⑤ 170°

10 다음 그림에서 점 O는 △ABC의 외심이다.
∠ABC=30°, ∠OBC=20°일 때, ∠C의 크기는?

① 45°　　② 40°　　③ 35°

④ 30°　　⑤ 25°

12 다음 그림에서 점 I는 ∠C=90°인 직각삼각형 ABC의 내
심이다. $\overline{AB}$=17 cm, $\overline{BC}$=15 cm, $\overline{CA}$=8 cm일 때,
색칠한 부분의 넓이를 구하시오.

(단, 점 D, E, F는 접점이다.)

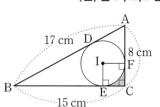

>> 정답과 풀이 21쪽

13 오른쪽 그림에서 두 점 O, I는 각각 ∠B=90°인 직각삼각형 ABC의 외심, 내심이다. 점 P는 $\overline{BO}$, $\overline{IC}$의 교점이고 ∠A=50°일 때, ∠BPC의 크기는?

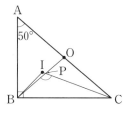

① 120°　　② 125°　　③ 130°
④ 135°　　⑤ 140°

14 다음 그림에서 두 점 O, I는 각각 △ABC의 외심과 내심이고, 두 점 D, E는 각각 $\overline{AI}$, $\overline{AO}$의 연장선과 $\overline{BC}$의 교점이다. ∠BAD=30°, ∠DAE=10°일 때, ∠AEC의 크기는?

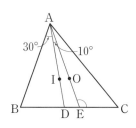

① 100°　　② 105°　　③ 110°
④ 115°　　⑤ 120°

15 다음 그림에서 두 점 O, I는 각각 △ABC의 외심, 내심이다. ∠B=39°, ∠C=55°일 때, ∠OAI의 크기를 구하시오.

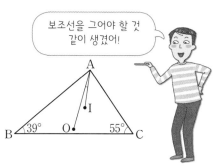

보조선을 그어야 할 것 같이 생겼어!

16 다음 그림과 같이 세 점 O(0, 0), A(0, 6), B(8, 0)을 꼭짓점으로 하는 삼각형 AOB의 내접원의 중심을 C라 하자. $\overline{AB}$=10일 때, 두 점 O, C를 지나는 직선을 그래프로 하는 일차함수의 식을 구하시오.

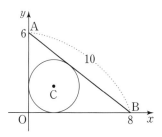

01 다음 그림과 같은 평행사변형 ABCD에서 $\overline{BC}$의 연장선 위에 ∠AEB＝46°가 되도록 점 E를 잡았다. ∠B＝68° 이고 ∠DAE : ∠EAC＝2 : 1일 때, ∠x의 크기는?

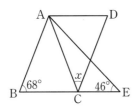

① 39°　　　② 40°　　　③ 41°
④ 42°　　　⑤ 43°

02 오른쪽 그림에서 △ABC는 $\overline{AB}=\overline{AC}$인 이등변삼각형이다. $\overline{AF} /\!/ \overline{DE}$, $\overline{AD} /\!/ \overline{FE}$이고 $\overline{AB}$＝16 cm일 때, □ADEF 의 둘레의 길이를 구하시오.

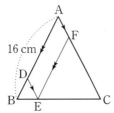

두 쌍의 대변이 각각 평행한 사각형은

평행사변형이지!

03 오른쪽 그림과 같이 $\overline{AB}$＝130 cm인 평행사변 형 ABCD에서 점 P는 점 A를 출발하여 매초 3 cm 의 속력으로 점 B까지 이동 하고 점 Q는 점 C를 출발하여 매초 5 cm의 속력으로 점 D까지 이동한다. 점 P가 점 A를 출발한 지 6초 후에 점 Q 가 점 C를 출발할 때, □APCQ가 평행사변형이 되는 것 은 점 Q가 출발한 지 몇 초 후인지 구하시오.

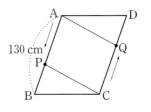

04 다음 그림과 같은 평행사변형 ABCD에서 $\overline{AB}$의 중점을 E라 하고, 점 D에서 $\overline{EC}$에 내린 수선의 발을 H라 하자. ∠CDH＝13°, ∠B＝77°일 때, ∠DAH의 크기는?

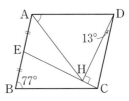

① 46°　　　② 49°　　　③ 52°
④ 55°　　　⑤ 58°

05 오른쪽 그림은 직사각형 ABCD의 꼭짓점 C가 점 A에 오도록 접은 것이다. ∠BAE=20°일 때, 다음 중 옳지 <u>않은</u> 것은?

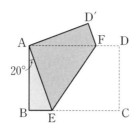

① △AEF는 이등변삼각형이다.

② ∠FAE=∠AEF

③ $\overline{BE}=\overline{FD}$

④ ∠EFD=125°

⑤ △ABE≡△AD'F

06 다음 그림과 같이 한 변의 길이가 17인 마름모 ABCD에서 $\overline{AC}=16$, $\overline{BD}=30$이다. □ABCD의 내부의 한 점 P에서 네 변에 내린 수선의 길이를 각각 l_1, l_2, l_3, l_4라 할 때, $l_1+l_2+l_3+l_4$의 값을 구하시오.

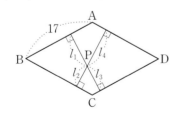

07 오른쪽 그림과 같은 정사각형 ABCD에서 $\overline{BC}$, $\overline{CD}$ 위에 ∠EAF=45°, ∠AEF=58°가 되도록 두 점 E, F를 잡았다. 이때 ∠AFD의 크기는?

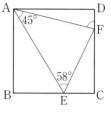

① 69° ② 71° ③ 73°

④ 75° ⑤ 77°

08 다음 그림과 같은 정사각형 ABCD에서 $\overline{AD}$와 $\overline{BF}$의 연장선의 교점을 E라 하자. $\overline{AD}=10$ cm, $\overline{FC}=6$ cm일 때, △EFC의 넓이는?

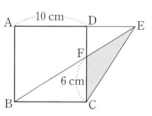

① 14 cm² ② 16 cm² ③ 18 cm²

④ 20 cm² ⑤ 22 cm²

09 오른쪽 그림과 같은 평행사변형 ABCD에서 $\overline{AD}$의 연장선 위에 임의의 점 E를 잡고 $\overline{BE}$와 $\overline{CD}$의 교점을 F라 하자. □ABCD의 넓이는

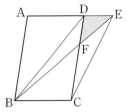

60 cm², △FBC의 넓이는 20 cm², △DCE의 넓이는 15 cm²일 때, △DFE의 넓이를 구하시오.

10 다음 그림에서 $\overline{AD} : \overline{DE} : \overline{EC} = 2 : 5 : 3$이고 $\overline{BF} : \overline{FC} = 2 : 3$이다. △ABC의 넓이는 100 cm²일 때, △DFE의 넓이는?

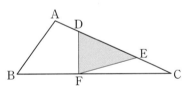

① 20 cm²　　② 30 cm²　　③ 40 cm²
④ 50 cm²　　⑤ 60 cm²

11 다음 그림과 같이 정사각형을 9등분하고 한가운데 정사각형을 지운 후, 남은 정사각형을 각각 9등분하고 한가운데 정사각형을 지운다. 이와 같은 과정을 계속할 때, [2단계]에서 지워지는 정사각형 1개와 [5단계]에서 지워지는 정사각형 1개의 넓이의 비를 가장 간단한 자연수의 비로 나타내시오.

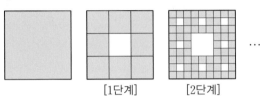

[1단계]　　　[2단계]

12 오른쪽 그림과 같이 원뿔을 밑면에 평행한 두 평면으로 잘라 원뿔 P와 두 원뿔대 Q, R를 만들었다. $\overline{OA} = \overline{AB} = \overline{BC}$이고 입체도형 Q의 부피가 21π cm³일 때, 입체도형 R의 부피를 구하시오.

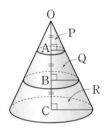

닮음비가 $l : m : n$이면

부피의 비는 $l^3 : m^3 : n^3$

13 오른쪽 그림은 정삼각형 모양의 색종이 ABC를 $\overline{DF}$를 접는 선으로 하여 꼭짓점 A가 $\overline{BC}$ 위의 점 E에 오도록 접은 것이다. $\overline{BD}=5$ cm, $\overline{BE}=8$ cm, $\overline{DE}=7$ cm일 때, 다음 중 옳지 <u>않은</u> 것은?

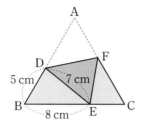

① $\overline{EC}=4$ cm   ② $\overline{AD}=\overline{DE}$

③ $\angle BDE=\angle CEF$ ④ $\triangle DBE\backsim\triangle ECF$

⑤ $\overline{AF}=\dfrac{35}{4}$ cm

14 다음 그림과 같은 $\triangle ABC$에서 $\angle BAE=\angle CBF=\angle ACD$이고 $\overline{AB}=11$ cm, $\overline{BC}=12$ cm, $\overline{CA}=7$ cm, $\overline{EF}=4$ cm이다. 이때 $\overline{DE}$의 길이를 구하시오.

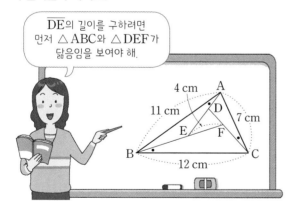

$\overline{DE}$의 길이를 구하려면 먼저 $\triangle ABC$와 $\triangle DEF$가 닮음임을 보여야 해.

15 다음 그림과 같이 $\angle A=90°$인 직각삼각형 ABC에서 $\overline{BM}=\overline{CM}$이고 $\overline{AG}\perp\overline{BC}$, $\overline{GH}\perp\overline{AM}$이다. $\overline{BG}=16$ cm, $\overline{GC}=4$ cm일 때, $\overline{AH}$의 길이를 구하시오.

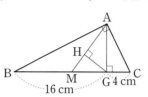

16 다음 그림과 같은 직사각형 ABCD에서 $\overline{BD}$의 수직이등분선과 $\overline{AD}$, $\overline{BC}$의 교점을 각각 E, F라 하고 $\overline{BD}$와 $\overline{EF}$의 교점을 G라 하자. $\overline{AB}=18$ cm, $\overline{AD}=24$ cm, $\overline{BD}=30$ cm일 때, $\triangle EGD$의 둘레의 길이는?

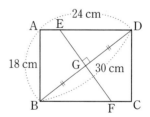

① 37 cm   ② 39 cm   ③ 41 cm

④ 43 cm   ⑤ 45 cm

시험에 잘 나오는

대표 유형 ZIP

중학 수학 2-2

BOOK 2

기말고사 대비

특목고 대비
일등
전략

천재교육

시험에 잘 나오는
대표 유형 ZIP

중학 수학
2-2
기 말 고 사 대 비

이 책의 차례

시험에 잘 나오는
대표 유형을
기출 문제로 확인해 봐.

다음 선생님의 질문에 바르게 답하시오.

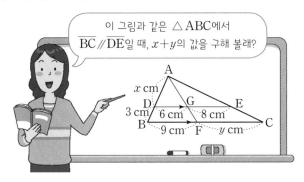

이 그림과 같은 △ABC에서 $\overline{BC} \,/\!/\, \overline{DE}$일 때, $x+y$의 값을 구해 볼래?

Tip

△ABC에서 $\overline{BC} \,/\!/\, \overline{DE}$이면

$\overline{AD} : \overline{AB} = \overline{AE} : \overline{AC} = \overline{AG} : \overline{AF}$
$\qquad\quad = \overline{DG} : \overline{BF} = \overline{GE} : \overline{FC}$
$\qquad\quad = \overline{DE} : \overline{BC}$

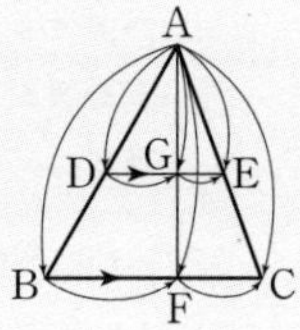

풀이 답 | 18

△ABF에서 $\overline{BF} \,/\!/\, \overline{DG}$이므로 $\overline{AD} : \overline{AB} = \overline{DG} : \overline{BF}$

즉 $x : (x+3) = 6 : 9$에서

$9x = 6(x+3)$, $3x = 18$ $\qquad \therefore x = 6$

△ABC에서 $\overline{BC} \,/\!/\, \overline{DE}$이므로

$\overline{AE} : \overline{AC} = \overline{AD} : \overline{AB} = 6 : 9 = $ ❶

△AFC에서 $\overline{FC} \,/\!/\, \overline{GE}$이므로 $\overline{AE} : \overline{AC} = \overline{GE} : \overline{FC}$

즉 $2 : 3 = 8 : y$에서 $2y = 24$ $\qquad \therefore y = 12$

$\therefore x + y = 6 + 12 = $ ❷

답 ❶ $2 : 3$ ❷ 18

02 삼각형에서 평행선과 선분의 길이의 비의 활용 (2)

오른쪽 그림에서 $\overline{BC}\,/\!/\,\overline{DE}$, $\overline{BE}\,/\!/\,\overline{DF}$이고
$\overline{AF}=3$ cm, $\overline{FE}=2$ cm일 때, $\overline{EC}$의 길이를 구하시
오.

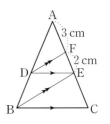

Tip

△ABE에서
$\overline{AD} : \overline{DB}=\overline{AF} : \overline{FE}$

△ABC에서
$\overline{AD} : \overline{DB}=\overline{AE} : \overline{EC}$

풀이 답 | $\dfrac{10}{3}$ cm

△ABE에서 $\overline{BE}\,/\!/\,\overline{DF}$이므로

$\overline{AD} : \overline{DB}=$ **❶** $: \overline{FE}=3 : 2$

△ABC에서 $\overline{BC}\,/\!/\,\overline{DE}$이므로

❷ $: \overline{EC}=\overline{AD} : \overline{DB}=3 : 2$에서

$(3+2) : \overline{EC}=3 : 2$

$3\overline{EC}=10$ $\quad \therefore \overline{EC}=\dfrac{10}{3}$ (cm)

답 ❶ $\overline{AF}$ ❷ $\overline{AE}$

03 삼각형의 각 변의 중점을 연결하여 만든 삼각형

오른쪽 그림과 같은 △ABC에서 세 변의 중점을 각각 D, E, F라 할 때, △DEF의 둘레의 길이를 구하시오.

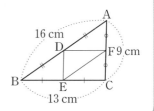

Tip

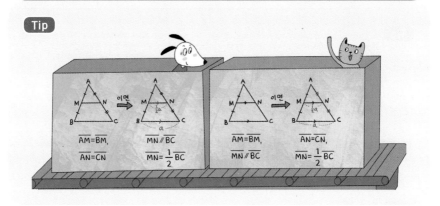

풀이 답 | 19 cm

$\overline{DE} = \dfrac{1}{2} \boxed{❶} = \dfrac{1}{2} \times 9 = \dfrac{9}{2}$ (cm)

$\overline{EF} = \dfrac{1}{2} \boxed{❷} = \dfrac{1}{2} \times 16 = 8$ (cm)

$\overline{DF} = \dfrac{1}{2} \overline{BC} = \dfrac{1}{2} \times 13 = \dfrac{13}{2}$ (cm)

$\therefore$ (△DEF의 둘레의 길이) $= \overline{DE} + \overline{EF} + \overline{FD}$

$\qquad\qquad\qquad\qquad = \dfrac{9}{2} + 8 + \dfrac{13}{2} = 19$ (cm)

답 ❶ $\overline{AC}$ ❷ $\overline{AB}$

삼각형의 두 변의 중점을 연결한 선분의 활용 (1)

오른쪽 그림과 같은 △ABC에서 $\overline{AD}=\overline{DB}$이고, $\overline{AE}=\overline{EF}=\overline{FC}$이다. 점 P는 $\overline{BF}$와 $\overline{CD}$의 교점이고 $\overline{DE}=6$ cm일 때, $\overline{BP}$의 길이를 구하시오.

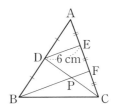

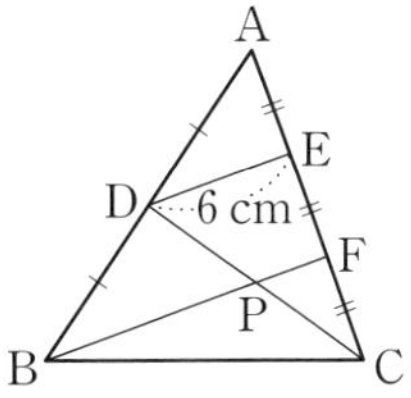

Tip

$\overline{BP}$의 길이를 어떻게 구하지?

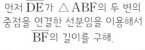
먼저 $\overline{DE}$가 △ABF의 두 변의 중점을 연결한 선분임을 이용해서 $\overline{BF}$의 길이를 구해.

풀이 답| 9 cm

△ABF에서 $\overline{AD}=\overline{DB}$, $\overline{AE}=\overline{EF}$이므로 $\overline{DE}\,/\!/\,\overline{BF}$이고

$\overline{BF}=$ ❶ $\boxed{}\ \overline{DE}=2\times6=12$ (cm)

△CED에서 $\overline{CF}=\overline{FE}$, $\overline{FP}\,/\!/\,\overline{ED}$이므로

$\overline{FP}=$ ❷ $\boxed{}\ \overline{ED}=\dfrac{1}{2}\times6=3$ (cm)

∴ $\overline{BP}=\overline{BF}-\overline{PF}=12-3=9$ (cm)

답 ❶ 2 ❷ $\dfrac{1}{2}$

05 삼각형의 두 변의 중점을 연결한 선분의 활용 (2)

오른쪽 그림과 같은 △ABC에서 $\overline{AE}=\overline{EB}$, $\overline{EF}=\overline{FD}$이다. $\overline{BD}=18$ cm일 때, $\overline{CD}$의 길이는?

① 6 cm ② 7 cm ③ 8 cm
④ 9 cm ⑤ 10 cm

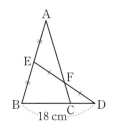

Tip

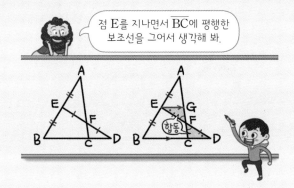

점 E를 지나면서 $\overline{BC}$에 평행한 보조선을 그어서 생각해 봐.

풀이 답 | ①

오른쪽 그림과 같이 점 E에서 $\overline{BD}$와 평행한 선분을 그어 $\overline{AC}$와 만나는 점을 G라 하자.

$\triangle EFG \equiv \triangle DFC$ (**❶** 　　　 합동)이므로

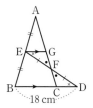

$\overline{CD}=x$ cm라 하면

$\overline{EG}=\overline{CD}=x$ cm, $\overline{BC}=2\overline{EG}=$ **❷** 　　　 (cm)

이때 $\overline{BD}=\overline{BC}+\overline{CD}$이므로

$18=2x+x$ 　　∴ $x=6$

따라서 $\overline{CD}$의 길이는 6 cm이다.

답 ❶ ASA **❷** $2x$

오른쪽 그림과 같은 △ABC에서 $\overline{\text{AD}}$는 ∠A 의 이등분선이다. △ABC의 넓이가 24 cm²일 때, △ABD의 넓이는?

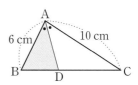

① 8 cm²   ② 9 cm²

③ 10 cm²   ④ 11 cm²

⑤ 12 cm²

Tip

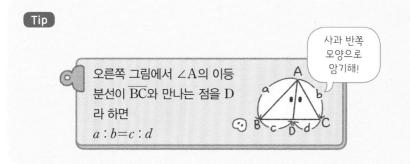

오른쪽 그림에서 ∠A의 이등 분선이 $\overline{\text{BC}}$와 만나는 점을 D 라 하면

$a : b = c : d$

사과 반쪽 모양으로 암기해!

풀이 답 | ②

$\triangle\text{ABD} : \triangle\text{ACD} = \overline{\text{BD}} : \boxed{❶}$

$\qquad\qquad\qquad = \overline{\text{AB}} : \overline{\text{AC}}$

$\qquad\qquad\qquad = 6 : 10 = 3 : 5$

이므로

$\triangle\text{ABD} = \boxed{❷}\ \triangle\text{ABC}$

$\triangle\text{ABD} = \dfrac{3}{8} \times 24 = 9\ (\text{cm}^2)$

답 ❶ $\overline{\text{CD}}$ ❷ $\dfrac{3}{8}$

오른쪽 그림과 같은 △ABC에서 $\overline{\text{AD}}$는 ∠A의
외각의 이등분선이다. $\overline{\text{AB}}=6$ cm, $\overline{\text{BC}}=3$ cm,
$\overline{\text{CD}}=6$ cm일 때, $\overline{\text{AC}}$의 길이는?

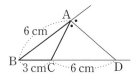

① 4 cm   ② 4.2 cm

③ 4.4 cm   ④ 4.6 cm

⑤ 4.8 cm

Tip

오른쪽 그림에서 ∠A의 외각의
이등분선이 $\overline{\text{BC}}$의 연장선과
만나는 점을 D라 하면
$a:b=c:d$

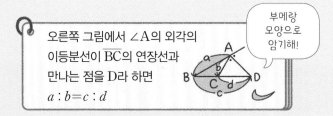

부메랑
모양으로
암기해!

풀이 답ㅣ①

$\overline{\text{AB}} : \overline{\text{AC}} = \boxed{\text{❶}} : \overline{\text{CD}}$ 에서

$6 : \overline{\text{AC}} = (3+6) : 6$

$9\overline{\text{AC}}=36$ $\therefore \overline{\text{AC}} = \boxed{\text{❷}}$ (cm)

답 ❶ $\overline{\text{BD}}$ ❷ 4

08 평행선 사이의 선분의 길이의 비

오른쪽 그림에서 $l /\!/ m /\!/ n$일 때, $5(x-y)$의 값은?

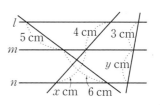

① 3　　② 6　　③ 9

④ 12　　⑤ 15

Tip

$l /\!/ m /\!/ n$이면　$a:b=c:d$

평행이동　　평행이동

이렇게 평행이동하면 삼각형이 보이지? 이것도 삼각형의 닮음을 이용한 거야.

풀이　답| ②

$5:6=\boxed{❶}:x$에서 $5x=24$　　$\therefore x=\dfrac{24}{5}$

$5:6=3:y$에서 $5y=18$　　$\therefore y=\dfrac{18}{5}$

$\therefore 5(x-y)=5\times\left(\dfrac{24}{5}-\dfrac{18}{5}\right)=5\times\dfrac{6}{5}=\boxed{❷}$

답 ❶ 4　❷ 6

사다리꼴에서 평행선과 선분의 길이의 비 (1)

오른쪽 그림과 같은 사다리꼴 ABCD에서
$\overline{AD} /\!/ \overline{EF} /\!/ \overline{BC}$일 때, $\overline{EF}$의 길이를 구하시오.

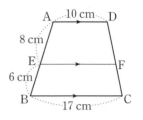

Tip

사다리꼴에서 평행선과
선분의 길이의 비는
삼각형을 만드는 게 핵심!

이제 보조선을
그어 볼까?

평행선

풀이 답| 14 cm

오른쪽 그림과 같이 점 A를 지나고 $\overline{DC}$에 ❶ ☐

직선을 그어 $\overline{EF}$, $\overline{BC}$와 만나는 점을 각각 G, H라 하면

$\overline{GF}=\overline{HC}=\overline{AD}=10$ cm이므로

$\overline{BH}=17-10=7$ (cm)

△ABH에서 $\overline{AE} : \overline{AB}=$ ❷ ☐ : $\overline{BH}$이므로

$8 : (8+6)=\overline{EG} : 7$, $14\overline{EG}=56$ ∴ $\overline{EG}=4$ (cm)

∴ $\overline{EF}=\overline{EG}+\overline{GF}=4+10=14$ (cm)

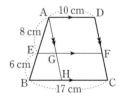

답 ❶ 평행한 ❷ $\overline{EG}$

10 사다리꼴에서 평행선과 선분의 길이의 비 (2)

오른쪽 그림과 같은 사다리꼴 ABCD에서
$\overline{AD} /\!/ \overline{EF} /\!/ \overline{BC}$일 때, $x+y$의 값을 구하시오.

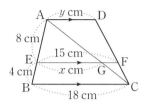

Tip

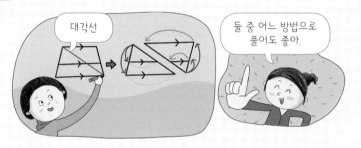

대각선

둘 중 어느 방법으로 풀어도 좋아.

풀이 답 | 21

$\overline{EG} /\!/ \overline{BC}$이므로 $\overline{EG} : \overline{BC} = \overline{AE} : \overline{AB}$에서

$x : 18 = 8 : (8+4)$, $12x = 144$ $\therefore x =$ ❶

$\overline{AD} /\!/ \overline{GF}$이므로 $\overline{GF} : \overline{AD} = \overline{CG} : \overline{CA} = \overline{BE} : \overline{BA}$에서

$(15-12) : y = 4 : (4+8)$, $4y = 36$ $\therefore y =$ ❷

$\therefore x+y = 12+9 = 21$

답 ❶ 12 ❷ 9

11 사다리꼴에서 두 변의 중점을 연결한 선분

오른쪽 그림과 같이 $\overline{AD} /\!/ \overline{BC}$인 사다리꼴 ABCD에서 두 점 M, N은 각각 $\overline{AB}$, $\overline{CD}$의 중점이다. $\overline{AD}=12$ cm, $\overline{BC}=18$ cm일 때, $\overline{PQ}$의 길이를 구하시오.

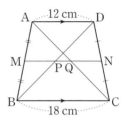

Tip

$\overline{AD} /\!/ \overline{BC}$인 사다리꼴 ABCD에서 $\overline{AB}$, $\overline{CD}$의 중점을 각각 M, N이라 하면

(1) $\overline{AD} /\!/ \overline{MN} /\!/ \overline{BC}$

(2) $\triangle ABC$에서 $\overline{MQ}=\dfrac{1}{2}\overline{BC}$

(3) $\triangle ABD$에서 $\overline{MP}=\dfrac{1}{2}\overline{AD}$

풀이 답 | 3 cm

$\triangle ABC$에서 $\overline{MQ}=\boxed{①}\ \overline{BC}=\dfrac{1}{2}\times18=9\,(\text{cm})$

$\triangle ABD$에서 $\overline{MP}=\boxed{②}\ \overline{AD}=\dfrac{1}{2}\times12=6\,(\text{cm})$

$\therefore \overline{PQ}=\overline{MQ}-\overline{MP}=9-6=3\,(\text{cm})$

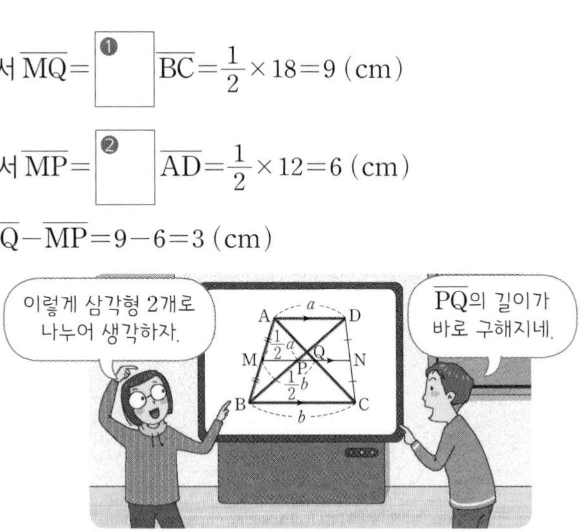

이렇게 삼각형 2개로 나누어 생각하자.

$\overline{PQ}$의 길이가 바로 구해지네.

답 ① $\dfrac{1}{2}$ ② $\dfrac{1}{2}$

오른쪽 그림에서 $\overline{AB}\,/\!/\,\overline{EF}\,/\!/\,\overline{DC}$이고
$\overline{AB}=10$, $\overline{BC}=20$, $\overline{DC}=15$일 때, $x+y$의 값
을 구하시오.

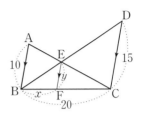

Tip

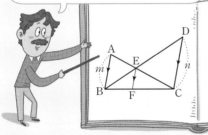

$\overline{AB}\,/\!/\,\overline{EF}\,/\!/\,\overline{DC}$일 때, 다음이 성립하고,
닮음비는 $m:n$이야.

(1) $\triangle ABE \backsim \triangle CDE$
　　　　　(AA 닮음)
(2) $\triangle BFE \backsim \triangle BCD$
　　　　　(AA 닮음)
(3) $\triangle CEF \backsim \triangle CAB$
　　　　　(AA 닮음)

풀이 답 | 14

$\triangle ABE \backsim$ **❶** ☐ (AA 닮음)이므로

$\overline{AE}:\overline{CE}=\overline{AB}:\overline{CD}=10:15=2:3$

$\triangle ABC$에서 $\overline{CB}:\overline{BF}=\overline{CA}:\overline{AE}$이므로

$20:x=(3+2):2$, $5x=40$　　　$\therefore x=8$

또 $\overline{CE}:\overline{CA}=\overline{EF}:\overline{AB}$이므로

$3:(3+2)=y:10$, $5y=30$　　　$\therefore y=6$

$\therefore x+y=8+6=$ **❷** ☐

답 ❶ $\triangle CDE$ ❷ 14

13 삼각형의 무게중심의 성질

오른쪽 그림에서 두 점 G, G′은 각각 △ABC, △GBC의 무게중심이다. $\overline{G'D}=2$ cm일 때, $\overline{AG}$ 의 길이를 구하시오.

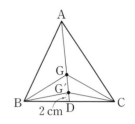

Tip

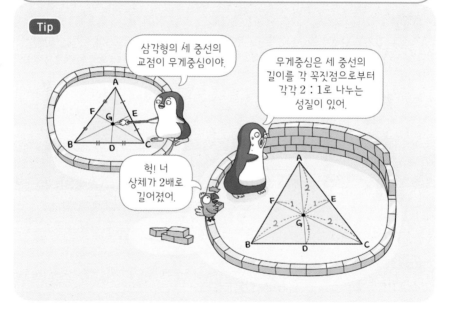

삼각형의 세 중선의 교점이 무게중심이야.

무게중심은 세 중선의 길이를 각 꼭짓점으로부터 각각 2 : 1로 나누는 성질이 있어.

헉! 너 상체가 2배로 길어졌어.

풀이 답| 12 cm

점 G′이 △GBC의 무게중심이므로

$\overline{GD}=$ ❶ $\overline{G'D}=3\times2=6$ (cm)

점 G가 △ABC의 무게중심이므로

$\overline{AG}=$ ❷ $\overline{GD}=2\times6=12$ (cm)

답 ❶ 3 ❷ 2

14 **삼각형의 무게중심과 넓이**

오른쪽 그림에서 점 G는 △ABC의 무게중심이고, 두 점 D, E는 각각 $\overline{BG}$, $\overline{CG}$의 중점이다. △ABC의 넓이가 72 cm²일 때, 색칠한 부분의 넓이를 구하시오.

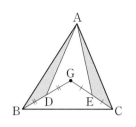

Tip

색칠한 부분의 넓이를 어떻게 구하지?

$\overline{AG}$를 그으면 점 G가 무게중심이므로
$\triangle GAB = \triangle GBC$
$= \triangle GCA$
$= \dfrac{1}{3} \triangle ABC$야.

풀이 답 | 24 cm²

오른쪽 그림과 같이 ❶ ⬚ 를 그으면

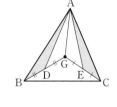

$$(\text{색칠한 부분의 넓이}) = \triangle ABD + \triangle ACE$$
$$= \dfrac{1}{2}\triangle ABG + \dfrac{1}{2}\triangle ACG$$
$$= \dfrac{1}{2} \times \dfrac{1}{3}\triangle ABC + \dfrac{1}{2} \times \dfrac{1}{3}\triangle ABC$$
$$= \dfrac{1}{6}\triangle ABC + \dfrac{1}{6}\triangle ABC$$
$$= \boxed{❷} \triangle ABC = \dfrac{1}{3} \times 72 = 24 \ (\text{cm}^2)$$

답 ❶ $\overline{AG}$ ❷ $\dfrac{1}{3}$

핵심 문제 체크 **17**

15 삼각형의 무게중심의 활용

오른쪽 그림에서 점 G는 △ABC의 무게중심이고 $\overline{BE} \parallel \overline{DF}$이다. $\overline{DF}=6$ cm일 때, $\overline{BG}$의 길이는?

① 8 cm　　② 10 cm
③ 12 cm　　④ 14 cm
⑤ 16 cm

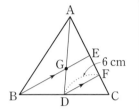

Tip

삼각형의 무게중심의 성질과 평행선에 의해 생기는 선분의 길이의 비를 이용해.

(1) $\overline{GE} \parallel \overline{DF}$이므로
　　$\overline{AG} : \overline{AD} = \overline{GE} : \overline{DF}$
(2) 점 G는 △ABC의 무게중심이므로 $\overline{BG} : \overline{GE} = 2 : 1$

풀이 답 | ①

$\overline{GE} \parallel \overline{DF}$이므로 $\overline{AG} :$ ❶⬚ $= \overline{GE} : \overline{DF}$에서

$2 : 3 = \overline{GE} : 6$, $3\overline{GE} = 12$　　∴ $\overline{GE} = 4$ (cm)

이때 점 G는 △ABC의 무게중심이므로

$\overline{BG} =$ ❷⬚ $\overline{GE} = 2 \times 4 = 8$ (cm)

답 ❶ $\overline{AD}$　❷ 2

평행사변형에서 삼각형의 무게중심의 활용

오른쪽 그림과 같은 평행사변형 ABCD에서 두 점 M, N은 각각 $\overline{BC}$, $\overline{DC}$의 중점이다. △APQ 의 넓이가 20 cm²일 때, ▱ABCD의 넓이를 구하시오.

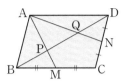

Tip

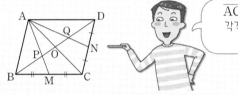

$\overline{AC}$를 그은 후 두 점 P, Q가 각각 △ABC, △ACD의 무게중심임을 이용해.

풀이 답 | 120 cm²

오른쪽 그림과 같이 $\overline{AC}$를 그어 $\overline{BD}$와 만나는 점을 O라 하면 두 점 P, Q는 각각 △ABC, △ACD의

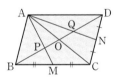

❶ ⬜️ 이므로

$$\triangle APQ = \triangle APO + \triangle AQO$$

$$= \frac{1}{6}\triangle ABC + \frac{1}{6}\triangle ACD$$

$$= \boxed{❷}▱ABCD$$

$$\therefore ▱ABCD = 6\triangle APQ = 6 \times 20 = 120\ (cm^2)$$

답 ❶ 무게중심 ❷ $\frac{1}{6}$

피타고라스 정리의 설명 (1)

오른쪽 그림은 ∠A＝90°인 직각삼각형 ABC의 세 변을 각각 한 변으로 하는 세 정사각형을 그린 것이다. $\overline{AC}=6$ cm, $\overline{BC}=10$ cm일 때, △ABF의 넓이는?

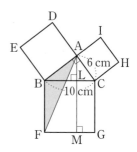

① 30 cm^2

② 32 cm^2

③ 34 cm^2

④ 36 cm^2

⑤ 38 cm^2

Tip

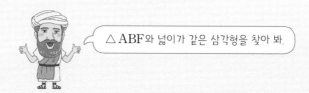

△ABF와 넓이가 같은 삼각형을 찾아 봐.

풀이 답| ②

△ABC에서

$\overline{AB}^2=10^2-6^2=64$ ∴ $\overline{AB}=8$ (cm) (∵ $\overline{AB}>0$)

오른쪽 그림에서

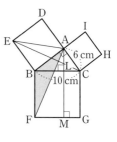

△ABF≡ **❶**　　　　　 (SAS 합동)이므로

△ABF＝△EBC＝△EBA

$\qquad =\dfrac{1}{2}$ **❷**　　　　　

$\qquad =\dfrac{1}{2}\times 8^2=32$ (cm^2)

답 ❶ △EBC ❷ □ADEB

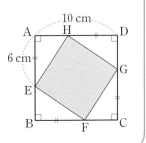

18 피타고라스 정리의 설명 (2)

오른쪽 그림과 같이 한 변의 길이가 10 cm인 정
사각형 ABCD에서
$\overline{AE}=\overline{BF}=\overline{CG}=\overline{DH}=6$ cm일 때, □EFGH
의 넓이를 구하시오.

Tip

(정사각형의 넓이)=(한 변의 길이)²
임을 기억해.

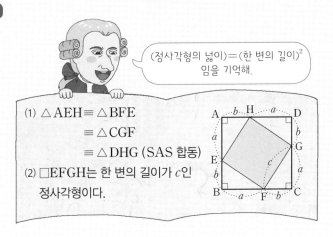

(1) $\triangle AEH \equiv \triangle BFE$
　　　$\equiv \triangle CGF$
　　　$\equiv \triangle DHG$ (SAS 합동)
(2) □EFGH는 한 변의 길이가 c인
　　정사각형이다.

풀이 답| 52 cm^2

$\triangle AEH \equiv \triangle BFE \equiv \triangle CGF \equiv \triangle DHG$ (SAS 합동)이므로 □EFGH는
❶ [　　　　　]이다.
$\overline{AH}=10-6=4$ (cm)이므로
$\triangle AEH$에서 $\overline{EH}^2=6^2+4^2=$ ❷ [　　　　　]
$\therefore$ □EFGH$=\overline{EH}^2=52$ (cm²)

답 ❶ 정사각형 ❷ 52

오른쪽 그림에서 4개의 직각삼각형은 모두 합동이다. $\overline{AB}=13$, $\overline{AE}=12$일 때, 다음 중 $\square EFGH$의 둘레의 길이를 바르게 말한 학생을 고르시오.

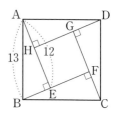

Tip

오른쪽 그림과 같이 직각삼각형 FBC와 이와 합동인 3개의 직각삼각형을 이용하여 정사각형 ABCD를 만들면

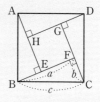

(1) $a^2+b^2=c^2$

(2) $\square EFGH$는 한 변의 길이가 $a-b$인 정사각형이다.

풀이 답ㅣ 정석

$\triangle ABE$에서 $\overline{BE}^2=13^2-12^2=25$ $\quad \therefore \overline{BE}=\boxed{\text{❶}}$ ($\because \overline{BE}>0$)

이때 4개의 직각삼각형이 모두 합동이므로 $\square EFGH$는 한 변의 길이가 $\overline{EF}$인 정사각형이다.

$\overline{BF}=\overline{AE}=12$이므로 $\overline{EF}=\overline{BF}-\overline{BE}=12-5=7$

$\therefore (\square EFGH$의 둘레의 길이$)=7\times\boxed{\text{❷}}=28$

따라서 바르게 말한 학생은 정석이다.

답 ❶ 5 ❷ 4

오른쪽 그림과 같은 직사각형 ABCD를 꼭짓점 D가 $\overline{BC}$ 위의 점 Q에 오도록 접었을 때, $\overline{DP}$의 길이를 구하시오.

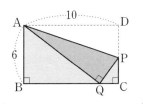

Tip

풀이 답ㅣ $\dfrac{10}{3}$

$\overline{AQ}=\overline{AD}=10$이므로 △ABQ에서

$\overline{BQ}^2=10^2-6^2=64$ ∴ $\overline{BQ}=8$ ($\because \overline{BQ}>0$)

∴ $\overline{QC}=10-8=2$

이때 △ABQ∽ ①[ ] (AA 닮음)이므로

$\overline{AB}:\overline{QC}=\overline{AQ}:$ ②[ ]에서

$6:2=10:\overline{QP}, 6\overline{QP}=20$ ∴ $\overline{QP}=\dfrac{10}{3}$

∴ $\overline{DP}=\overline{QP}=\dfrac{10}{3}$

답 ❶ △QCP ❷ $\overline{QP}$

21 **직각삼각형이 되는 조건**

오른쪽 그림과 같은 수수깡을 이용하여 세 변의 길이가 각각 다음 보기와 같은 삼각형을 만들었을 때, 직각삼각형인 것을 모두 고르시오.

┌─ 보기 ┐
ㄱ 3, 6, 7   ㄴ 7, 24, 25
ㄷ 9, 16, 24   ㄹ 10, 24, 26

Tip

직각삼각형인지 확인하려면
이것을 기억해!

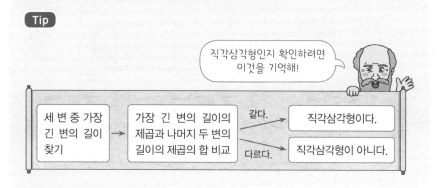

| 세 변 중 가장 긴 변의 길이 찾기 | → | 가장 긴 변의 길이의 제곱과 나머지 두 변의 길이의 제곱의 합 비교 | 같다. → 직각삼각형이다.
다르다. → 직각삼각형이 아니다. |

풀이 답 | ㄴ, ㄹ

ㄱ $7^2 \neq 3^2 + 6^2$이므로 직각삼각형이 ❶ [   ].

ㄴ $25^2 = 7^2 + 24^2$이므로 직각삼각형이다.

ㄷ $24^2 \neq 9^2 + 16^2$이므로 직각삼각형이 아니다.

ㄹ $26^2 = 10^2 + 24^2$이므로 직각삼각형이다.

따라서 직각삼각형인 것은 ❷ [   ], ㄹ이다.

답 ❶ 아니다 ❷ ㄴ

22 삼각형의 변의 길이에 대한 각의 크기

다음은 세 변의 길이가 각각 주어진 삼각형에 대한 학생들의 설명이다. 잘못된 설명을 하는 학생을 모두 고르시오.

삼각형의 종류를 알려면 우선 가장 긴 변의 길이를 찾는 것이 중요해요.

삼각형의 세 변의 길이를 알 때, 삼각형의 종류 알기
㉠ 2, 4, 5   ㉡ 4, 6, 8
㉢ 6, 8, 10   ㉣ 7, 9, 11

상화: ㉣은 예각삼각형입니다.

연아: 직각삼각형은 2개입니다.

태범: 둔각삼각형은 ㉠, ㉡입니다.

세영: ㉡ $6^2 < 4^2 + 8^2$ 이므로 예각삼각형입니다.

Tip

$\triangle ABC$에서 $\overline{AB}=c$, $\overline{BC}=a$, $\overline{CA}=b$이고, c가 가장 긴 변의 길이일 때

① $c^2 < a^2 + b^2$이면 $\triangle ABC$는 예각삼각형

② $c^2 = a^2 + b^2$이면 $\triangle ABC$는 직각삼각형

③ $c^2 > a^2 + b^2$이면 $\triangle ABC$는 둔각삼각형

풀이 답| 연아, 세영

㉠ 5^2 〔❶〕 $2^2 + 4^2$이므로 둔각삼각형이다.

㉡ $8^2 > 4^2 + 6^2$이므로 둔각삼각형이다.

㉢ $10^2 = 6^2 + 8^2$이므로 직각삼각형이다.

㉣ $11^2 < 7^2 + 9^2$이므로 〔❷〕 삼각형이다.

따라서 잘못 말한 학생은 연아, 세영이다.

답 ❶ $>$ ❷ 예각

피타고라스 정리를 이용한 직각삼각형의 성질

오른쪽 그림과 같이 ∠C=90°인 직각삼각형 ABC에 서 $\overline{AC}=4$, $\overline{BC}=3$, $\overline{DE}=2$일 때, $\overline{AD}^2+\overline{BE}^2$의 값을 구하시오.

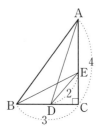

Tip

$\overline{AB}$의 길이는 구할 수 있는데……

$\overline{AD}^2+\overline{BE}^2$ $=\overline{AB}^2+\overline{DE}^2$ 임을 이용해.

풀이 **답** | 29

△ABC에서
$\overline{AB}^2=3^2+4^2=25$　　∴ $\overline{AB}=\boxed{\text{❶}}$ (∵ $\overline{AB}>0$)
∴ $\overline{AD}^2+\overline{BE}^2=\overline{AB}^2+\overline{DE}^2$
　　　　　　 $=5^2+2^2=\boxed{\text{❷}}$

답 ❶ 5　❷ 29

24 두 대각선이 직교하는 사각형의 성질

오른쪽 그림과 같이 □ABCD의 두 대각선이 점 O에서 직교하고 $\overline{AB}=5$, $\overline{BC}=4$, $\overline{AD}=7$, $\overline{OC}=2$일 때, △OCD의 넓이를 구하시오.

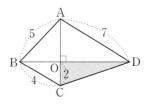

Tip

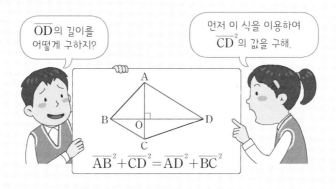

$\overline{OD}$의 길이를 어떻게 구하지?

먼저 이 식을 이용하여 $\overline{CD}^2$의 값을 구해.

$$\overline{AB}^2+\overline{CD}^2=\overline{AD}^2+\overline{BC}^2$$

풀이 답 | 6

$\overline{AB}^2+\overline{CD}^2=\overline{AD}^2+\overline{BC}^2$에서

$5^2+\overline{CD}^2=7^2+4^2$ $\therefore \overline{CD}^2=$ ❶

△OCD에서 $40=\overline{OD}^2+2^2$이므로

$\overline{OD}^2=40-2^2=36$ $\therefore \overline{OD}=$ ❷ $(\because \overline{OD}>0)$

$\therefore △OCD=\dfrac{1}{2}\times2\times6=6$

답 ❶ 40 ❷ 6

25 직각삼각형과 세 반원 사이의 관계

오른쪽 그림과 같이 $\angle A = 90°$, $\overline{BC} = 20$ cm인 직각삼각형 ABC의 세 변을 지름으로 하는 세 반원의 넓이를 각각 P, Q, R라 할 때, 다음 중 $P+Q+R$의 값을 바르게 말한 학생을 고르시오.

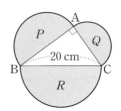

준호 50π cm^2

로운 75π cm^2

정인 80π cm^2

시연 90π cm^2

민재 100π cm^2

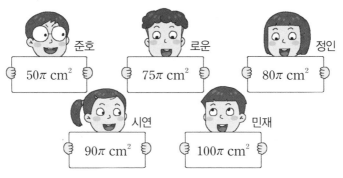

Tip

$\angle A = 90°$인 직각삼각형 ABC의 세 변을 지름으로 하는 세 반원의 넓이를 각각 P, Q, R라 하면
$P+Q=R$

풀이 답| 민재

$R = \dfrac{1}{2} \times (\pi \times 10^2) = 50\pi$ (cm^2)

$P+Q$ ❶ R이므로

$P+Q+R =$ ❷ $R = 2 \times 50\pi = 100\pi$ (cm^2)

따라서 바르게 말한 학생은 민재이다.

답 ❶ $=$ ❷ 2

26 입체도형에서의 최단 거리

오른쪽 그림과 같이 밑면인 원의 반지름의 길이가 2이고 높이가 3π인 원기둥에 실을 팽팽하게 한 바퀴 감았다. 이때 실의 최소 길이를 구하시오.

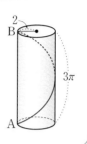

Tip

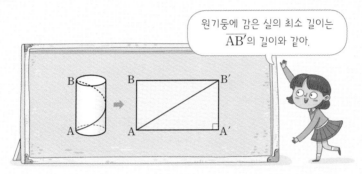

원기둥에 감은 실의 최소 길이는 $\overline{AB'}$의 길이와 같아.

풀이 답 | 5π

오른쪽 전개도에서 구하는 실의 최소 길이는 ❶ 의 길이와 같다.

이때 $\overline{AA'}=2\pi \times 2=4\pi$이므로

$\overline{AB'}^2=(4\pi)^2+(3\pi)^2=25\pi^2$

$\therefore \overline{AB'}=$ ❷ ($\because \overline{AB'}>0$)

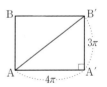

답 ❶ $\overline{AB'}$ ❷ 5π

27 경우의 수의 합 – 두 개의 주사위를 던지는 경우

서로 다른 두 개의 주사위를 동시에 던질 때,
나오는 두 눈의 수의 차가 1 이하인 경우의
수를 구하시오.

Tip

(구하는 경우의 수)
=(두 눈의 수의 차가 1인 경우의 수)+(두 눈의 수의 차가 0인 경우의 수)

풀이 답 | 16

두 눈의 수의 차가 1인 경우는
$(1, 2), (2, 1), (2, 3), (3, 2), (3, 4), (4, 3), (4, 5), (5, 4), (5, 6),$ ❶ ⬚
의 10가지
두 눈의 수의 차가 0인 경우는
$(1, 1), (2, 2), (3, 3),$ ❷ ⬚ $, (5, 5), (6, 6)$의 6가지
따라서 구하는 경우의 수는
$10+6=16$

답 ❶ $(6, 5)$ ❷ $(4, 4)$

28 경우의 수의 곱 – 신호의 개수

오른쪽 그림과 같은 세 개의 전등 A, B, C를 켜거나 꺼서 신호를 만들 때, 만들 수 있는 신호의 개수를 구하시오.
(단, 전등이 모두 꺼진 경우도 신호로 생각한다.)

Tip

한 개의 전등으로 신호를 만들 수 있는 경우는 켜질 때와 꺼질 때의 2가지이다.

풀이 답 | 8

한 개의 전등으로 신호를 만들 수 있는 경우는 켜질 때와 꺼질 때의 ❶ 가지이므로 세 개의 전등으로 만들 수 있는 신호의 개수는

$2 \times 2 \times 2 =$ ❷

이렇게 풀 수도 있어.

세 개의 전등 A, B, C가 각각 켜진 경우를 ○, 꺼진 경우를 ×로 표시하여 순서쌍으로 나타내면 (○, ○, ○), (○, ○, ×), (○, ×, ○), (×, ○, ○), (×, ○, ×), (×, ×, ○), (○, ×, ×), (×, ×, ×) 따라서 세 개의 전등으로 만들 수 있는 신호의 개수는 8이다.

답 ❶ 2 ❷ 8

A, B, C 세 마을 사이에 다음 그림과 같은 길이 있다. A 마을에서 출발하여 C 마을까지 가는 경우의 수를 구하시오.

(단, 한 번 지나간 마을은 다시 지나가지 않는다.)

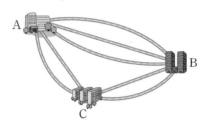

Tip

A 마을에서 B 마을을 거쳐 C 마을까지 가는 길이 있어.

A 마을에서 C 마을까지 바로 가는 길도 있어.

풀이 답| 8

(i) A 마을에서 출발하여 ❶ 마을을 거쳐 C 마을까지 가는 경우의 수는

$3 \times 2 = 6$

(ii) A 마을에서 출발하여 C 마을까지 바로 가는 경우의 수는

❷

따라서 구하는 경우의 수는

$6 + 2 = 8$

답 ❶ B ❷ 2

30 가위바위보를 할 때의 경우의 수

성현, 은지, 근호 세 사람이 가위바위보를 할 때, 한 사람만 이기는 경우의 수를 구하시오.

Tip

세 사람이 가위바위보를 할 때 한 사람만 이기는 경우는 성현이만 이기는 경우, 은지만 이기는 경우, 근호만 이기는 경우로 나누어서 생각한다.

풀이 답 | 9

세 사람이 가위바위보를 내는 것을 순서쌍 (성현, 은지, 근호)로 나타내면

(ⅰ) 성현이만 이기는 경우 :

(가위, 보, 보), (바위, 가위, 가위), (보, 바위, 바위)의 3가지

(ⅱ) 은지만 이기는 경우 :

(보, 가위, 보), (가위, ❶⬚, 가위), (바위, 보, 바위)의 3가지

(ⅲ) 근호만 이기는 경우 :

(보, 보, 가위), (가위, 가위, 바위), (바위, 바위, 보)의 3가지

따라서 구하는 경우의 수는

$3+3+3=$ ❷⬚

답 ❶ 바위 ❷ 9

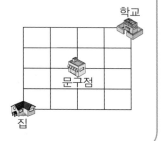

31 최단 거리로 가는 방법의 수

태영이는 등굣길에 문구점에 들러서 준비물을 사고 학교에 가려고 한다. 태영이네 집과 문구점, 학교 사이의 길이 오른쪽 그림과 같을 때, 집에서 문구점을 거쳐 학교까지 최단 거리로 가는 방법의 수를 구하시오.

Tip

최단 거리로 가는 방법의 수는 다음과 같이 구해.

(집에서 문구점까지 최단 거리로 가는 방법의 수)
×(문구점에서 학교까지 최단 거리로 가는 방법의 수)

풀이 답 | 36

(ⅰ) 집에서 문구점까지 최단 거리로 가는 방법의 수는 **❶**

(ⅱ) 문구점에서 학교까지 최단 거리로 가는 방법의 수는 6

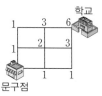

따라서 구하는 방법의 수는
6 **❷** 6＝36

답 ❶ 6 ❷ ×

32 한 줄로 세우는 경우의 수

성진, 효재, 연조, 정태, 신희 5명의 학생을 한 줄로 세울 때, 다음을 구하시오.

(1) 5명 중에서 3명을 뽑아 한 줄로 세우는 경우의 수

(2) 성진이를 한가운데 세우는 경우의 수

(3) 정태와 신희를 이웃하여 세우는 경우의 수

Tip

(1) n명 중에서 3명을 뽑아 한 줄로 세우는 경우의 수

➡ $n \times (n-1) \times (n-2)$

(2) 특정한 사람의 자리를 고정하는 경우의 수

➡ 자리가 정해진 사람을 제외한 나머지 사람을 한 줄로 세우는 경우의 수와 같다.

(3) 이웃하여 세우는 경우의 수

➡ (이웃하는 것을 하나로 묶어서 한 줄로 세우는 경우의 수)

$\times$(묶음 안에서 자리를 바꾸는 경우의 수)

풀이 답 | (1) 60 (2) 24 (3) 48

(1) $5 \times 4 \times 3 = 60$

(2) 성진이를 한가운데 고정시키고 나머지 ❶　　명을 한 줄로 세우면 되므로 구하는 경우의 수는 $4 \times 3 \times 2 \times 1 = 24$

(3) 정태와 신희를 하나로 묶어 4명의 학생을 한 줄로 세우는 경우의 수는 $4 \times 3 \times 2 \times 1 = 24$

이때 정태와 신희가 자리를 ❷　　　　 경우의 수는

$2 \times 1 = 2$

따라서 구하는 경우의 수는

$24 \times 2 = 48$

우리 사이를
갈라놓지 마.

답 ❶ 4 ❷ 바꾸는

33 색칠하기

오른쪽 그림과 같은 A, B, C, D, E 5개의 부분에 빨강, 주황, 노랑, 초록, 파랑의 5가지 색을 칠하려고 한다. 같은 색을 여러 번 사용해도 좋으나 이웃하는 부분은 서로 다른 색을 칠할 때, 칠하는 경우의 수는?

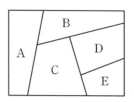

① 240   ② 360   ③ 480

④ 540   ⑤ 620

Tip

이웃하지 않는 영역은
칠한 색을 다시 사용할 수 있어.

풀이 답 | ④

A에 칠할 수 있는 색은 5가지

B에 칠할 수 있는 색은 A에 칠한 색을 제외한 4가지

C에 칠할 수 있는 색은 ❶⬚에 칠한 색을 제외한 3가지

D에 칠할 수 있는 색은 ❷⬚에 칠한 색을 제외한 3가지

E에 칠할 수 있는 색은 C, D에 칠한 색을 제외한 3가지

따라서 구하는 경우의 수는

$5 \times 4 \times 3 \times 3 \times 3 = 540$

답 ❶ A, B **❷** B, C

34 자연수 만들기

0, 1, 2, 3, 4의 숫자가 각각 하나씩 적힌 5장의 카드 중에서 서로 다른 2장을 뽑아 두 자리 자연수를 만들 때, 다음을 구하시오.

(1) 24보다 작은 자연수의 개수

(2) 짝수의 개수

Tip

풀이 답| (1) 7 (2) 10

(1) 24보다 작은 자연수는 10, 12, 13, 14, 20, 21, 23의 7개이다.

(2) 짝수이려면 일의 자리의 숫자가 ❶ [ ] 또는 2 또는 4이어야 한다.

   (i) □0인 경우 : 10, 20, 30, 40의 4개

   (ii) □2인 경우 : 12, 32, 42의 3개

   (iii) □4인 경우 : 14, 24, 34의 3개

   따라서 구하는 짝수의 개수는 4+3+3= ❷ [ ]

답 ❶ 0 ❷ 10

대표 뽑기

어느 탁구 동아리에는 남학생 8명과 여학생 6명이 있다. 이 중에서 남학생과 여학생을 한 명씩 뽑아 혼합 복식조를 만드는 경우의 수를 a, 남학생 2명을 뽑아 남자 복식조를 만드는 경우의 수를 b라 할 때, $a-b$의 값을 구하시오.

Tip

우린 자격이 같아.

자리를 바꿔도 똑같이 대표!!

풀이 답ㅣ20

혼합 복식조를 만드는 경우의 수는 남학생 8명, 여학생 6명 중에서 각각 한 명씩 뽑는 경우의 수와 같으므로

$a = 8 \times \boxed{❶} = 48$

남자 복식조를 만드는 경우의 수는 남학생 8명 중에서 자격이 $\boxed{❷}$ 대표 2명을 뽑는 경우의 수와 같으므로

$b = \dfrac{8 \times 7}{2} = 28$

$\therefore a - b = 48 - 28 = 20$

답 ❶ 6 ❷ 같은

36 원 위의 선분 또는 삼각형의 개수

오른쪽 그림과 같이 한 원 위에 7개의 점이 있다. 다음을 구하시오.

(1) 두 점을 이어서 만들 수 있는 선분의 개수
(2) 세 점을 이어서 만들 수 있는 삼각형의 개수

Tip

어느 세 점도 일직선 위에 있지 않은 n개의 점 중에서

자격이 같은 대표 2명 뽑기와 같아.

두 점을 이어서 만든 선분의 개수
$$\Rightarrow \frac{n \times (n-1)}{2 \times 1}$$

자격이 같은 대표 3명 뽑기와 같아.

세 점을 이어서 만든 삼각형의 개수
$$\Rightarrow \frac{n \times (n-1) \times (n-2)}{3 \times 2 \times 1}$$

풀이 답 | (1) 21 (2) 35

(1) 7개의 점 중에서 순서를 생각하지 않고 2개의 점을 선택하는 경우의 수와 같으므로
$$\frac{7 \times 6}{\boxed{❶} \times 1} = 21$$

(2) 7개의 점 중에서 순서를 생각하지 않고 3개의 점을 선택하는 경우의 수와 같으므로
$$\frac{7 \times 6 \times 5}{3 \times 2 \times 1} = \boxed{❷}$$

답 ❶ 2 ❷ 35

37 여러 가지 확률

어느 학교 전교 회장 선거에 남학생 5명과 수지를 포함한 여학생 3명이 후보로 등록하였다. 다음 물음에 답하시오.

(1) 회장 1명, 부회장 1명을 뽑을 때, 수지가 회장으로 뽑힐 확률을 구하시오.
(2) 대표 3명을 뽑을 때, 수지가 대표로 뽑힐 확률을 구하시오.

Tip

풀이 답 | (1) $\dfrac{1}{8}$ (2) $\dfrac{3}{8}$

(1) 모든 경우의 수는 $8 \times 7 = 56$

수지가 회장으로 뽑히는 경우의 수는 수지를 제외한 7명 중에서 부회장 1명을 뽑는 경우의 수와 같으므로 7

따라서 구하는 확률은 $\dfrac{7}{56} = \dfrac{1}{8}$

(2) 모든 경우의 수는 $\dfrac{8 \times 7 \times 6}{\boxed{❶}} = 56$

수지가 대표로 뽑히는 경우의 수는 수지를 제외한 7명 중에서 대표 2명을 뽑는 경우의 수와 같으므로 $\dfrac{7 \times 6}{2 \times 1} = 21$

따라서 구하는 확률은 $\dfrac{\boxed{❷}}{56} = \dfrac{3}{8}$

답 ❶ $3 \times 2 \times 1$ ❷ 21

38 어떤 사건이 일어나지 않을 확률

오늘은 천재 서당에서 쪽지 시험을 보는 날이다. 다음 훈장님의 질문에 바르게 답하시오.

> 어제 배웠던 4개의 자음 ㄱ, ㄴ, ㄷ, ㄹ과 5개의 모음 ㅏ, ㅑ, ㅓ, ㅕ, ㅗ를 각각 1개씩 짝 지어 글자를 만들 때, 'ㅗ'를 포함하지 않는 글자를 만들 확률을 구해보거라.

Tip

(구하는 확률)=1−('ㅗ'를 포함하는 글자를 만들 확률)

풀이 답 | $\dfrac{4}{5}$

모든 경우의 수는 $4 \times 5 = 20$

'ㅗ'를 포함하는 글자를 만드는 경우는 고, 노, 도, 로의 ❶ $\boxed{}$ 가지이므로 그 확률은 $\dfrac{4}{20} = \dfrac{1}{5}$ 이다.

따라서 구하는 확률은 $1 - \boxed{❷} = \dfrac{4}{5}$

답 ❶ 4 ❷ $\dfrac{1}{5}$

연아와 준서가 토요일 11시에 공원에서 만나기로 하였다. 연아가 약속을 지킬 확률은 $\frac{2}{5}$이고 준서가 약속을 지킬 확률은 $\frac{4}{7}$일 때, 두 사람이 만나지 못할 확률을 구하시오.

Tip

⑴ (두 사람이 만날 확률)=(연아가 약속을 지킬 확률)×(준서가 약속을 지킬 확률)
⑵ (두 사람이 만나지 못할 확률)=1−(두 사람이 만날 확률)

풀이 답 | $\frac{27}{35}$

(두 사람이 만나지 못할 확률)

=1−(두 사람이 ① 만날 확률)

=1−(연아가 약속을 지킬 확률)×(준서가 약속을 ② 지킬 확률)

=1−$\frac{2}{5}×\frac{4}{7}$=1−$\frac{8}{35}$=$\frac{27}{35}$

답 ❶ 만날 ❷ 지킬

사건 A 또는 사건 B가 일어날 확률

각 면에 1부터 12까지의 자연수가 각각 적힌 정십
이면체 모양의 주사위를 한 번 던질 때, 바닥에 닿
는 면에 적힌 수가 3의 배수이거나 소수일 확률을
구하시오.

Tip

두 사건 A, B가 중복되어 일어나는 경우가 있을 때
(사건 A 또는 사건 B가 일어날 확률)
$=$(사건 A가 일어날 확률)$+$(사건 B가 일어날 확률)
$\qquad\qquad\qquad$ $-$(두 사건 A, B가 중복되어 일어날 확률)

풀이 답 | $\dfrac{2}{3}$

3의 배수인 경우는 3, 6, 9, 12의 4가지이므로 그 확률은 $\dfrac{4}{12}$

소수인 경우는 2, 3, 5, 7, 11의 5가지이므로 그 확률은 $\dfrac{5}{12}$

3의 배수이면서 소수인 경우는 ❶ 의 1가지이므로 그 확률은 $\dfrac{1}{12}$

따라서 구하는 확률은

$\dfrac{4}{12} + \dfrac{5}{12}$ ❷ $\dfrac{1}{12} = \dfrac{8}{12} = \dfrac{2}{3}$

답 ❶ 3 ❷ $-$

두 사건 A, B가 동시에 일어날 확률

현수의 사물함 비밀번호는 네 자리의 수 □□□7이다. 각 자리에 0부터 9까지의 숫자 중 하나를 사용하여 사물함 비밀번호를 만들었다고 할 때, 현수가 한 번에 사물함 비밀번호를 맞힐 확률을 구하시오.

(단, 같은 숫자를 여러 번 사용해도 된다.)

헉;;
사물함 비밀번호가
뭐였더라?

Tip

현수는 사물함 비밀번호의 네 번째 자리의 숫자는 알고 있으므로 첫 번째, 두 번째, 세 번째 자리의 숫자를 맞히면 된다.

풀이 답 | $\dfrac{1}{1000}$

현수가 사물함 비밀번호의 첫 번째 자리의 숫자를 한 번에 맞힐 확률은 $\dfrac{1}{10}$ 이고,

두 번째, 세 번째 자리의 숫자를 한 번에 맞힐 확률도 각각 <u> ❶ </u> 이다.

따라서 구하는 확률은 $\dfrac{1}{10} \times \dfrac{1}{10} \times \dfrac{1}{10} =$ <u> ❷ </u>

답 ❶ $\dfrac{1}{10}$ ❷ $\dfrac{1}{1000}$

42 연속하여 꺼내는 확률

오른쪽 그림과 같이 빨간 구슬 3개와 파란 구슬 5개가 들어 있는 주머니에서 임의로 구슬을 연속하여 두 번 꺼낼 때, 다음 각 경우에 파란 구슬이 2개 나올 확률을 구하시오.

(1) 꺼낸 구슬을 다시 넣을 때
(2) 꺼낸 구슬을 다시 넣지 않을 때

Tip

꺼낸 것을 다시 넣을 때와 넣지 않을 때 주의할 내용!

(1) 꺼낸 것을 다시 넣고 연속하여 뽑는 경우
  ➡ 처음 조건과 나중 조건이 같다.
(2) 꺼낸 것을 다시 넣지 않고 연속하여 뽑는 경우
  ➡ 처음 조건과 나중 조건이 다르다.

풀이 답 | (1) $\dfrac{25}{64}$ (2) $\dfrac{5}{14}$

(1) 처음 꺼낸 구슬이 파란 구슬일 확률은 $\dfrac{5}{8}$

꺼낸 구슬을 다시 넣으므로 두 번째 꺼낸 구슬이 파란 구슬일 확률은

따라서 구하는 확률은 $\dfrac{5}{8} \times \dfrac{5}{8} = \dfrac{25}{64}$

(2) 처음 꺼낸 구슬이 파란 구슬일 확률은 $\dfrac{5}{8}$

꺼낸 구슬을 다시 넣지 않으므로 두 번째 꺼낸 구슬이 파란 구슬일 확률은

따라서 구하는 확률은 $\dfrac{5}{8} \times \dfrac{4}{7} = \dfrac{5}{14}$

답 ❶ $\dfrac{5}{8}$ ❷ $\dfrac{4}{7}$

명중률

홍길동은 7개의 화살을 쏘면 4개가 과녁에 맞고, 전우치는 5개의 화살을 쏘면 3개가 과녁에 맞는다. 두 사람이 동시에 활을 쏘았을 때, 한 사람만 과녁을 맞힐 확률을 구하시오.

Tip

(두 사람 중 한 사람만 과녁을 맞힐 확률)
=(홍길동만 과녁을 맞힐 확률)+(전우치만 과녁을 맞힐 확률)

풀이 답| $\dfrac{17}{35}$

홍길동이 과녁을 맞힐 확률은 $\dfrac{4}{7}$, 전우치가 과녁을 맞힐 확률은 $\dfrac{3}{5}$이므로

홍길동만 과녁을 맞힐 확률은 $\dfrac{4}{7} \times \left(1 - \boxed{\text{❶}}\right) = \dfrac{8}{35}$

전우치만 과녁을 맞힐 확률은 $\left(1 - \boxed{\text{❷}}\right) \times \dfrac{3}{5} = \dfrac{9}{35}$

따라서 구하는 확률은 $\dfrac{8}{35} + \dfrac{9}{35} = \dfrac{17}{35}$

답 ❶ $\dfrac{3}{5}$ ❷ $\dfrac{4}{7}$

44 점의 위치를 이동하는 문제

다음 그림과 같이 찬우가 수직선 위의 원점에 서 있다. 동전 한 개를 던져서 앞면이 나오면 오른쪽으로 1만큼, 뒷면이 나오면 왼쪽으로 1만큼 움직인다고 할 때, 동전을 3번 던진 후에 찬우가 1의 위치에 서 있을 확률을 구하시오.

Tip

동전을 3번 던졌을 때, 앞면이 x번 나온다고 하면 뒷면은 $(3-x)$번 나오는 것을 이용하여 x에 대한 방정식을 세운다.

풀이 답 | $\dfrac{3}{8}$

모든 경우의 수는 $2 \times 2 \times 2 = 8$

앞면이 x번 나온다고 하면 뒷면은 (❶ ⬚)번 나오므로

$1 \times x + (-1) \times (3-x) = 1$

$2x = 4$ ∴ $x = 2$

따라서 앞면이 2번 나오는 경우는 (앞, 앞, 뒤), (앞, 뒤, 앞), (뒤, 앞, 앞)의 3가지이므로 구하는 확률은 ❷ ⬚

답 ❶ $3-x$ ❷ $\dfrac{3}{8}$

특목고 대비
**일등
전략**

시험에 잘 나오는
대표 유형 ZIP

기 말 고 사 대 비

중학 수학 2-2

BOOK 2

기말고사 대비

이 책의 구성과 활용

주 도입

이번 주에 배울 내용이 무엇인지 안내하는 부분입니다. 재미있는 만화를 통해 앞으로 배울 학습 요소를 미리 떠올려 봅니다.

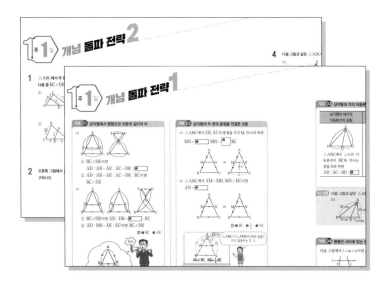

1일 ⟩ 개념 돌파 전략

성취기준별로 꼭 알아야 하는 핵심 개념을 익힌 뒤 문제를 풀며 개념을 잘 이해했는지 확인합니다.

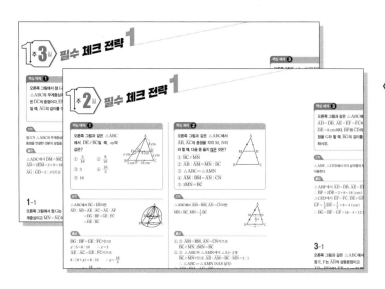

2일, 3일 ⟩ 필수 체크 전략

꼭 알아야 할 대표 유형 문제를 뽑아 쌍둥이 문제와 함께 풀어 보며 문제에 접근하는 과정과 방법을 체계적으로 익혀 봅니다.

주 마무리 코너

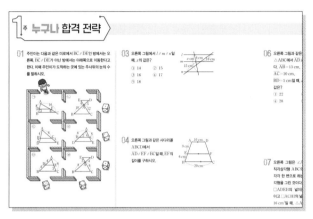

누구나 합격 전략
기말고사 종합 문제로 학습 자신감을 고취할 수 있습니다.

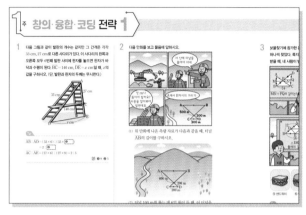

창의·융합·코딩 전략
융복합적 사고력과 문제 해결력을 길러 주는 문제로 구성하였습니다.

기말고사 마무리 코너

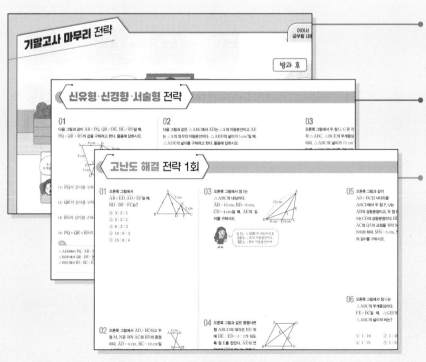

기말고사 마무리 전략
학습 내용을 만화로 정리하여 앞에서 공부한 내용을 한눈에 파악할 수 있습니다.

신유형·신경향·서술형 전략
신유형·서술형 문제를 집중적으로 풀며 문제 적응력을 높일 수 있습니다.

고난도 해결 전략
실제 시험에 대비할 수 있는 고난도 실전 문제를 2회로 구성하였습니다.

이 책의 차례

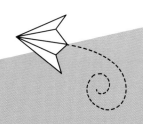

공부할 내용	❶ 평행선과 선분의 길이의 비 ❷ 삼각형의 무게중심	❸ 피타고라스 정리

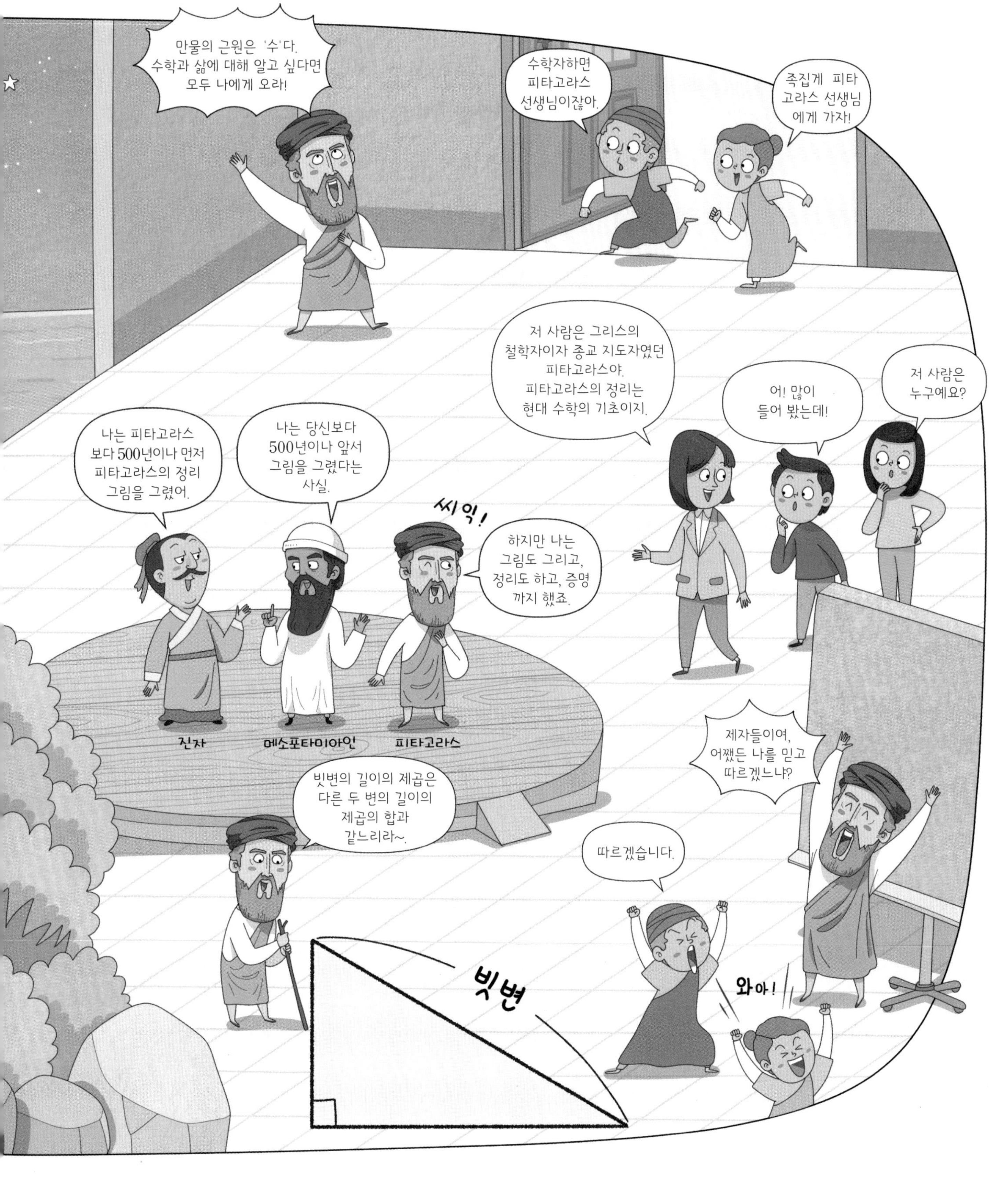

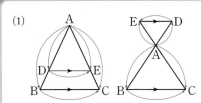
개념 01 삼각형에서 평행선과 선분의 길이의 비

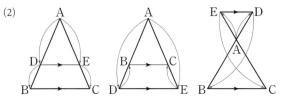

(1)

① $\overline{BC} /\!/ \overline{DE}$이면

$\overline{AD} : \overline{AB} = \overline{AE} : \overline{AC} = \overline{DE} :$ ❶

② $\overline{AD} : \overline{AB} = \overline{AE} : \overline{AC} = \overline{DE} : \overline{BC}$이면

$\overline{BC} /\!/ \overline{DE}$

(2)

① $\overline{BC} /\!/ \overline{DE}$이면 $\overline{AD} : \overline{DB} =$ ❷ $: \overline{EC}$

② $\overline{AD} : \overline{DB} = \overline{AE} : \overline{EC}$이면 $\overline{BC} /\!/ \overline{DE}$

답 ❶ $\overline{BC}$ ❷ $\overline{AE}$

주의!

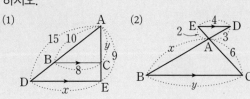

$a : a' = b : b' \neq c : c'$

확인 01
다음 그림에서 $\overline{BC} /\!/ \overline{DE}$일 때, x, y의 값을 각각 구하시오.

(1) 15 10 / y / 9 / 8 / x

(2) 2 E 4 D / x / 3 / A / 6 / y

개념 02 삼각형의 두 변의 중점을 연결한 선분

(1) △ABC에서 $\overline{AB}$, $\overline{AC}$의 중점을 각각 M, N이라 하면

$\overline{MN} /\!/$ ❶ , $\overline{MN} =$ ❷ $\overline{BC}$

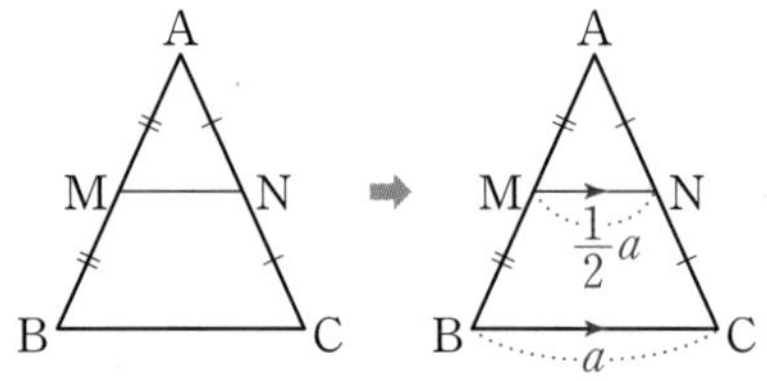

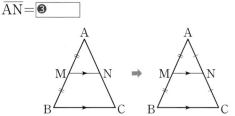

(2) △ABC에서 $\overline{AM} = \overline{MB}$, $\overline{MN} /\!/ \overline{BC}$이면

$\overline{AN} =$ ❸

답 ❶ $\overline{BC}$ ❷ $\frac{1}{2}$ ❸ $\overline{NC}$

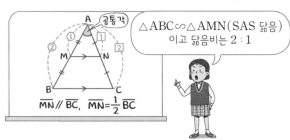

공통각
△ABC∽△AMN(SAS 닮음)
이고 닮음비는 2 : 1

$\overline{MN} /\!/ \overline{BC}$, $\overline{MN} = \frac{1}{2}\overline{BC}$

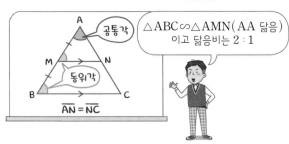

공통각 동위각
△ABC∽△AMN(AA 닮음)
이고 닮음비는 2 : 1

$\overline{AN} = \overline{NC}$

확인 02
다음 그림과 같은 △ABC에서 x의 값을 구하시오.

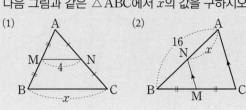

(1) M 4 N / x

(2) 16 N x / B M C

개념 03 삼각형의 각의 이등분선

삼각형의 내각의 이등분선의 성질	삼각형의 외각의 이등분선의 성질
	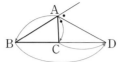
△ABC에서 ∠A의 이등분선이 $\overline{BC}$와 만나는 점을 D라 하면 $\overline{AB} : \overline{AC} = \overline{BD} : ❶$	△ABC에서 ∠A의 외각의 이등분선이 $\overline{BC}$의 연장선과 만나는 점을 D라 하면 $\overline{AB} : \overline{AC} = ❷ : \overline{CD}$

답 ❶ $\overline{CD}$ ❷ $\overline{BD}$

확인 03 다음 그림과 같은 △ABC에서 x의 값을 구하시오.

(1) (2)

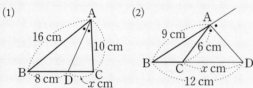

개념 04 평행선 사이에 있는 선분의 길이의 비

다음 그림에서 $l /\!/ m /\!/ n$이면 $a : ❶ = c : ❷$

 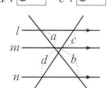

닮은 삼각형이 없는데도 선분의 길이의 비가 같네요?!

이 선분을 이렇게 평행이동하면 닮은 삼각형이 나타난단다.

※ $l /\!/ m /\!/ n$일 때

답 ❶ b ❷ d

확인 04 다음 그림에서 $l /\!/ m /\!/ n$일 때, x의 값을 구하시오.

(1) (2)

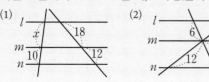

개념 05 사다리꼴에서 평행선과 선분의 길이의 비

평행선을 이용	대각선을 이용
△ABH에서 $x : (b-a) = m : ❶$	△ABC에서 $x : b = m : (m+n)$ △ACD에서 $y : ❷ = n : (m+n)$

답 ❶ $m+n$ ❷ a

확인 05 오른쪽 그림과 같은 사다리꼴 ABCD에서 $\overline{AD} /\!/ \overline{EF} /\!/ \overline{BC}$일 때, x, y의 값을 각각 구하시오.

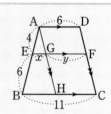

개념 06 삼각형의 중선과 무게중심

(1) 삼각형에서 한 꼭짓점과 그 대변의 ❶ 을 이은 선분을 중선이라 하고, 삼각형의 한 중선은 그 삼각형의 넓이를 이등분한다.

➡ $\triangle ABD = \triangle ACD = \dfrac{1}{2} \triangle ABC$

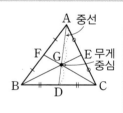

(2) 삼각형의 무게중심

① 삼각형의 세 중선은 한 점(무게중심)에서 만난다.

② 삼각형의 무게중심은 세 중선의 길이를 각 꼭짓점으로부터 각각 2 : 1로 나눈다.

➡ $\overline{AG} : \overline{GD} = \overline{BG} : \overline{GE} = \overline{CG} : \overline{GF} = ❷$

답 ❶ 중점 ❷ 2 : 1

확인 06 오른쪽 그림에서 점 G는 △ABC의 무게중심일 때, $x+y$의 값을 구하시오.

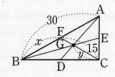

개념 07 삼각형의 무게중심과 넓이

△ABC의 무게중심을 G라 하면

(1) 삼각형의 세 중선에 의하여 나누어지는 6개의 삼각형의 넓이는 모두 같다.

➡ △GAF = △GBF = △GBD
= △GCD = △GCE
= △GAE
= $\boxed{1}$ △ABC

(2) 삼각형의 무게중심과 세 꼭짓점을 이어서 생기는 세 삼각형의 넓이는 모두 같다.

➡ △GAB = △GBC
= △GCA
= $\boxed{2}$ △ABC

답 ❶ $\frac{1}{6}$ ❷ $\frac{1}{3}$

확인 07 오른쪽 그림에서 점 G는 △ABC의 무게중심이다. △ABC의 넓이가 20 cm² 일 때, △GBD의 넓이를 구하시오.

개념 08 피타고라스 정리

직각삼각형에서 직각을 끼고 있는 두 변의 길이를 각각 a, b라 하고 $\boxed{1}$ 의 길이를 c라 하면 $c^2 = a^2 + \boxed{2}$ 이 성립한다.

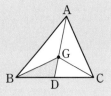

답 ❶ 빗변 ❷ b^2

확인 08 오른쪽 그림과 같은 직각삼각형에서 x^2의 값을 구하시오.

직각삼각형이 보이면 피타고라스 정리 $c^2 = a^2 + b^2$을 생각해!

개념 09 피타고라스 정리의 설명 – 유클리드의 방법

직각삼각형 ABC의 각 변을 한 변으로 하는 세 정사각형을 그리면

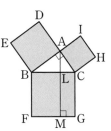

(1) □ADEB = □BFML
□ACHI = $\boxed{1}$

(2) □BFGC
= □ADEB + □ACHI
∴ $\overline{BC}^2 = \overline{AB}^2 + \boxed{2}$

답 ❶ □LMGC ❷ $\overline{AC}^2$

확인 09 다음 그림은 직각삼각형 ABC의 각 변을 한 변으로 하는 세 정사각형을 그린 것이다. 색칠한 부분의 넓이를 구하시오.

(1)
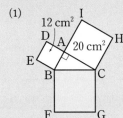

(2)
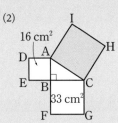

개념 10 피타고라스 정리의 설명 – 피타고라스의 방법

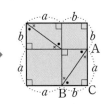

(1) △ABC ≡ △GAD ≡ △HGE ≡ $\boxed{1}$

(2) □AGHB, □CDEF는 정사각형이다.

(3) $\boxed{2}$ = $a^2 + b^2$

답 ❶ △BHF ❷ c^2

확인 10 오른쪽 그림과 같은 정사각형 ABCD에서 $\overline{AE} = \overline{BF} = \overline{CG} = \overline{DH}$ 일 때, □EFGH의 넓이를 구하시오.

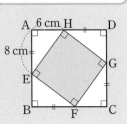

개념 ⑪ 직각삼각형이 되기 위한 조건

세 변의 길이가 각각 a, b, c인 삼각형 ABC에서 $a^2+b^2=c^2$이면 이 삼각형은 빗변의 길이가 c인 ❶ ☐ 삼각형이다.

즉 △ABC에서 $a^2+b^2=c^2$이면 ∠C=❷ ☐ 이다.

참고 피타고라스 수 : 직각삼각형의 세 변의 길이가 될 수 있는 세 자연수, 즉 피타고라스 정리를 만족하는 세 자연수

예 $(3, 4, 5)$, $(5, 12, 13)$, $(6, 8, 10)$, $(7, 24, 25)$, $(8, 15, 17)$, ⋯

답 ❶ 직각 ❷ 90°

확인 ⑪ 삼각형의 세 변의 길이가 각각 다음과 같을 때, 직각삼각형인 것에는 ○표, 직각삼각형이 아닌 것에는 × 표를 ( ) 안에 써넣으시오.

(1) 4, 6, 7 ( ) (2) 3, 3, 4 ( )

(3) 3, 4, 5 ( ) (4) 7, 24, 25 ( )

개념 ⑫ 직각삼각형에서 피타고라스 정리 이용

∠A=90°인 직각삼각형 ABC에서

(1) $\overline{AD}⊥\overline{BC}$일 때

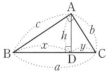 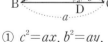

(2) $\overline{AB}$, $\overline{AC}$ 위에 각각 두 점 D, E가 있을 때

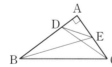

① $c^2=ax$, $b^2=ay$, $h^2=$❶

② $bc=ah$, $a^2=b^2+c^2$

➡ $\overline{DE}^2+\overline{BC}^2$ $=\overline{BE}^2+$❷

답 ❶ xy ❷ $\overline{CD}^2$

확인 ⑫ 다음 그림에서 x의 값을 구하시오.

(1) 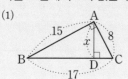 (2)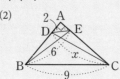

개념 ⑬ 사각형에서 피타고라스 정리 이용

(1) ☐ABCD에서 $\overline{AC}⊥\overline{BD}$일 때

(2) 직사각형 ABCD의 내부에 한 점 P가 있을 때

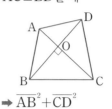

➡ $\overline{AB}^2+\overline{CD}^2$ $=\overline{AD}^2+$❶

➡ $\overline{AP}^2+\overline{CP}^2$ $=$❷$+\overline{DP}^2$

답 ❶ $\overline{BC}^2$ ❷ $\overline{BP}^2$

확인 ⑬ 다음 그림에서 x^2의 값을 구하시오.

(1) 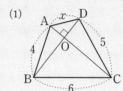 (2)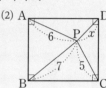

개념 ⑭ 직각삼각형과 반원으로 이루어진 도형의 성질

직각삼각형 ABC의 세 변을 각각 지름으로 하는 세 반원에서

(1) 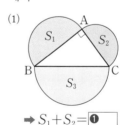 (2)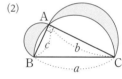

➡ $S_1+S_2=$❶

➡ (색칠한 부분의 넓이) $=△ABC$ $=$❷bc

답 ❶ S_3 ❷ $\frac{1}{2}$

(2)는 도형을 분해하면 이해하기 쉬울 거야.

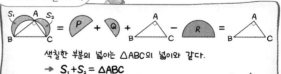

확인 ⑭ 오른쪽 그림과 같이 직각삼각형 ABC의 세 변을 각각 지름으로 하는 세 반원의 넓이가 각각 30π, 20π, R일 때, R의 값을 구하시오.

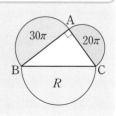

1 △ABC에서 두 점 D, E가 각각 $\overline{AB}$, $\overline{AC}$ 또는 그 연장선 위의 점일 때, 다음 중 $\overline{BC} /\!/ \overline{DE}$인 것은?

① 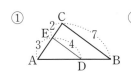 ② ③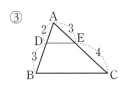

④ 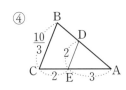 ⑤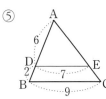

문제 해결 전략

• 선분의 길이의 ❶ ☐ 를 따져 본다.

답 ❶ 비

2 오른쪽 그림에서 $l /\!/ m /\!/ n$일 때, x의 값을 구하시오.

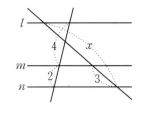

문제 해결 전략

• 다음 그림에서 $l /\!/ m /\!/ n$이면 $a : b = $ ❶ ☐ 이다.

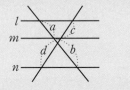

답 ❶ $c : d$

3 다음은 중학교 동아리에서 회원을 모집하는 기준이다. 합창부와 농구부에 모두 지원할 수 있는 삼각형의 기호를 말하시오.

(단, 점 G는 삼각형의 무게중심이다.)

문제 해결 전략

• 삼각형의 무게중심은 세 중선의 길이를 각 꼭짓점으로부터 각각 2 : 1로 나눈다.

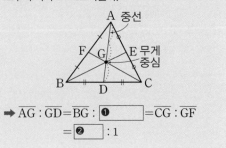

➡ $\overline{AG} : \overline{GD} = \overline{BG} : $ ❶ ☐ $= \overline{CG} : \overline{GF}$
= ❷ ☐ : 1

답 ❶ $\overline{GE}$ ❷ 2

>> 정답과 풀이 28쪽

4 다음 그림과 같은 △ABC에서 x의 값을 구하시오.

(1)
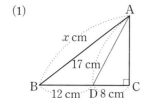

(2)
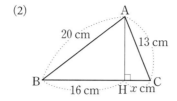

문제 해결 전략

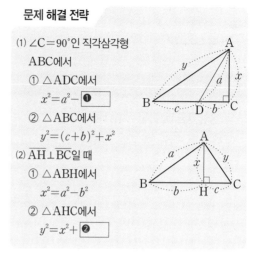

(1) $\angle C = 90°$인 직각삼각형
　 ABC에서
　① △ADC에서
　　$x^2 = a^2 -$ ❶
　② △ABC에서
　　$y^2 = (c+b)^2 + x^2$

(2) $\overline{AH} \perp \overline{BC}$일 때
　① △ABH에서
　　$x^2 = a^2 - b^2$
　② △AHC에서
　　$y^2 = x^2 +$ ❷

　답 ❶ b^2 ❷ c^2

5 오른쪽 그림과 같이 지면과 수직인 두 나무의 높이는 각각 7 m, 5 m이고 두 나무 사이의 간격은 8 m이다. B 나무의 꼭대기에 있던 새가 A 나무의 꼭대기를 향해 직선으로 날아갔을 때, $\overline{AB}^2$의 값을 구하시오.

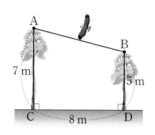

문제 해결 전략

· 다음 그림과 같이 사각형의 네 내각 중 두 개가 직각이면 보조선 ❶ 　 를 그어 직각삼각형 ❷ 　 를 만든 후 피타고라스 정리를 이용한다.

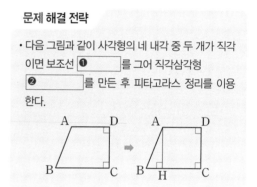

　답 ❶ $\overline{AH}$ ❷ ABH

6 세 변의 길이가 각각 다음과 같은 삼각형 중에서 직각삼각형인 것은?

① 2 cm, 5 cm, 6 cm　　② 4 cm, 5 cm, 7 cm

③ 7 cm, 8 cm, 10 cm　　④ 8 cm, 15 cm, 17 cm

⑤ 9 cm, 11 cm, 15 cm

문제 해결 전략

· 세 변의 길이가 각각 a, b, c인 △ABC에서 $a^2 + b^2 = c^2$이면 △ABC는 빗변의 길이가 c인 직각삼각형이다.

➡ (가장 ❶ 　 변의 길이의 제곱)
　 = (나머지 두 변의 길이의 제곱의 ❷ 　)
　 이면 직각삼각형이다.

　답 ❶ 긴 ❷ 합

핵심 예제 ①

오른쪽 그림과 같은 △ABC
에서 $\overline{DE} /\!/ \overline{BC}$일 때, xy의
값은?

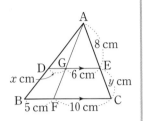

① $\dfrac{3}{16}$ ② $\dfrac{9}{16}$

③ 3 ④ $\dfrac{16}{3}$

⑤ 16

전략

△ABC에서 $\overline{BC} /\!/ \overline{DE}$이면
$\overline{AD} : \overline{AB} = \overline{AE} : \overline{AC} = \overline{AG} : \overline{AF}$
$\qquad = \overline{DG} : \overline{BF} = \overline{GE} : \overline{FC}$
$\qquad = \overline{DE} : \overline{BC}$

풀이

$\overline{DG} : \overline{BF} = \overline{GE} : \overline{FC}$이므로
$x : 5 = 6 : 10$ $\therefore x = 3$
$\overline{AE} : \overline{AC} = \overline{GE} : \overline{FC}$이므로
$8 : (8+y) = 6 : 10$ $\therefore y = \dfrac{16}{3}$

$\therefore xy = 3 \times \dfrac{16}{3} = 16$

답 ⑤

1-1

오른쪽 그림과 같은 △ABC에서
$\overline{BC} /\!/ \overline{DE}$일 때, $x+y$의 값은?

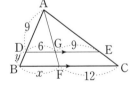

① 3 ② 5

③ 8 ④ 11

⑤ 16

핵심 예제 ②

오른쪽 그림과 같은 △ABC에서
$\overline{AB}$, $\overline{AC}$의 중점을 각각 M, N이
라 할 때, 다음 중 옳지 <u>않은</u> 것은?

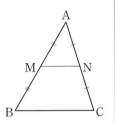

① $\overline{BC} /\!/ \overline{MN}$

② $\overline{AB} : \overline{AM} = \overline{MN} : \overline{BC}$

③ △ABC ∽ △AMN

④ $\overline{AM} : \overline{BM} = \overline{AN} : \overline{CN}$

⑤ $2\overline{MN} = \overline{BC}$

전략

△ABC에서 $\overline{AM} = \overline{BM}$, $\overline{AN} = \overline{CN}$이면
$\overline{MN} /\!/ \overline{BC}$, $\overline{MN} = \dfrac{1}{2}\overline{BC}$

풀이

①,⑤ $\overline{AM} = \overline{BM}$, $\overline{AN} = \overline{CN}$이므로
$\overline{BC} /\!/ \overline{MN}$, $2\overline{MN} = \overline{BC}$
②,③ △ABC와 △AMN에서 ∠A는 공통
$\overline{BC} /\!/ \overline{MN}$이므로 $\overline{AB} : \overline{AM} = \overline{BC} : \overline{MN} = 2 : 1$
$\therefore$ △ABC ∽ △AMN (SAS 닮음)
④ $\overline{AM} : \overline{BM} = \overline{AN} : \overline{CN} = 1 : 1$
따라서 옳지 않은 것은 ②이다.

답 ②

2-1

오른쪽 그림과 같이 삼각형 모양의 땅
의 각 변의 중점을 철망으로 둘러 꽃밭
을 만들려고 한다. 이때 필요한 철망의
길이는?

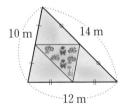

① 10 m ② 12 m

③ 14 m ④ 16 m

⑤ 18 m

핵심 예제 3

오른쪽 그림과 같은 △ABC에서 $\overline{AD}=\overline{DB}$, $\overline{AE}=\overline{EF}=\overline{FC}$이고 $\overline{DE}=8$ cm이다. $\overline{BF}$와 $\overline{CD}$의 교점을 G라 할 때, $\overline{BG}$의 길이를 구하시오.

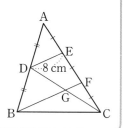

전략

△ABF, △CED에서 각각 삼각형의 두 변의 중점을 연결한 선분의 성질을 이용한다.

풀이

△ABF에서 $\overline{AD}=\overline{DB}$, $\overline{AE}=\overline{EF}$이므로 $\overline{DE}/\!/\overline{BF}$
∴ $\overline{BF}=2\overline{DE}=2\times 8=16$ (cm)
△CED에서 $\overline{EF}=\overline{FC}$, $\overline{DE}/\!/\overline{GF}$이므로
$\overline{GF}=\dfrac{1}{2}\overline{DE}=\dfrac{1}{2}\times 8=4$ (cm)
∴ $\overline{BG}=\overline{BF}-\overline{GF}=16-4=12$ (cm)

답 12 cm

3-1

오른쪽 그림과 같은 △ABC에서 두 점 E, F는 $\overline{AB}$의 삼등분점이고 $\overline{AP}=\overline{PD}$이다. $\overline{EP}=3$ cm일 때, $\overline{PC}$의 길이를 구하시오.

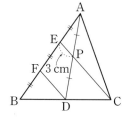

3-2

오른쪽 그림과 같은 △ABC에서 $\overline{EC}=2\overline{AE}$, $\overline{BD}=\overline{DC}$이다. $\overline{FE}=2$일 때, $\overline{BF}$의 길이를 구하시오.

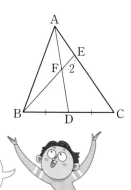

점 D에서 $\overline{BE}$와 평행한 직선을 그어 $\overline{AC}$와의 교점을 G라 해봐.

핵심 예제 4

오른쪽 그림과 같은 △ABC에서 ∠BAD=∠DAC일 때, $\overline{CD}$의 길이를 구하시오.

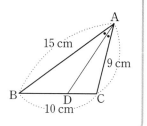

전략

△ABC에서 $\overline{AD}$가 ∠A의 이등분선일 때, $\overline{AB}:\overline{AC}=\overline{BD}:\overline{CD}$

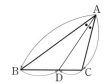

풀이

$\overline{AB}:\overline{AC}=\overline{BD}:\overline{CD}$에서
$15:9=(10-\overline{CD}):\overline{CD}$
$24\overline{CD}=90$ ∴ $\overline{CD}=\dfrac{15}{4}$ (cm)

답 $\dfrac{15}{4}$ cm

4-1

오른쪽 그림과 같은 △ABC에서 $\overline{AD}$가 ∠A의 이등분선일 때, $\overline{AC}$의 길이를 구하시오.

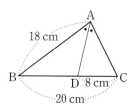

4-2

오른쪽 그림과 같은 △ABC에서 $\overline{AD}$는 ∠A의 이등분선이다. △ABD의 넓이가 24 cm²일 때, △ACD의 넓이를 구하시오.

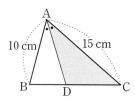

핵심 예제 5

오른쪽 그림과 같은 △ABC
에서 ∠A의 외각의 이등분선
과 $\overline{BC}$의 연장선의 교점이 D일
때, x의 값을 구하시오.

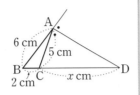

전략

△ABC에서
$\overline{AD}$가 ∠A의 외각의 이등분선일 때,
$\overline{AB} : \overline{AC} = \overline{BD} : \overline{CD}$

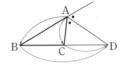

풀이

$\overline{AB} : \overline{AC} = \overline{BD} : \overline{CD}$에서
$6 : 5 = (2+x) : x$ ∴ $x = 10$

답 10

5-1

오른쪽 그림과 같은 △ABC에서
$\overline{CB}$의 연장선 위의 점 E에 대하여
∠ABE=∠ABD일 때, $\overline{BD}$의 길이
를 구하시오.

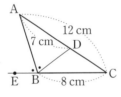

$\overline{AB}$는 ∠DBC의
외각의 이등분선이야.

5-2

오른쪽 그림과 같은 △ABC에서
$\overline{AD}$는 ∠A의 이등분선이고 ∠A의
외각의 이등분선과 $\overline{CB}$의 연장선의
교점이 E일 때, $\overline{EB}$의 길이를 구하
시오.

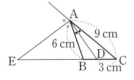

핵심 예제 6

오른쪽 그림에서 $l // m // n$일
때, $x+y$의 값을 구하시오.

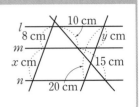

전략

다음 그림에서 $l // m // n$이면 $a : b = c : d$

 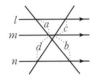

풀이

$8 : x = 10 : 15$ ∴ $x = 12$
$y : (20-y) = 10 : 15$ ∴ $y = 8$
∴ $x + y = 12 + 8 = 20$

답 20

6-1

다음 만화에서 가로 방향의 세 도로가 모두 평행하다고 할 때, 빵
집에서 도서관까지의 거리를 구하시오. (단, 도로 폭은 무시한다.)

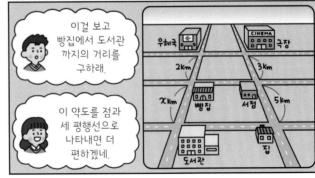

핵심 예제 ⑦

오른쪽 그림과 같은 사다리꼴
ABCD에서 $\overline{AD} /\!/ \overline{EF} /\!/ \overline{BC}$
일 때, $\overline{EF}$의 길이는?

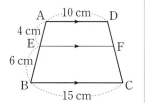

① 10.5 cm

② 11 cm

③ 11.5 cm

④ 12 cm

⑤ 12.5 cm

전략

평행한 보조선이나 대각선을 그어 평행선과 선분의 길이의 비를 이용한다.

풀이

오른쪽 그림과 같이 점 A에서 $\overline{DC}$와
평행한 $\overline{AH}$를 그어 $\overline{EF}$와 만나는 점
을 G라 하면
$\overline{GF}=\overline{HC}=\overline{AD}=10$ cm이므로
$\overline{BH}=15-10=5$ (cm)
$\triangle ABH$에서 $\overline{AE}:\overline{AB}=\overline{EG}:\overline{BH}$이므로
$4:(4+6)=\overline{EG}:5$ ∴ $\overline{EG}=2$ (cm)
∴ $\overline{EF}=\overline{EG}+\overline{GF}=2+10=12$ (cm)

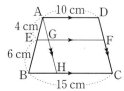

답 ④

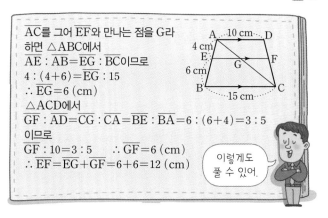

$\overline{AC}$를 그어 $\overline{EF}$와 만나는 점을 G라
하면 $\triangle ABC$에서
$\overline{AE}:\overline{AB}=\overline{EG}:\overline{BC}$이므로
$4:(4+6)=\overline{EG}:15$
∴ $\overline{EG}=6$ (cm)
$\triangle ACD$에서
$\overline{GF}:\overline{AD}=\overline{CG}:\overline{CA}=\overline{BE}:\overline{BA}=6:(6+4)=3:5$
이므로
$\overline{GF}:10=3:5$ ∴ $\overline{GF}=6$ (cm)
∴ $\overline{EF}=\overline{EG}+\overline{GF}=6+6=12$ (cm)

이렇게도
풀 수 있어.

7-1

오른쪽 그림과 같은 사다리꼴
ABCD에서 $\overline{AD} /\!/ \overline{EF} /\!/ \overline{BC}$일 때,
x, y의 값을 각각 구하시오.

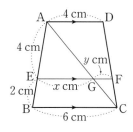

핵심 예제 ⑧

오른쪽 그림에서 점 G는
$\triangle ABC$의 무게중심이다. 다음
중 옳지 않은 것은?

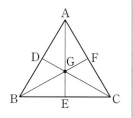

① $\overline{AF}=\overline{CF}$

② $\overline{AG}:\overline{GE}=2:1$

③ $\triangle GBE=\triangle GCE$

④ $\triangle ABG=\dfrac{1}{3}\triangle ABC$

⑤ $\overline{AG}:\overline{BG}=1:1$

전략

삼각형의 무게중심은 세 중선의 길이를 각 꼭짓점으로부터 각각 2 : 1로 나눈다.

풀이

⑤ $\overline{AG}:\overline{BG}$는 알 수 없다.

답 ⑤

8-1

오른쪽 그림에서 점 G는 $\triangle ABC$의
무게중심이고 점 G′은 $\triangle GBC$의 무
게중심이다. $\overline{AD}=18$ cm일 때,
$\overline{GG'}$의 길이를 구하시오.

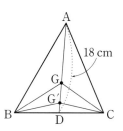

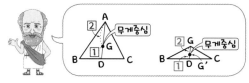

8-2

오른쪽 그림에서 점 G는 $\triangle ABC$의
무게중심이고 점 G′은 $\triangle GBC$의 무
게중심이다. $\triangle ABC$의 넓이가
54 cm²일 때, 색칠한 부분의 넓이를
구하시오.

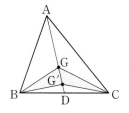

1 오른쪽 그림과 같은 △ABC에서 $\overline{DE}\,/\!/\,\overline{BC}$, $\overline{FE}\,/\!/\,\overline{DC}$이다. $\overline{AD}=30$ cm, $\overline{DB}=15$ cm 일 때, $\overline{AF}$의 길이는?

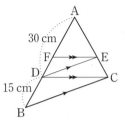

① 15 cm ② 16 cm
③ 18 cm ④ 20 cm
⑤ 22 cm

△ABC에서 $\overline{DE}\,/\!/\,\overline{BC}$이므로
$\overline{AE}:\overline{EC}=\overline{AD}:$ ❶ ☐
△ADC에서 $\overline{FE}\,/\!/\,\overline{DC}$이므로
$\overline{AF}:\overline{AD}=\overline{AE}:$ ❷ ☐

답 ❶ $\overline{DB}$ ❷ $\overline{AC}$

2 오른쪽 그림과 같은 □ABCD에서 네 변의 중점은 각각 E, F, G, H이다. $\overline{AC}=12$ cm, $\overline{BD}=16$ cm일 때, □EFGH의 둘레의 길이를 구하시오.

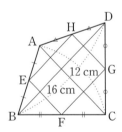

△ABD, △ABC, △BCD, △DAC에서 각각 삼각형의 두 변의 ❶ ☐ 을 연결한 선분의 성질을 이용한다.

답 ❶ 중점

3 오른쪽 그림에서 $\overline{AE}=\overline{EB}$, $\overline{EF}=\overline{FD}$이다. $\overline{BC}=12$ cm일 때, $\overline{CD}$의 길이를 구하시오.

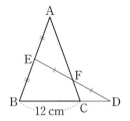

점 ❶ ☐ 를 지나면서 $\overline{BC}$에 평행한 보조선을 그어서 생각해 봐.

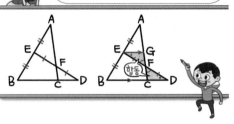

답 ❶ E

4 오른쪽 그림과 같은 사다리꼴 ABCD에서 $\overline{AD}\,/\!/\,\overline{EF}\,/\!/\,\overline{BC}$이고 $\overline{DF}:\overline{FC}=3:2$이다. $\overline{AD}=10$ cm, $\overline{BC}=20$ cm일 때, $\overline{MN}$의 길이를 구하시오.

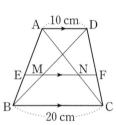

$\overline{AD}\,/\!/\,\overline{EF}\,/\!/\,\overline{BC}$일 때
(1) △DBC에서 $\overline{DF}:\overline{DC}=\overline{MF}:\overline{BC}$
(2) △ACD에서 $\overline{CF}:\overline{CD}=\overline{NF}:$ ❶ ☐
(3) $\overline{MN}=\overline{MF}-$ ❷ ☐

답 ❶ $\overline{AD}$ ❷ $\overline{NF}$

5 오른쪽 그림에서
$\overline{AB} /\!/ \overline{PQ} /\!/ \overline{DC}$이다.
$\overline{AB}=12$ cm,
$\overline{CD}=18$ cm일 때, $\overline{PQ}$
의 길이를 구하시오.

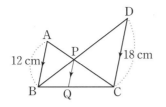

Tip

$\overline{AB} /\!/ \overline{PQ} /\!/ \overline{DC}$일 때

(1) $\triangle ABP \backsim \triangle CDP$ (AA 닮음)
  ➡ 닮음비는 $a:b$

(2) $\triangle CPQ \backsim \triangle CAB$
  ➡ 닮음비는 ❶ ⬜ $: (b+a)$

(3) $\triangle BPQ \backsim \triangle BDC$
  ➡ 닮음비는 ❷ ⬜ $: (a+b)$

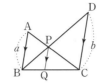

답 ❶ b ❷ a

6 오른쪽 그림에서 두 점 G, G′은
각각 $\triangle ABC$, $\triangle GBC$의 무게
중심이다. $\overline{GG'}=4$ cm일 때,
$\overline{AG'}$의 길이를 구하시오.

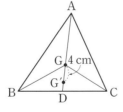

Tip

$\triangle GBC$에서 $\overline{GG'}:\overline{G'D}=$ ❶ ⬜
$\triangle ABC$에서 $\overline{AG}:\overline{GD}=$ ❷ ⬜

답 ❶ $2:1$ ❷ $2:1$

7 오른쪽 그림에서 점 G는
$\triangle ABC$의 무게중심이다.
$\triangle FGE$의 넓이가 2 cm²일 때,
$\triangle ABC$의 넓이를 구하시오.

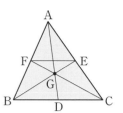

Tip

$\triangle FGE : \triangle EGC =$ ❶ ⬜ $: \overline{GC} =$ ❷ ⬜

답 ❶ $\overline{FG}$ ❷ $1:2$

8 오른쪽 그림에서 점 G는
$\triangle ABC$의 무게중심이다.
$\overline{FE} /\!/ \overline{BC}$이고 $\overline{AD}=12$ cm
일 때, 물음에 답하시오.

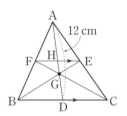

(1) 다음은 위 그림을 보고 두 학생이 나눈 대화이다.
  말풍선의 ㉠~㉢에 알맞은 것을 써넣으시오.

이 그림에서 $\triangle HGE$와
㉠ ⬜ 는 AA 닮음이야.
이때 점 G가 $\triangle ABC$의
무게중심이므로
$\overline{EG} :$ ㉡ ⬜ $=1:2$가
되는 거지.

아! 그렇구나! 그러면
$\overline{HG} : \overline{DG} =$ ㉢ ⬜ 가
되겠네?

(2) $\overline{HG}$의 길이를 구하시오.

Tip

점 G가 $\triangle ABC$의 무게중심이고 $\overline{AD}$와 $\overline{FE}$
의 교점을 H라 하면

(1) $\overline{AG}:\overline{GD}=2:1$

(2) $\triangle HGE \backsim \triangle DGB$ (AA 닮음)이므로
  $\overline{HG}:\overline{DG}=\overline{EG}:\overline{BG}=$ ❶ ⬜

(3) $\overline{AH}:\overline{HG}:\overline{GD}=$ ❷ ⬜ $:1:2$

답 ❶ $1:2$ ❷ 3

핵심 예제 1

오른쪽 그림에서 점 G는 △ABC의 무게중심이고 점 M은 $\overline{DC}$의 중점이다. $\overline{EM}=9$ cm일 때, $\overline{AG}$의 길이를 구하시오.

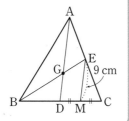

전략

점 G가 △ABC의 무게중심이므로 $\overline{AE}=\overline{EC}$임을 알고, 삼각형의 두 변의 중점을 연결한 선분의 성질을 이용한다.

풀이

△ADC에서 $\overline{DM}=\overline{MC}$, $\overline{AE}=\overline{EC}$이므로
$\overline{AD}=2\overline{EM}=2\times 9=18$ (cm)
$\overline{AG}:\overline{GD}=2:1$이므로 $\overline{AG}=\dfrac{2}{3}\overline{AD}=\dfrac{2}{3}\times 18=12$ (cm)

답 12 cm

1-1

오른쪽 그림에서 점 G는 △ABC의 무게중심이고 $\overline{MN}=\overline{NC}$이다. $\overline{GM}=3$ cm일 때, $x+y$의 값을 구하시오.

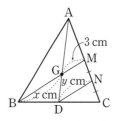

1-2

오른쪽 그림에서 점 G는 △ABC의 무게중심이고 $\overline{BE}\,/\!/\,\overline{DF}$이다. $\overline{AC}=10$ cm일 때, $\overline{FC}$의 길이를 구하시오.

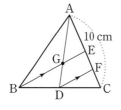

핵심 예제 2

오른쪽 그림과 같은 평행사변형 ABCD에서 $\overline{BM}=\overline{MC}$, $\overline{DN}=\overline{NC}$이다. $\overline{BD}=24$ cm일 때, $\overline{PQ}$의 길이를 구하시오.

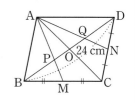

전략

위의 내용을 이렇게 정리해 볼 수 있지.

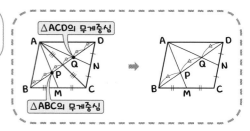

풀이

$\overline{AO}=\overline{CO}$, $\overline{BM}=\overline{MC}$이므로 점 P는 △ABC의 무게중심이다.
∴ $\overline{BP}:\overline{PO}=2:1$
또 $\overline{AO}=\overline{CO}$, $\overline{DN}=\overline{NC}$이므로 점 Q는 △ACD의 무게중심이다.
∴ $\overline{DQ}:\overline{QO}=2:1$
이때 $\overline{BO}=\overline{DO}$이므로 $\overline{BP}=\overline{PQ}=\overline{QD}$
∴ $\overline{PQ}=\dfrac{1}{3}\overline{BD}=\dfrac{1}{3}\times 24=8$ (cm)

답 8 cm

2-1

오른쪽 그림과 같은 평행사변형 ABCD에서 $\overline{BC}$, $\overline{DC}$의 중점을 각각 M, N이라 하자. $\overline{MN}=6$ cm일 때, $\overline{PQ}$의 길이를 구하시오.

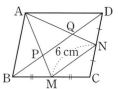

$\overline{PQ}=\dfrac{1}{3}\overline{BD}$임을 알겠지?

핵심 예제 ❸

오른쪽 그림은 ∠A＝90°인 직각 삼각형 ABC의 세 변을 각각 한 변으로 하는 세 정사각형을 그린 것이다. 다음 물음에 답하시오.

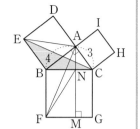

(1) △CEB의 넓이를 구하시오.

(2) △CEB와 넓이가 같은 삼각형을 모두 찾으시오.

전략

피타고라스 정리의 설명 문제 중 시험에 가장 많이 출제되는 문제이다. 주로 넓이가 같은 도형을 물어 보니 넓이가 같은 도형을 꼭 기억한다.

풀이

(1) $\overline{CD} /\!/ \overline{BE}$이므로
$$\triangle CEB = \triangle AEB = \frac{1}{2}\square EBAD = \frac{1}{2} \times 4 \times 4 = 8$$

(2) $\overline{CD} /\!/ \overline{BE}$이므로 $\triangle CEB = \triangle AEB = \triangle ADE$
또 $\triangle CEB \equiv \triangle FAB$(SAS 합동)이므로
$\triangle CEB = \triangle FAB$
또 $\overline{AM} /\!/ \overline{BF}$이므로 $\triangle FAB = \triangle FNB = \triangle FMN$
따라서 △CEB와 넓이가 같은 삼각형은 △AEB, △ADE, △FAB, △FNB, △FMN이다.

답 (1) 8
(2) △AEB, △ADE, △FAB, △FNB, △FMN

3-1

오른쪽 그림은 ∠A＝90°인 직각삼각형 ABC의 세 변을 각각 한 변으로 하는 세 정사각형을 그린 것이다. □ADEB의 넓이는 6 cm²이고 □JKGC의 넓이는 3 cm²일 때, $\overline{BC}$의 길이를 구하시오.

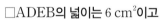
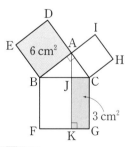

우리 둘의 넓이를 합하면

내 넓이가 되지!

핵심 예제 ❹

오른쪽 그림과 같은 정사각형 ABCD에서 $\overline{AE}$, $\overline{BF}$, $\overline{CG}$, $\overline{DH}$의 길이는 모두 6 cm이다. □EFGH의 넓이가 100 cm²일 때, □ABCD의 넓이는?

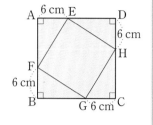

① 100 cm²   ② 121 cm²   ③ 144 cm²

④ 169 cm²   ⑤ 196 cm²

전략

(1) $\triangle AFE \equiv \triangle BGF \equiv \triangle CHG$
   $\equiv \triangle DEH$ (SAS 합동)
(2) □ABCD, □EFGH는 정사각형이다.
(3) $\square ABCD = 4\triangle AFE + \square EFGH$
   ➡ $a^2 + b^2 = c^2$

풀이

정사각형 EFGH의 넓이가 100 cm²이므로
$\overline{EF} = 10$ (cm) $(\because \overline{EF} > 0)$
△AFE에서
$\overline{AF}^2 = 10^2 - 6^2 = 64$ $\therefore \overline{AF} = 8$ (cm) $(\because \overline{AF} > 0)$
즉 $\overline{AB} = \overline{AF} + \overline{FB} = 8 + 6 = 14$ (cm)이므로
$\square ABCD = \overline{AB}^2 = 14^2 = 196$ (cm²)

답 ⑤

4-1

오른쪽 그림에서 4개의 직각삼각형은 모두 합동이다. 정사각형 EFGH의 넓이는 16 cm²이고 $\overline{BF} = 4$ cm일 때, □ABCD의 넓이를 구하시오.

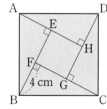

정사각형의 넓이는?

정사각형의 한 변의 길이의 제곱과 같아.

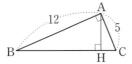

핵심 예제 ⑤

오른쪽 그림과 같이 $\angle A = 90°$ 인 직각삼각형 ABC에서 $\overline{AH} \perp \overline{BC}$이다. $\overline{AB} = 12$, $\overline{AC} = 5$일 때, $\overline{CH}$의 길이를 구하시오.

전략

$\angle A = 90°$인 직각삼각형 ABC에서 $\overline{AD} \perp \overline{BC}$일 때

(1) 피타고라스 정리에 의하여
$$a^2 = b^2 + c^2$$

(2) 직각삼각형의 닮음에 의하여
$$c^2 = ax, \; b^2 = ay, \; h^2 = xy$$

풀이

$\triangle ABC$에서
$\overline{BC}^2 = 12^2 + 5^2 = 169 \qquad \therefore \overline{BC} = 13 \; (\because \overline{BC} > 0)$
$5^2 = \overline{CH} \times 13$에서 $\overline{CH} = \dfrac{25}{13}$

답 $\dfrac{25}{13}$

5-1

오른쪽 그림과 같이 $\angle C = 90°$인 직각삼각형 ABC에서 $\overline{AB} \perp \overline{CD}$이다. $\overline{BC} = 5$, $\overline{CD} = 3$일 때, $\overline{AD}$의 길이를 구하시오.

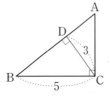

5-2

오른쪽 그림과 같이 $\angle A = 90°$인 직각삼각형 ABC의 꼭짓점 A에서 $\overline{BC}$에 내린 수선의 발을 H라 하자. $\overline{AB} = 15$, $\overline{BC} = 25$일 때, $\overline{AH}$의 길이를 구하시오.

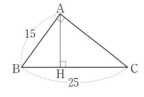

핵심 예제 ⑥

세 변의 길이가 각각 다음과 같은 삼각형 중에서 직각삼각형인 것을 모두 고르면? (정답 2개)

① $2, 4, 5$ ② $\dfrac{5}{2}, 6, \dfrac{13}{2}$ ③ $4, 8, 9$

④ $10, 13, 19$ ⑤ $9, 40, 41$

전략

세 변의 길이가 각각 a, b, c인 $\triangle ABC$에서 $a^2 + b^2 = c^2$이면 $\triangle ABC$는 빗변의 길이가 c인 직각삼각형이다.

➡ (가장 긴 변의 길이의 제곱)=(나머지 두 변의 길이의 제곱의 합)이면 직각삼각형이다.

풀이

① $2^2 + 4^2 \neq 5^2$ ② $\left(\dfrac{5}{2}\right)^2 + 6^2 = \left(\dfrac{13}{2}\right)^2$ ③ $4^2 + 8^2 \neq 9^2$

④ $10^2 + 13^2 \neq 19^2$ ⑤ $9^2 + 40^2 = 41^2$

따라서 직각삼각형인 것은 ②, ⑤이다.

답 ②, ⑤

6-1

세 변의 길이가 각각 다음 보기와 같은 삼각형 중에서 직각삼각형인 것을 모두 찾으시오.

┌ 보기 ─────────────────────────
㉠ 6 cm, 6 cm, 10 cm ㉡ 5 cm, 12 cm, 13 cm
㉢ 1 cm, $\dfrac{4}{3}$ cm, $\dfrac{5}{3}$ cm ㉣ 1.5 cm, 2 cm, 3 cm
───────────────────────────────

6-2

길이가 각각 3 cm, 4 cm, x cm인 3개의 빨대를 이용하여 직각삼각형을 만들려고 할 때, 가능한 모든 x^2의 값의 합은?

① 25 ② 27
③ 28 ④ 30
⑤ 32

핵심 예제 7

오른쪽 그림과 같이 $\angle B = 90°$
인 직각삼각형 ABC에서
$\overline{AB} = 6, \overline{BC} = 8, \overline{DE} = 3$일 때,
$\overline{AE}^2 + \overline{CD}^2$의 값을 구하시오.

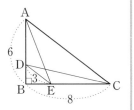

전략

$\angle B = 90°$인 직각삼각형 ABC에서
$\overline{DE}^2 + \overline{AC}^2 = \overline{AE}^2 + \overline{CD}^2$

풀이

△ABC에서
$\overline{AC}^2 = 6^2 + 8^2 = 100$이므로
$3^2 + 100 = \overline{AE}^2 + \overline{CD}^2$
$\therefore \overline{AE}^2 + \overline{CD}^2 = 109$

답 109

7-1

오른쪽 그림과 같은 □ABCD에서
$\overline{AC} \perp \overline{BD}$일 때, $\overline{AB}^2 + \overline{CD}^2$의 값을
구하시오.

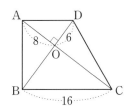

7-2

오른쪽 그림과 같은 직사각형 모양의
공원에서 네 꼭짓점에 각각 나무 A,
B, C, D가 심어져 있다. 소영이가 있
는 곳 P에서 나무 A, B, C까지의 거
리가 각각 40 m, 50 m, 70 m일 때,
$\overline{DP}^2$의 값을 구하시오.

핵심 예제 8

오른쪽 그림과 같이 $\angle A = 90°$인 직
각삼각형 ABC의 세 변을 각각 지
름으로 하는 세 반원의 넓이를 각각
P, Q, R라 하자. $\overline{BC} = 10$ cm일
때, $P + Q + R$의 값을 구하시오.

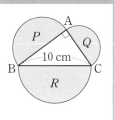

전략

$\angle A = 90°$인 직각삼각형 ABC의 세 변을 각각 지름
으로 하는 세 반원의 넓이를 각각 P, Q, R라 하면
$P + Q = R$

풀이

$P + Q = R$이므로
$P + Q + R = 2R = 2 \times \left(\frac{1}{2} \times \pi \times 5^2 \right) = 25\pi \text{ (cm}^2)$

답 25π cm²

8-1

오른쪽 그림과 같이 $\angle A = 90°$인 직각삼
각형 ABC에서 $\overline{AB}, \overline{AC}$를 각각 지름
으로 하는 반원의 넓이를 각각 S_1, S_2라
하자. $\overline{BC} = 12$ cm일 때, $S_1 + S_2$의 값은?

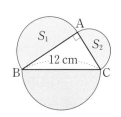

① 6π cm²　　② 12π cm²

③ 18π cm²　　④ 24π cm²

⑤ 30π cm²

8-2

오른쪽 그림은 $\angle A = 90°$인 직각삼
각형 ABC의 세 변을 각각 지름으로
하는 세 반원을 그린 것이다.
$\overline{AC} = 5$ cm, $\overline{BC} = 13$ cm일 때, 색
칠한 부분의 넓이를 구하시오.

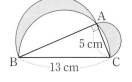

1 오른쪽 그림과 같은 △ABC에서 $\overline{AD}=\overline{DE}=\overline{EB}$이고 $\overline{AF}=\overline{FC}$이다. 점 G는 △DBC의 무게중심이고 $\overline{DF}=6$ cm일 때, $\overline{GE}$의 길이를 구하시오.

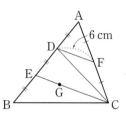

Tip

△AEC에서 $\overline{AD}=\overline{DE}$, $\overline{AF}=$ ❶ ☐ 이므로

$\overline{EC}=$ ❷ ☐ $\overline{DF}$이다.

답 ❶ $\overline{FC}$ ❷ 2

2 오른쪽 그림과 같은 평행사변형 ABCD에서 두 점 M, N은 각각 $\overline{BC}$, $\overline{DC}$의 중점이다. □ABCD의 넓이가 60 cm²일 때, △APQ의 넓이를 구하시오.

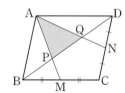

Tip

평행사변형 ABCD에서
$\overline{BM}=\overline{CM}$, $\overline{CN}=\overline{DN}$일 때

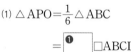

(1) $\triangle APO=\dfrac{1}{6}\triangle ABC$

$\qquad=$ ❶ ☐ □ABCD

(2) $\triangle AOQ=\dfrac{1}{6}\triangle ACD=$ ❷ ☐ □ABCD

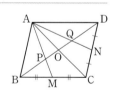

답 ❶ $\dfrac{1}{12}$ ❷ $\dfrac{1}{12}$

3 오른쪽 그림은 ∠A=90°인 직각삼각형 ABC의 세 변을 각각 한 변으로 하는 세 정사각형을 그린 것이다. $\overline{BC}\perp\overline{AK}$일 때, 다음 중 옳지 않은 것은?

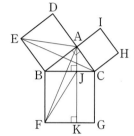

① $\overline{EC}=\overline{AF}$

② ∠ECB=∠BAF

③ △EBC≡△ABF

④ △AEB=△JFK

⑤ □ADEB=□BFKJ

Tip

(1) □ADEB=□BFKJ
　　□ACHI=□JKGC

(2) □ADEB+□ACHI= ❶ ☐

　➡ $\overline{AB}^2+\overline{AC}^2=$ ❷ ☐

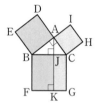

답 ❶ □BFGC ❷ $\overline{BC}^2$

4 오른쪽 그림에서 두 직각삼각형 ABD와 CEB는 서로 합동이고 세 점 A, B, C는 일직선 위에 있다. $\overline{AD}=6$ cm이고 △DBE의 넓이가 50 cm²일 때, □DACE의 넓이를 구하시오.

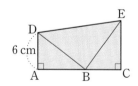

Tip

(1) △ABD≡△CEB이면 △DBE는 ❶ ☐ 삼각형이다.

(2) □DACE $=\dfrac{1}{2}\times(\overline{AD}+\overline{CE})\times$ ❷ ☐

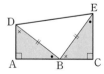

답 ❶ 직각이등변 ❷ $\overline{AC}$

5 오른쪽 그림과 같은 직사각형 ABCD를 꼭짓점 D가 $\overline{BC}$ 위의 점 E에 오도록 접었을 때, $\overline{CF}$의 길이를 구하시오.

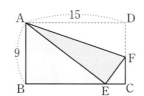

길이가 같은 선분들을 찾아보자.

$\overline{AD}$와 $\overline{AE}$의 길이가 서로 같아요~

$\overline{EF}$와 $\overline{DF}$의 길이도 서로 같아요!

그럼 $\overline{CF}=x$라 하고 x의 값을 구해 볼까?

Tip

$\triangle ABE \circ \triangle ECF$ (❶ [   ] 닮음)이다.

📋 ❶ AA

7 $\triangle ABC$에서 $\overline{BC}=a$, $\overline{CA}=b$, $\overline{AB}=c$라 할 때, 다음 중 잘못 말한 학생을 고르시오.

$a^2+b^2<c^2$이면 ∠C > 90°이야. 정우

지희 $a^2>b^2+c^2$이면 둔각삼각형이야.

$c^2=a^2+b^2$ 이면 직각 삼각형이야. 상현

$a^2+b^2>c^2$이면 예각삼각형이야. 민정

Tip

$\triangle ABC$에서

(1) (가장 긴 변의 길이의 제곱) < (다른 두 변의 길이의 제곱의 합)
➡ $\triangle ABC$는 ❶ [   ] 삼각형

(2) (가장 긴 변의 길이의 제곱) = (다른 두 변의 길이의 제곱의 합)
➡ $\triangle ABC$는 ❷ [   ] 삼각형

(3) (가장 긴 변의 길이의 제곱) > (다른 두 변의 길이의 제곱의 합)
➡ $\triangle ABC$는 둔각삼각형

📋 ❶ 예각 ❷ 직각

6 오른쪽 그림과 같이 좌표평면 위에 두 점 A, B가 있다. $\overline{OA}=6$, $\overline{AB}=8$이고 B(10, 0)일 때, 점 A의 좌표를 구하시오. (단, 점 O는 원점이다.)

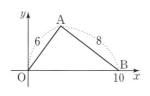

Tip

점 A에서 x축에 내린 수선의 발을 H라 하면 점 A의 x좌표는 ❶ [   ]의 길이, y좌표는 ❷ [   ]의 길이이다.

📋 ❶ $\overline{OH}$ ❷ $\overline{AH}$

8 오른쪽 그림과 같이 원에 내접하는 직사각형 ABCD의 네 변을 각각 지름으로 하는 네 반원을 그렸다. $\overline{AB}=8$ cm, $\overline{AD}=4$ cm일 때, 색칠한 부분의 넓이를 구하시오.

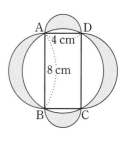

Tip

❶ [   ]를 그어 $\triangle ABD$의 넓이와 같은 반원, ❷ [   ]의 넓이와 같은 반원을 각각 찾는다.

📋 ❶ $\overline{BD}$ ❷ $\triangle BCD$

01 주민이는 다음과 같은 미로에서 $\overline{BC} /\!/ \overline{DE}$인 방에서는 오른쪽, $\overline{BC} /\!/ \overline{DE}$가 아닌 방에서는 아래쪽으로 이동한다고 한다. 이때 주민이가 도착하는 곳에 있는 주사위의 눈의 수를 말하시오.

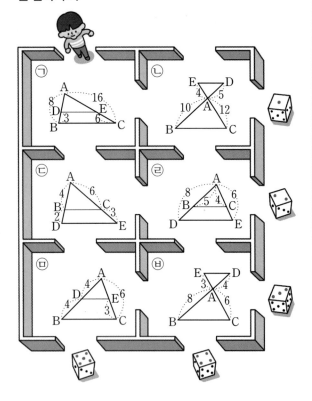

02 오른쪽 그림과 같은 △ABC, △DBC에서 네 점 M, N, P, Q는 각각 $\overline{AB}$, $\overline{AC}$, $\overline{DB}$, $\overline{DC}$의 중점이다. $\overline{PQ}=6$ cm일 때, $\overline{MN}$의 길이를 구하시오.

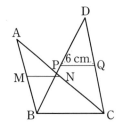

03 오른쪽 그림에서 $l /\!/ m /\!/ n$일 때, x의 값은?

① 14   ② 15

③ 16   ④ 17

⑤ 18

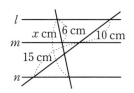

04 오른쪽 그림과 같은 사다리꼴 ABCD에서 $\overline{AD} /\!/ \overline{EF} /\!/ \overline{BC}$일 때, $\overline{EF}$의 길이를 구하시오.

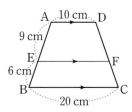

05 오른쪽 그림과 같은 △ABC에서 $\overline{BC}$의 중점을 D라 하자. 두 점 G, G′은 각각 △ABD, △ADC의 무게중심이고 $\overline{BC}=24$ cm일 때, $\overline{GG'}$의 길이를 구하시오.

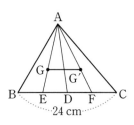

06 오른쪽 그림과 같은 △ABC에서 $\overline{AD} \perp \overline{BC}$이다. $\overline{AB} = 13$ cm, $\overline{AC} = 20$ cm, $\overline{BD} = 5$ cm일 때, $x + y$의 값은?

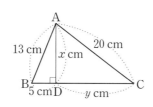

① 22   ② 24   ③ 26

④ 28   ⑤ 30

07 오른쪽 그림은 ∠A = 90°인 직각삼각형 ABC의 세 변을 각각 한 변으로 하는 세 정사각형을 그린 것이다. □ADEB의 넓이는 9 cm²이고 □ACHI의 넓이는 16 cm²일 때, △ABC의 둘레의 길이를 구하시오.

우리 둘의 넓이를 합하면

내 넓이가 되지!

08 세 변의 길이가 다음과 같은 삼각형 중에서 직각삼각형인 것을 모두 고르면? (정답 2개)

① 4 cm, 5 cm, 6 cm

② 6 cm, 8 cm, 10 cm

③ 8 cm, 10 cm, 15 cm

④ 10 cm, 20 cm, 25 cm

⑤ 10 cm, 24 cm, 26 cm

09 오른쪽 그림과 같은 □ABCD에서 $\overline{AC} \perp \overline{BD}$이다. $\overline{AB} = 6$, $\overline{BC} = 7$, $\overline{CD} = 5$일 때, $\overline{AD}^2$의 값을 구하시오.

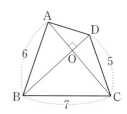

10 오른쪽 그림과 같이 ∠C = 90°이고 $\overline{AB} = 12$ cm인 직각삼각형 ABC의 세 변을 각각 지름으로 하는 세 반원의 넓이를 각각 P, Q, R라 하자. $P = 12\pi$ cm²일 때, Q의 값은?

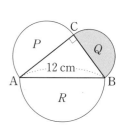

① 6π cm²   ② 9π cm²   ③ 12π cm²

④ 18π cm²   ⑤ 24π cm²

1 다음 그림과 같이 발판의 개수는 같지만 그 간격은 각각 33 cm, 27 cm로 다른 사다리가 있다. 이 사다리의 왼쪽과 오른쪽 모두 6번째 발판 사이에 판자를 놓으면 판자가 바닥과 수평이 된다. $\overline{BC}=140$ cm, $\overline{DE}=x$ cm일 때, x의 값을 구하시오. (단, 발판과 판자의 두께는 무시한다.)

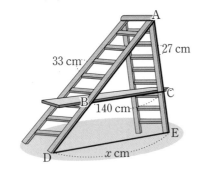

Tip

$\overline{AB}:\overline{AD}=(33\times 6):(33\times \boxed{❶}\ )$

$\qquad\quad =2:\boxed{❷}$

$\overline{AC}:\overline{AE}=(27\times 6):(27\times 9)=2:3$

답 ❶ 9 ❷ 3

2 다음 만화를 보고 물음에 답하시오.

(1) 위 만화에 나온 측량 자료가 다음과 같을 때, 터널 $\overline{AB}$의 길이를 구하시오.

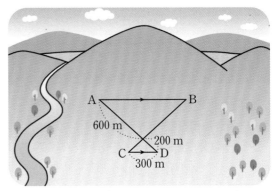

(2) 터널 100 m를 뚫는 데 6억 원이 들 때, 이 터널을 뚫는 데에만 들어가는 공사 비용을 구하시오.

Tip

$\overline{AB}\,/\!/\,\overline{CD}$이므로 $\overline{AD}$와 $\overline{BC}$가 만나는 점을 E라 하면

$\overline{EA}:\overline{ED}=\boxed{❶}\quad:\overline{CD}$이다.

답 ❶ $\overline{AB}$

3 보물찾기에 참가한 유리, 찬이, 지훈, 아영이가 보물 쪽지를 하나씩 찾았다. 쪽지에 적힌 문제의 답과 일치하는 선물을 받을 때, 네 사람이 받게 될 선물을 각각 구하시오.

$\overline{MN}+\overline{PQ}$의 길이는?

으아악!! 소풍인데 수학 문제를 풀다니….

$\overline{BG}$의 길이는?

△DEF의 둘레의 길이는?

$\overline{BC}$의 길이는?

유리 / 찬이 / 지훈 / 아영

⑨ 샌드위치 ⑮ 햄버거 ⑲ 피자 ㉔ 음료수

Tip

△ABC에서 $\overline{AB}$, $\overline{AC}$의 **❶** ☐ 을 각각 M, N이라 하면

$\overline{MN}=$ **❷** ☐ $\overline{BC}$

답 ❶ 중점 ❷ $\frac{1}{2}$

---

4 다음은 어느 공원에 설치된 두 개의 폭탄 M, D의 위치에 대한 단서 쪽지를 보고 경찰이 그 위치를 찾으려고 공원 설계도를 보는 모습이다. 물음에 답하시오.

공원 설계도입니다.

─ 폭탄 M과 폭탄 D는 $\overline{BC}$ 위에 있다.
─ 폭탄 M은 점 B와 점 C에서 같은 거리에 있다.
─ 폭탄 D는 ∠A의 이등분선 위에 있다.

(1) 폭탄 M과 폭탄 D의 위치를 오른쪽 그림에 나타내시오.

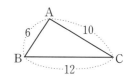

(2) 경찰이 폭탄 D 제거를 위해 출동하려고 한다. $\overline{BD}$, $\overline{CD}$의 길이를 각각 구한 다음 점 B와 점 C 중 어디서 출발해야 폭탄 D에 빨리 도착하는지 말하시오.

(3) 폭탄 M과 폭탄 D 사이의 거리를 구하시오.

Tip

△ABC에서 ∠A의 **❶** ☐ 이 $\overline{BC}$와 만나는 점을 D라 하면

$\overline{AB} : \overline{AC} = \overline{BD} :$ **❷** ☐

답 ❶ 이등분선 ❷ $\overline{CD}$

5 다음 그림과 같이 지도에 있는 각각의 도형에서 선호는 색칠한 부분의 넓이가 더 큰 방향으로, 지혜는 색칠한 부분의 넓이가 더 작은 방향으로 가기로 하였다. 선호와 지혜가 도착한 곳을 각각 구하시오. (단, 점 G는 △ABC의 무게중심이다.)

6 다음 그림은 직각삼각형의 세 변을 각각 한 변으로 하는 세 정사각형을 계속 이어 그린 것으로 '피타고라스 나무'라 한다.

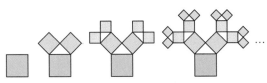

아래 그림과 같이 ∠A=90°이고 $\overline{AB}=3$ cm, $\overline{BC}=5$ cm인 직각삼각형 ABC를 이용하여 피타고라스 나무를 그렸을 때, 색칠한 부분의 넓이를 구하시오.

(단, 모든 직각삼각형은 서로 닮음이다.)

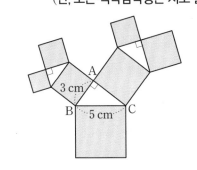

Tip

❶ [   ] 정리를 이용하여 각 정사각형의 **❷** [   ]를 구한다.

답 ❶ 피타고라스 ❷ 넓이

Tip

삼각형의 무게중심은 세 **❶** [   ]의 길이를 각 꼭짓점으로부터 각각 **❷** [   ]로 나눈다.

답 ❶ 중선 ❷ 2 : 1

7 다음 글을 읽고 물음에 답하시오. (단, 길의 폭은 무시한다.)

> 철이네 가족은 금요일에 함께 영화를 보기로 했다. 철이는 학교에서, 아빠는 회사에서, 엄마는 집에서 각각 출발하여 영화관에서 만나기로 하였다. 세 명 모두 가장 짧은 거리로 영화관에 가려고 한다. (단, 집에서 북쪽에 학교가 있고, 동쪽에 회사가 있다.)
>
>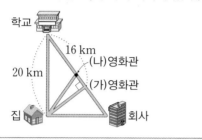

(1) 아빠가 ㈎ 영화관까지 가는 거리를 구하시오.

(2) 엄마가 ㈎ 영화관까지 가는 거리를 구하시오.

(3) 학교와 회사를 잇는 길 한가운데에 ㈏ 영화관이 있을 때, ㈎와 ㈏ 영화관 중 철이네 가족이 이동하는 거리의 합이 더 작은 곳을 구하시오.

Tip

직각삼각형에서 빗변의 ❶ [　　　]은 삼각형의 ❷ [　　　]이다.

답 ❶ 중점 ❷ 외심

8 다음 그림과 같이 폭이 1 km로 일정한 강의 양쪽에 두 마을 A, B가 있다. 강을 가로지르는 다리인 $\overline{CD}$는 두 마을을 잇는 경로 A → C → D → B의 거리가 최소가 되는 지점에 있다고 할 때, 최단 거리를 구하시오.

(단, 다리의 폭은 무시한다.)

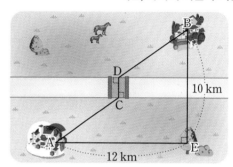

Tip

❶ [　　　]를 평행이동한 다음 ❷ [　　　] 정리를 이용하여 최단 거리를 구한다.

답 ❶ $\overline{BD}$ ❷ 피타고라스

개념 01 사건과 경우의 수

동일한 조건에서 반복할 수 있는 실험이나 관찰에 의해 나타나는 결과를 **①**〔　〕이라 하고, 이때 어떤 사건이 일어나는 가짓수를 그 사건의 **②**〔　〕라 한다.

사건 →	주사위 한 개를 던져서 홀수의 눈이 나온다.
사건이 일어나는 경우 →	⚀ ⚂ ⚄
경우의 수 →	3

답 ❶ 사건 **❷** 경우의 수

확인 01 서로 다른 세 개의 동전을 동시에 던질 때, 한 개만 뒷면이 나오는 경우의 수를 구하시오.

개념 02 사건 A 또는 사건 B가 일어나는 경우의 수 – 합의 법칙

두 사건 A, B가 동시에 일어나지 않을 때, 사건 A가 일어나는 경우의 수가 m이고, 사건 B가 일어나는 경우의 수가 n이면

（사건 A 또는 사건 B가 일어나는 경우의 수）$=m+n$

예 한 개의 주사위를 던질 때, 홀수의 눈 또는 6의 눈이 나오는 경우의 수
➡ 눈의 수가 홀수인 경우는 1, 3, 5의 3가지,
　눈의 수가 6인 경우는 6의 1가지이므로
　홀수의 눈 또는 6의 눈이 나오는 경우의 수는
　3 **❶**〔　〕$1=$ **❷**〔　〕

답 ❶ + **❷** 4

확인 02 A 도시에서 B 도시로 가는 기차는 하루에 2번 있고 버스는 3번 있다고 할 때, 기차 또는 버스를 타고 A 도시에서 B 도시로 가는 경우의 수를 구하시오.

개념 03 두 사건 A와 B가 동시에 일어나는 경우의 수 – 곱의 법칙

사건 A가 일어나는 경우의 수가 m이고, 그 각각에 대하여 사건 B가 일어나는 경우의 수가 n이면

（두 사건 A와 B가 동시에 일어나는 경우의 수）$=m×n$

예 동전 한 개와 주사위 한 개를 동시에 던질 때, 동전은 뒷면이 나오고, 주사위는 홀수의 눈이 나오는 경우의 수
➡ 동전이 뒷면이 나오는 경우는 뒤의 1가지,
　주사위의 눈의 수가 홀수인 경우는 1, 3, 5의 3가지이므로
　동전은 뒷면, 주사위는 홀수의 눈이 나오는 경우의 수는
　1 **❶**〔　〕$3=$ **❷**〔　〕

참고 (1) 서로 다른 m개의 동전을 동시에 던질 때 일어나는 모든 경우의 수 ➡ $\underbrace{2×2×\cdots×2}_{m개}=2^m$

(2) 서로 다른 n개의 주사위를 동시에 던질 때 일어나는 모든 경우의 수 ➡ $\underbrace{6×6×\cdots×6}_{n개}=6^n$

(3) 서로 다른 m개의 동전과 서로 다른 n개의 주사위를 동시에 던질 때 일어나는 모든 경우의 수 ➡ $2^m×6^n$

답 ❶ × **❷** 3

확인 03 어느 분식점의 차림표가 다음과 같을 때, 분식과 음료수를 각각 한 가지씩 골라 주문하는 경우의 수를 구하시오.

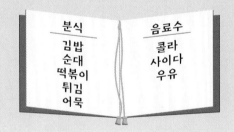

분식	음료수
김밥	콜라
순대	사이다
떡볶이	우유
튀김	
어묵	

개념 04 한 줄로 세우는 경우의 수

(1) n명을 한 줄로 세우는 경우의 수

➡ $n \times (n-1) \times (n-2) \times \cdots \times 2 \times 1$

(2) n명 중에서 2명을 뽑아 한 줄로 세우는 경우의 수

➡ $n \times (n-1)$

(3) n명 중에서 3명을 뽑아 한 줄로 세우는 경우의 수

➡ $n \times (n-1) \times (n-2)$

(4) 한 줄로 세울 때 이웃하여 세우는 경우의 수

➡ (이웃하는 것을 하나로 ❶ ☐ 한 줄로 세우는 경우의 수) × (묶음 안에서 자리를 ❷ ☐ 경우의 수)

우리가 이웃해야 하니까 우리를 한 사람으로 생각해!

우리가 자리를 바꾸는 경우를 잊지 않도록 주의해!

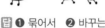

답 ❶ 묶어서 ❷ 바꾸는

확인 04 A, B, C, D 4명의 학생을 한 줄로 세우는 모든 경우의 수를 구하시오.

개념 05 색칠하기

(1) 모두 다른 색을 칠하는 경우

➡ 한 번 칠한 색을 다시 사용할 수 ❶ ☐ .

(2) 같은 색을 여러 번 칠해도 좋으나 이웃하는 영역은 서로 다른 색을 칠하는 경우

➡ 이웃하지 않는 영역은 칠한 색을 다시 사용할 수 ❷ ☐ .

답 ❶ 없다 ❷ 있다

확인 05 오른쪽 그림과 같은 A, B, C 세 부분에 4가지 색을 칠하려고 한다. 같은 색을 여러 번 사용해도 좋으나 이웃하는 부분은 서로 다른 색으로 칠하는 경우의 수를 구하시오.

A	B	C

개념 06 자연수 만들기

(1) 0을 포함하지 않는 경우

0이 아닌 서로 다른 한 자리 숫자가 각각 하나씩 적힌 n장의 카드 중에서 서로 다른 2장을 뽑아 만들 수 있는 두 자리 자연수의 개수

➡ ❶ ☐ × $(n-1)$

(2) 0을 포함하는 경우

0을 포함한 서로 다른 한 자리 숫자가 각각 하나씩 적힌 n장의 카드 중에서 서로 다른 2장을 뽑아 만들 수 있는 두 자리 자연수의 개수

➡ (❷ ☐) × $(n-1)$

└ 맨 앞 자리에는 0이 올 수 없다.

답 ❶ n ❷ $n-1$

확인 06 1, 2, 3, 4의 숫자가 각각 하나씩 적힌 4장의 카드 중에서 서로 다른 3장을 뽑아 만들 수 있는 세 자리 자연수의 개수를 구하시오.

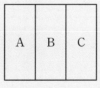

개념 07 대표 뽑기

(1) n명 중에서 자격이 ❶ ☐ 대표 2명을 뽑는 경우의 수

➡ $n \times (n-1)$ ➡ 뽑는 순서와 관계가 있다.

(2) n명 중에서 자격이 다른 대표 3명을 뽑는 경우의 수

➡ $n \times (n-1) \times (n-2)$

(3) n명 중에서 자격이 같은 대표 2명을 뽑는 경우의 수

➡ $\dfrac{n \times (n-1)}{❷ \ }$ ➡ 뽑는 순서와 관계가 없다.

(4) n명 중에서 자격이 같은 대표 3명을 뽑는 경우의 수

➡ $\dfrac{n \times (n-1) \times (n-2)}{3 \times 2 \times 1}$

답 ❶ 다른 ❷ 2

확인 07 소희네 학교에서 학생 회장 선거를 하는데 6명의 후보가 출마하였다. 이때 회장 1명, 부회장 1명을 뽑는 경우의 수를 구하시오.

개념 08 선분 또는 삼각형의 개수

한 직선 위에 있지 않은 $n(n \geq 3)$개의 점 중에서

(1) **선분의 개수**

➡ 자격이 ❶ ☐ 대표 2명 뽑기와 같다.

➡ $\dfrac{n \times (n-1)}{2}$

(2) **삼각형의 개수**

➡ 자격이 같은 대표 ❷ ☐명 뽑기와 같다.

➡ $\dfrac{n \times (n-1) \times (n-2)}{3 \times 2 \times 1}$

답 ❶ 같은 ❷ 3

확인 08 오른쪽 그림과 같이 한 원 위에 A, B, C, D 4개의 점이 있다. 두 점을 이어서 만들 수 있는 선분의 개수를 구하시오.

개념 09 확률의 뜻

(1) **확률** : 같은 조건에서 실험이나 관찰을 여러 번 반복할 때, 어떤 사건이 일어나는 상대도수가 일정한 값에 가까워지면 이 일정한 값을 그 사건이 일어날 ❶ ☐ 이라 한다.

(2) **사건 A가 일어날 확률** : 어떤 실험이나 관찰에서 각각의 경우가 일어날 가능성이 같다고 할 때, 일어날 수 있는 모든 경우의 수를 n, 사건 A가 일어나는 경우의 수를 a라 하면 사건 A가 일어날 확률 p는

$$p = \frac{(\text{사건 } A \text{가 일어나는 경우의 수})}{(\text{모든 경우의 수})} = \boxed{❷}$$

답 ❶ 확률 ❷ $\dfrac{a}{n}$

확인 09 흰 공 5개와 검은 공 10개가 들어 있는 주머니에서 임의로 한 개의 공을 꺼낼 때, 검은 공이 나올 확률을 구하시오.

개념 10 확률의 성질

(1) 어떤 사건이 일어날 확률을 p라 하면 $0 \leq p \leq 1$이다.

(2) 절대로 일어날 수 없는 사건의 확률은 ❶ ☐이다.

(3) 반드시 일어나는 사건의 확률은 ❷ ☐이다.

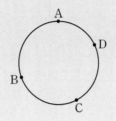

확률이 1이면 그 일은 반드시 일어나!

반대로 확률이 0이면 그 일은 절대로 일어나지 않아!

답 ❶ 0 ❷ 1

확인 10 한 개의 주사위를 던질 때, 7보다 작은 눈의 수가 나올 확률을 구하시오.

개념 11 어떤 사건이 일어나지 않을 확률

사건 A가 일어날 확률을 p라 하면

(사건 A가 일어나지 않을 확률)$=1-$ ❶ ☐

참고 '~이 아닌', '적어도', '최소한', '~하지 못한' 등의 표현이 나오는 경우 대부분 어떤 사건이 일어나지 않을 확률을 이용한다.

답 ❶ p

확인 11 A 중학교와 B 중학교가 피구 경기를 할 때, A 중학교가 이길 확률이 $\dfrac{1}{6}$이라 한다. 이때 B 중학교가 이길 확률을 구하시오. (단, 비기는 경우는 없다.)

개념 12 사건 A 또는 사건 B가 일어날 확률

두 사건 A, B가 동시에 일어나지 않을 때, 사건 A가 일어날 확률을 p, 사건 B가 일어날 확률을 q라 하면

(사건 A 또는 사건 B가 일어날 확률)$=p$ ❶ q

답 ❶ +

확인 12 오른쪽 그림과 같이 주머니에 1부터 10까지의 자연수가 각각 하나씩 적힌 10개의 공이 들어 있다. 이 주머니에서 임의로 한 개의 공을 꺼낼 때, 3 이하이거나 7 이상의 수가 적힌 공이 나올 확률을 구하시오.

개념 13 두 사건 A와 B가 동시에 일어날 확률

두 사건 A, B가 서로 영향을 끼치지 않을 때, 사건 A가 일어날 확률을 p, 사건 B가 일어날 확률을 q라 하면

(두 사건 A와 B가 동시에 일어날 확률)$=p$ ❶ q

답 ❶ ×

확인 13 동전 한 개와 주사위 한 개를 동시에 던질 때, 동전은 앞면이 나오고 주사위는 3의 배수의 눈이 나올 확률을 구하시오.

각 사건이 일어날 확률은 언제 더하나요?

'~ 또는 ~', '~이거나' 등의 표현

각 사건이 일어날 확률을 더한다.

각 사건이 일어날 확률은 언제 곱하나요?

'그리고 ~', '~와', '동시에' 등의 표현

각 사건이 일어날 확률을 곱한다.

개념 14 연속하여 꺼내는 경우의 확률

(1) 꺼낸 것을 다시 넣고 연속하여 꺼내는 경우의 확률
처음에 꺼낸 것을 다시 꺼낼 수 있으므로 처음 사건이 나중 사건에 영향을 ❶ [   ].
➡ (처음에 꺼낼 때의 조건)=(나중에 꺼낼 때의 조건)

(2) 꺼낸 것을 다시 넣지 않고 연속하여 꺼내는 경우의 확률
처음에 꺼낸 것을 다시 꺼낼 수 없으므로 처음 사건이 나중 사건에 영향을 ❷ [   ].
➡ (처음에 꺼낼 때의 조건)≠(나중에 꺼낼 때의 조건)

답 ❶ 주지 않는다 ❷ 준다

확인 14 주머니 속에 검은 공 5개, 흰 공 3개가 들어 있다. 이 주머니에서 임의로 한 개의 공을 꺼내 색을 확인하고 다시 넣은 후 임의로 한 개의 공을 또 꺼낼 때, 두 개 모두 흰 공일 확률을 구하시오.

개념 15 수직선이나 도형 위의 점의 위치에 대한 확률

1️⃣ ❶ [   ] 경우의 수를 구한다.
2️⃣ 점 ❷ [ ]가 주어진 위치에 오는 경우의 수를 구한다.
3️⃣ 1️⃣, 2️⃣를 이용하여 확률을 구한다.

답 ❶ 모든 ❷ P

확인 15 오른쪽 그림과 같이 한 변의 길이가 1인 정사각형 ABCD에서 꼭짓점 A를 출발한 점 P가 주사위 한 개를 던져서 나온 눈의 수만큼 변을 따라 화살표 방향으로 움직일 때, 점 P가 꼭짓점 C에 올 확률을 구하시오.

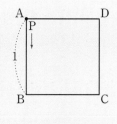

1 수정이는 500원짜리 동전 6개와 1000원짜리 지폐 3장을 가지고 있다. 문구점에서 4000원짜리 물건을 한 개 사고 거스름돈 없이 그 값을 지불하는 경우의 수를 구하시오.

문제 해결 전략

• 금액의 단위가 가장 큰 돈의 ❶ 를 먼저 정하고 나머지 금액의 단위가 작은 돈의 수를 정한다. 이때 ❷ 를 이용하면 편리하다.

답 ❶ 수 ❷ 표

2 재식, 윤정, 준호가 가위바위보를 할 때, 재식이가 이기는 경우의 수는?

① 3   ② 6   ③ 9
④ 18   ⑤ 27

문제 해결 전략

• 세 사람이 가위바위보를 할 때, 재식이가 이기는 경우는 다음과 같다.
① 재식이만 이기는 경우
② 재식이와 ❶ 이가 함께 이기는 경우
③ 재식이와 ❷ 가 함께 이기는 경우

답 ❶ 윤정 ❷ 준호

3 A, B, C, D, E 5명을 한 줄로 세울 때, 다음을 구하시오.

(1) A가 맨 앞에, E가 맨 뒤에 서는 경우의 수

(2) A가 한가운데에 서는 경우의 수

(3) A, B가 이웃하여 서는 경우의 수

문제 해결 전략

• A가 한가운데에 서는 경우는 다음과 같이 ❶ 를 한가운데에 ❷ 시킨 후 경우의 수를 구한다.

답 ❶ A ❷ 고정

>> 정답과 풀이 36쪽

4 오른쪽 그림과 같은 서로 다른 두 개의 주사위를 동시에 던질 때, 나온 두 눈의 수의 차가 3일 확률은?

① $\dfrac{1}{3}$　　　② $\dfrac{1}{5}$　　　③ $\dfrac{1}{6}$

④ $\dfrac{1}{9}$　　　⑤ $\dfrac{1}{18}$

문제 해결 전략

• 일어날 수 있는 모든 경우의 수가 n, 사건 A가 일어나는 경우의 수가 a이면 사건 A가 일어날 확률 p는

$$p = \frac{(\text{사건 } A\text{가 일어나는 경우의 수})}{(\text{모든 경우의 수})} = \boxed{❶}$$

답 ❶ $\dfrac{a}{n}$

5 다음 중 확률에 대한 설명으로 옳지 <u>않은</u> 것은?

① 확률은 어떤 사건이 일어날 수 있는 가능성을 수로 나타낸 것이다.

② 어떤 사건이 일어날 확률을 p라 하면 $0 < p < 1$이다.

③ 확률이 1인 사건은 반드시 일어난다.

④ 절대로 일어나지 않는 사건의 확률은 0이다.

⑤ 사건 A가 일어날 확률을 p라 하면 사건 A가 일어나지 않을 확률은 $1 - p$이다.

문제 해결 전략

• 절대로 일어날 수 없는 사건의 확률은 ❶⬚이다.

• 반드시 일어나는 사건의 확률은 ❷⬚이다.

답 ❶ 0 ❷ 1

6 오른쪽 그림과 같이 8등분된 원판에 화살을 두 번 쏠 때, 두 번 모두 2의 배수가 적힌 부분을 맞힐 확률은? (단, 화살은 원판을 벗어나거나 경계선에 꽂히지 않는다.)

① $\dfrac{1}{4}$　　　② $\dfrac{1}{2}$　　　③ $\dfrac{3}{5}$

④ $\dfrac{3}{4}$　　　⑤ $\dfrac{4}{5}$

문제 해결 전략

• 일어날 수 있는 모든 경우의 수는 도형의 전체 넓이로, 어떤 사건이 일어나는 경우의 수는 도형에서 사건에 해당하는 ❶⬚의 넓이로 바꾸어 계산한다.

$$(\text{도형에서의 확률}) = \frac{(\text{사건에 해당하는 부분의 넓이})}{(\text{도형의 ❷⬚ 넓이})}$$

답 ❶ 부분 ❷ 전체

핵심 예제 ①

서로 다른 두 개의 주사위를 동시에 던질 때, 나오는 두 눈의 수의 차가 2 또는 5인 경우의 수는?

① 8   ② 10   ③ 12

④ 14   ⑤ 15

전략

'사건 A 또는 사건 B', '사건 A이거나 사건 B'라는 표현이 있으면 두 사건 A, B의 경우의 수를 각각 구하여 더한다.

풀이

두 눈의 수의 차가 2인 경우는 $(1, 3)$, $(2, 4)$, $(3, 1)$, $(3, 5)$, $(4, 2)$, $(4, 6)$, $(5, 3)$, $(6, 4)$의 8가지
두 눈의 수의 차가 5인 경우는 $(1, 6)$, $(6, 1)$의 2가지
따라서 구하는 경우의 수는 $8+2=10$

답 ②

1-1

다음은 1부터 9까지의 숫자가 각각 하나씩 적힌 9개의 공이 들어 있는 오른쪽 그림과 같은 상자 속에서 임의로 한 개의 공을 꺼낼 때, 소수 또는 4의 약수가 적힌 공을 꺼내는 경우의 수를 구하는 과정이다. 잘못 말한 사람을 고르시오.

소수가 적힌 공을 꺼내는 경우는 2, 3, 5, 7의 4가지야.
하연

4의 약수가 적힌 공을 꺼내는 경우는 1, 2, 4의 3가지야.
석호

문제에 '또는'이 들어가 있으니까 구하는 경우의 수는 $4+3=7$이야.
아연

핵심 예제 ②

오른쪽 그림의 A 지점에서 출발하여 C 지점까지 가는 방법의 수를 구하시오. (단, 한 번 지나간 지점은 다시 지나가지 않는다.)

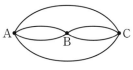

전략

A 지점에서 C 지점까지 가는 방법의 수를 구할 때, B 지점을 지나는 경우와 지나지 않는 경우로 나누어 생각한다.

풀이

A → C로 바로 가는 방법의 수는 2
A → B → C로 가는 방법의 수는 $2 \times 2 = 4$
따라서 구하는 방법의 수는 $2+4=6$

답 6

2-1

서로 다른 두 개의 주사위를 동시에 던질 때, 두 눈의 수의 곱이 홀수가 되는 경우의 수를 구하시오.

2-2

A, B, C 세 사람이 가위바위보를 할 때, 한 번에 승부가 결정되는 경우의 수를 구하시오.

비겼다!

어? 이번에도 비겼네. 승부가 나려면 비기면 안 되는데……

핵심 예제 ❸

오른쪽 그림과 같은 직사각형 모양의 도로가 있다. A 지점에서 출발하여 C 지점까지 최단 거리로 갈 때, 반드시 B 지점을 거쳐 가는 방법의 수를 구하시오.

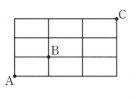

전략

A 지점에서 B 지점까지, B 지점에서 C 지점까지 최단 거리로 가는 방법의 수를 각각 구한 후 곱의 법칙을 이용한다.

풀이

(i) A 지점에서 B 지점까지 최단 거리로 가는 방법의 수는 2
(ii) B 지점에서 C 지점까지 최단 거리로 가는 방법의 수는 6
따라서 구하는 방법의 수는 $2 \times 6 = 12$

🔲 12

3-1

오른쪽 그림과 같은 모양의 도로가 있다. P 지점에서 출발하여 Q 지점을 거쳐 R 지점까지 최단 거리로 가는 방법의 수를 구하시오.

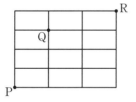

3-2

윤지는 하굣길에 다연이와 함께 분식점에 들러 떡볶이를 먹고 집으로 가려고 한다. 학교에서 출발하여 분식점을 거쳐 집까지 최단 거리로 가는 방법의 수를 구하시오.

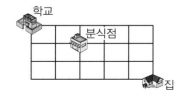

핵심 예제 ❹

혜은이를 포함한 4명의 학생을 한 줄로 세울 때, 혜은이가 맨 뒤에 서는 경우의 수를 구하시오.

전략

자리가 고정된 혜은이를 제외한 나머지 3명을 한 줄로 세운다.

풀이

혜은이의 자리를 맨 뒤로 고정시키고 혜은이를 제외한 나머지 3명을 한 줄로 세우면 되므로 구하는 경우의 수는
$3 \times 2 \times 1 = 6$

🔲 6

4-1

A, B, C, D, E 5명이 나란히 서서 사진을 찍을 때, A, B가 양 끝에 서는 경우의 수를 구하시오.

4-2

학교 축제에서 민호, 해진, 수지, 형식, 소연 5명이 한 줄로 서서 공연을 하려고 한다. 이때 민호, 수지, 형식 3명이 이웃하여 서게 되는 경우의 수를 구하시오.

핵심 예제 5

오른쪽 그림과 같은 A, B, C, D 네 부분에 빨강, 노랑, 초록, 파랑의 4가지 색을 사용하여 칠하려고 한다. 같은 색을 여러 번 사용해도 좋으나 이웃한 부분은 서로 다른 색으로 칠하는 경우의 수를 구하시오.

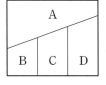

전략

(1) 모두 다른 색을 칠하는 경우 ➡ 한 번 칠한 색을 다시 사용할 수 없다.

(2) 같은 색을 여러 번 칠해도 좋으나 이웃하는 영역은 서로 다른 색을 칠하는 경우 ➡ 이웃하지 않는 영역은 칠한 색을 다시 사용할 수 있다.

풀이

A에 칠할 수 있는 색은 4가지
B에 칠할 수 있는 색은 A에 칠한 색을 제외한 3가지
C에 칠할 수 있는 색은 A, B에 칠한 색을 제외한 2가지
D에 칠할 수 있는 색은 A, C에 칠한 색을 제외한 2가지
따라서 구하는 경우의 수는 $4 \times 3 \times 2 \times 2 = 48$

답 48

5-1

오른쪽 그림과 같은 A, B, C 세 부분에 주황, 노랑, 보라, 검정의 4가지 색을 사용하여 칠하려고 한다. 같은 색을 여러 번 사용해도 좋으나 이웃한 부분은 서로 다른 색으로 칠하는 경우의 수를 구하시오.

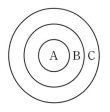

5-2

오른쪽 그림과 같은 A, B, C, D 네 부분에 빨강, 주황, 노랑, 초록, 파랑의 5가지 색을 사용하여 칠하려고 한다. 같은 색을 여러 번 사용해도 좋으나 이웃한 부분은 서로 다른 색으로 칠하는 경우의 수를 구하시오.

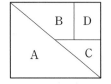

핵심 예제 6

0, 2, 4, 6, 8의 숫자가 각각 하나씩 적힌 5장의 카드 중에서 서로 다른 3장을 뽑아 만들 수 있는 세 자리 자연수의 개수를 구하시오.

전략

세 자리의 자연수를 만들 때, 백의 자리에는 0이 올 수 없음에 주의하자.

풀이

백의 자리에 올 수 있는 숫자는 0을 제외한 4가지
십의 자리에 올 수 있는 숫자는 백의 자리에 온 숫자를 제외한 4가지
일의 자리에 올 수 있는 숫자는 백의 자리, 십의 자리에 온 숫자를 제외한 3가지
따라서 구하는 자연수의 개수는
$4 \times 4 \times 3 = 48$

답 48

6-1

다섯 개의 숫자 1, 2, 3, 4, 5를 한 번씩만 사용하여 만들 수 있는 세 자리 자연수 중에서 홀수의 개수를 구하시오.

6-2

0, 1, 2, 3, 4, 5의 숫자가 각각 하나씩 적힌 6장의 카드 중에서 서로 다른 3장을 뽑아 세 자리 자연수를 만들 때, 5의 배수의 개수를 구하시오.

핵심 예제 7

5명의 후보 중에서 회장 1명, 부회장 1명을 뽑는 경우의 수가 a, 대표 2명을 뽑는 경우의 수가 b일 때, $a+b$의 값은?

① 30　　② 32　　③ 34
④ 36　　⑤ 38

전략

자격이 다른 대표를 뽑을 때에는 뽑는 순서와 관계가 있고, 자격이 같은 대표를 뽑을 때에는 뽑는 순서와 관계가 없다.

풀이

5명의 후보 중에서 회장 1명과 부회장 1명을 뽑는 경우의 수는
$a=5\times4=20$
5명의 후보 중에서 대표 2명을 뽑는 경우의 수는
$b=\dfrac{5\times4}{2}=10$
$\therefore a+b=20+10=30$

답 ①

7-1

축구 선수 10명 중에서 공격수 1명과 수비수 1명을 뽑는 경우의 수가 a, 수비수 2명을 뽑는 경우의 수가 b일 때, $a-b$의 값은?

① 45　　② 90　　③ 135
④ 180　　⑤ 225

핵심 예제 8

오른쪽 그림과 같이 한 원 위에 A, B, C, D, E, F 6개의 점이 있다. 이 중에서 세 점을 이어서 만들 수 있는 삼각형의 개수를 구하시오.

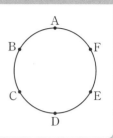

전략

선분의 개수를 구하는 것은 자격이 같은 대표 2명을 뽑는 경우의 수와 같고, 삼각형의 개수를 구하는 것은 자격이 같은 대표 3명을 뽑는 경우의 수와 같다.

풀이

삼각형의 개수는 6명 중에서 자격이 같은 대표 3명을 뽑는 경우의 수와 같으므로
$\dfrac{6\times5\times4}{3\times2\times1}=20$

답 20

8-1

오른쪽 그림과 같이 한 원 위에 A, B, C, D, E 5개의 점이 있다. 이 중에서 세 점을 이어서 만들 수 있는 삼각형의 개수를 구하시오.

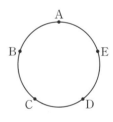

8-2

오른쪽 그림과 같은 4개의 집 중에서 두 집을 연결하는 길을 직선으로 만들려고 한다. 이때 만들 수 있는 길의 개수를 구하시오.

1 크기와 모양이 같은 구슬 6개를 A, B, C 세 사람에게 나누어 줄 수 있는 모든 경우의 수를 구하시오.

(단, 한 사람에게 적어도 1개씩은 주어야 한다.)

Tip

먼저 구슬 3개를 세 사람에게 **❶** 개씩 나누어 주고, 남은 구슬 **❷** 개를 다시 세 사람에게 나누어 준다.

답 **❶** 1 **❷** 3

2 5를 세 개 이상의 양의 정수의 합으로 나타내는 경우의 수는? (단, 더하는 순서는 생각하지 않는다.)

① 1　　　　② 2　　　　③ 3
④ 4　　　　⑤ 5

Tip

3개의 양의 정수의 합으로 나타내는 경우, **❶** 개의 양의 정수의 합으로 나타내는 경우, **❷** 개의 양의 정수의 합으로 나타내는 경우로 나누어 생각한다.

답 **❶** 4 **❷** 5

3 다음 그림과 같이 서울, 대전, 부산 세 도시 사이에 도로망이 있다. 서울에서 출발하여 부산까지 갔다가 다시 서울로 돌아오는 방법의 수를 구하시오.

(단, 돌아올 때에는 반드시 대전을 거쳐야 한다.)

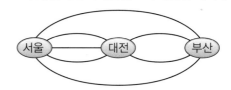

Tip

(i) 서울 → **❶** → 부산 → 대전 → 서울로 가는 방법
(ii) 서울 → **❷** → 대전 → 서울로 가는 방법
의 두 가지 경우로 나누어 생각한다.

답 **❶** 대전 **❷** 부산

4 아빠, 엄마, 나, 여동생, 남동생으로 구성된 5명의 식구가 나란히 서서 사진을 찍으려고 한다. 나와 남동생이 이웃하지 않게 서서 사진을 찍는 경우의 수를 구하시오.

Tip

(나와 남동생이 이웃하여 서는 경우)
=(나와 남동생을 하나로 묶어 **❶** 명을 나란히 세우는 경우)
　×(나와 남동생이 자리를 **❷** 경우)

답 **❶** 4 **❷** 바꾸는

5 0, 1, 2, 3, 4의 숫자가 각각 하나씩 적힌 5장의 카드 중에서 서로 다른 3장을 뽑아 만들 수 있는 세 자리 자연수를 작은 수부터 크기순으로 나열할 때, 27번째 수를 구하시오.

> **Tip**
>
> ❶[ ]의 자리 숫자가 각각 1, 2, 3, ❷[ ]인 자연수의 개수를 차례대로 구해 나간다.
>
> 🔲 ❶ 백 ❷ 4

6 ❶, ❷, ❸, ❹, ❺의 번호가 각각 붙여진 다섯 개의 의자에 1, 2, 3, 4, 5번의 학생이 앉으려고 한다. 두 명의 학생만 자기 번호와 일치하는 의자에 앉는 경우의 수를 구하시오.

> **Tip**
>
> 자기 번호와 일치하는 의자에 앉는 2명을 뽑는 경우의 수는 5명 중 대표 ❶[ ]명을 뽑는 경우의 수와 ❷[ ].
>
> 🔲 ❶ 2 ❷ 같다

7 주사위 한 개를 두 번 던져서 처음에 나오는 눈의 수를 a, 나중에 나오는 눈의 수를 b라 할 때, $ax-3b=0$의 해가 자연수가 되는 경우의 수는?

① 16 ② 20 ③ 24
④ 28 ⑤ 36

> **Tip**
>
> $ax-3b=0$에서 $ax=3b$ ∴ $x=$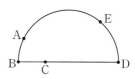
>
> 따라서 $\dfrac{3b}{a}$가 ❷[ ]가 되게 하는 순서쌍 (a, b)를 구한다.
>
> 🔲 ❶ $\dfrac{3b}{a}$ ❷ 자연수

8 오른쪽 그림과 같이 반원 위에 5개의 점 A, B, C, D, E가 있다. 이 중에서 세 점을 이어서 만들 수 있는 삼각형의 개수를 구하시오.

> **Tip**
>
> 삼각형의 ❶[ ] 꼭짓점은 일직선 위에 있을 수 ❷[ ]에 유의한다.
>
> 🔲 ❶ 세 ❷ 없음

핵심 예제 1

0부터 4까지의 자연수가 각각 하나씩 적힌 5장의 카드 중에서 임의로 서로 다른 2장을 뽑아 만든 두 자리 자연수가 짝수가 될 확률을 구하시오.

전략

1 모든 경우의 수를 구한다.
2 어떤 사건 A가 일어나는 경우의 수를 구한다.
3 확률을 구한다.

풀이

모든 경우의 수는 $4 \times 4 = 16$
짝수인 경우는 10, 12, 14, 20, 24, 30, 32, 34, 40, 42의 10가지
따라서 구하는 확률은 $\dfrac{10}{16} = \dfrac{5}{8}$

답 $\dfrac{5}{8}$

1-1

두 개의 주사위 A, B를 동시에 던질 때, A 주사위에서 나온 눈의 수를 x, B 주사위에서 나온 눈의 수를 y라 하자. 이때 $2x + y = 10$일 확률은?

① $\dfrac{1}{36}$ 　　② $\dfrac{1}{18}$ 　　③ $\dfrac{1}{12}$

④ $\dfrac{1}{9}$ 　　⑤ $\dfrac{1}{6}$

1-2

아빠, 엄마, 나연, 준영 네 식구가 한 줄로 서서 가족 사진을 찍을 때, 아빠와 엄마가 이웃하여 서게 될 확률을 구하시오.

핵심 예제 2

서로 다른 두 개의 주사위를 동시에 던질 때, 나오는 두 눈의 수의 합이 3 이상일 확률을 구하시오.

전략

(사건 A가 일어나지 않을 확률)$=1-$(사건 A가 일어날 확률)
참고 어떤 사건의 확률이 구하기 어렵거나 복잡한 경우에는 그 사건이 일어나지 않을 확률을 이용하면 편리하다.

풀이

모든 경우의 수는 $6 \times 6 = 36$
두 눈의 수의 합이 3 미만인 경우, 즉 두 눈의 수의 합이 2인 경우는 $(1, 1)$의 1가지이므로 그 확률은 $\dfrac{1}{36}$
∴ (두 눈의 수의 합이 3 이상일 확률)
　$=1-$(두 눈의 수의 합이 3 미만일 확률)
　$=1-\dfrac{1}{36} = \dfrac{35}{36}$

답 $\dfrac{35}{36}$

2-1

주머니 속에 1부터 30까지의 자연수가 각각 하나씩 적힌 공 30개가 들어 있다. 이 주머니에서 임의로 한 개의 공을 꺼낼 때, 4의 배수가 적힌 공이 나오지 않을 확률을 구하시오.

2-2

오른쪽 그림과 같은 메뉴를 보고 서로 다른 두 가지 음식을 주문하려고 할 때, 돈가스를 주문하지 않을 확률을 구하시오.

김밥
떡볶이
돈가스
오므라이스
라면

핵심 예제 ❸

남학생 3명, 여학생 3명으로 이루어진 모임에서 임의로 대표 2명을 뽑을 때, 적어도 한 명은 여학생이 뽑힐 확률은?

① $\dfrac{1}{5}$ ② $\dfrac{2}{9}$ ③ $\dfrac{4}{9}$

④ $\dfrac{4}{5}$ ⑤ $\dfrac{7}{8}$

전략

(적어도 한 명은 여학생이 뽑힐 확률)=1−(2명 모두 남학생이 뽑힐 확률)

풀이

모든 경우의 수는 $\dfrac{6\times5}{2}=15$

대표 2명 모두 남학생이 뽑히는 경우의 수는 $\dfrac{3\times2}{2}=3$이므로

그 확률은 $\dfrac{3}{15}=\dfrac{1}{5}$

∴ (적어도 한 명은 여학생이 뽑힐 확률)
  =1−(2명 모두 남학생이 뽑힐 확률)
  =$1-\dfrac{1}{5}=\dfrac{4}{5}$

답 ④

3-1

오른쪽 그림과 같이 주머니에 흰 공 3개와 검은 공 4개가 들어 있다. 이 주머니에서 임의로 2개의 공을 동시에 꺼낼 때, 적어도 한 개는 검은 공이 나올 확률을 구하시오.

3-2

지혜가 A 문제를 맞힐 확률은 $\dfrac{4}{5}$, B 문제를 맞힐 확률은 $\dfrac{5}{7}$일 때, A, B 두 문제 중 적어도 한 문제를 맞힐 확률은?

① $\dfrac{2}{35}$ ② $\dfrac{3}{35}$ ③ $\dfrac{31}{35}$

④ $\dfrac{32}{35}$ ⑤ $\dfrac{33}{35}$

핵심 예제 ❹

오른쪽 그림과 같은 서로 다른 두 개의 주사위를 동시에 던질 때, 나오는 두 눈의 수의 합이 4 또는 7일 확률을 구하시오.

전략

(두 눈의 수의 합이 4 또는 7일 확률)
=(두 눈의 수의 합이 4일 확률)+(두 눈의 수의 합이 7일 확률)

풀이

모든 경우의 수는 $6\times6=36$
두 눈의 수의 합이 4인 경우는 $(1,3),(2,2),(3,1)$의 3가지이므로 그 확률은 $\dfrac{3}{36}$
두 눈의 수의 합이 7인 경우는 $(1,6),(2,5),(3,4),(4,3),(5,2),(6,1)$의 6가지이므로 그 확률은 $\dfrac{6}{36}$
따라서 구하는 확률은 $\dfrac{3}{36}+\dfrac{6}{36}=\dfrac{9}{36}=\dfrac{1}{4}$

약분하지 않고 계산하는 것이 더 편리하다.

답 $\dfrac{1}{4}$

4-1

다음 표는 어느 중학교에서 30명의 학생이 신청한 방과 후 활동을 조사하여 나타낸 것이다. 30명의 학생 중 한 명을 임의로 선택할 때, 그 학생이 종이접기 또는 재즈 댄스를 신청한 학생일 확률을 구하시오. (단, 방과 후 활동은 한 가지만 신청할 수 있다.)

방과 후 활동	밴드	종이접기	독서	재즈 댄스
학생 수(명)	9	8	3	10

4-2

서로 다른 네 개의 동전을 동시에 던질 때, 앞면이 3개 이상 나올 확률을 구하시오.

핵심 예제 **5**

100원짜리 동전 1개, 500원짜리 동전 1개와 서로 다른 주사위 2개를 동시에 던질 때, 동전은 모두 앞면이 나오고 주사위는 모두 3의 배수의 눈이 나올 확률을 구하시오.

전략

서로 영향을 끼치지 않는 네 사건 A, B, C, D가 일어날 확률이 각각 p, q, r, s일 때

(네 사건 A, B, C, D가 동시에 일어날 확률)$=pqrs$

풀이

한 개의 동전을 던질 때, 앞면이 나올 확률은 $\dfrac{1}{2}$

한 개의 주사위를 던질 때, 3의 배수의 눈이 나오는 경우는 3, 6의 2가지이므로 그 확률은 $\dfrac{2}{6}=\dfrac{1}{3}$

따라서 구하는 확률은 $\dfrac{1}{2}\times\dfrac{1}{2}\times\dfrac{1}{3}\times\dfrac{1}{3}=\dfrac{1}{36}$

답 $\dfrac{1}{36}$

5-1

어느 일기 예보에서 이번 주 토요일에 비가 올 확률은 40 %, 일요일에 비가 올 확률은 50 %라 한다. 이번 주 토요일과 일요일에 모두 비가 올 확률은 몇 %인가?

① 10 % ② 15 % ③ 20 %
④ 25 % ⑤ 30 %

핵심 예제 **6**

검은 공 5개, 흰 공 8개가 들어 있는 주머니에서 임의로 공을 한 개씩 두 번 꺼낼 때, 꺼낸 공이 모두 검은 공일 확률을 구하시오. (단, 꺼낸 공은 다시 넣지 않는다.)

전략

① 꺼낸 것을 다시 넣고 연속하여 뽑는 경우
  ➡ 처음 조건과 나중 조건이 같다.
② 꺼낸 것을 다시 넣지 않고 연속하여 뽑는 경우
  ➡ 처음 조건과 나중 조건이 다르다.

풀이

처음 꺼낸 공이 검은 공일 확률은 $\dfrac{5}{13}$

꺼낸 공을 다시 넣지 않으므로 두 번째 꺼낼 때, 주머니 속의 공의 개수는 12이고 이 중에서 검은 공의 개수는 4이므로 다시 검은 공을 꺼낼 확률은 $\dfrac{4}{12}=\dfrac{1}{3}$

따라서 구하는 확률은 $\dfrac{5}{13}\times\dfrac{1}{3}=\dfrac{5}{39}$

답 $\dfrac{5}{39}$

6-1

상자에 1부터 15까지의 자연수가 각각 하나씩 적힌 15장의 카드가 들어 있다. 이 상자에서 임의로 한 장을 뽑아 숫자를 확인하고 다시 넣은 후 임의로 한 장을 또 뽑을 때, 첫 번째에는 3의 배수가 적힌 카드가 나오고 두 번째에는 12의 약수가 적힌 카드가 나올 확률을 구하시오.

6-2

2개의 당첨 제비를 포함하여 8개의 제비가 들어 있는 주머니에서 임의로 2개의 제비를 연속해서 뽑을 때, 처음 뽑은 제비는 당첨 제비이고 나중에 뽑은 제비는 당첨 제비가 아닐 확률을 구하시오.
(단, 뽑은 제비는 다시 넣지 않는다.)

핵심 예제 7

A 사격수는 5발을 쏘아 3발을 명중시키고, B 사격수는 3발을 쏘아 2발을 명중시킨다. 두 사격수가 동시에 총을 쏘았을 때, 둘 다 명중시키지 못할 확률을 구하시오.

전략

(명중시키지 못할 확률)=1−(명중시킬 확률)

풀이

A 사격수가 명중시킬 확률은 $\dfrac{3}{5}$, B 사격수가 명중시킬 확률은 $\dfrac{2}{3}$ 이므로

A 사격수가 명중시키지 못할 확률은 $1-\dfrac{3}{5}=\dfrac{2}{5}$

B 사격수가 명중시키지 못할 확률은 $1-\dfrac{2}{3}=\dfrac{1}{3}$

따라서 둘 다 명중시키지 못할 확률은 $\dfrac{2}{5}\times\dfrac{1}{3}=\dfrac{2}{15}$

답 $\dfrac{2}{15}$

7-1

10타석에서 4번의 안타를 치는, 즉 타율이 4할인 야구 선수가 세 번의 타석에서 한 번 이상 안타를 칠 확률은?

① $\dfrac{8}{125}$ ② $\dfrac{12}{125}$ ③ $\dfrac{27}{125}$

④ $\dfrac{98}{125}$ ⑤ 1

7-2

A, B 두 사람이 다트를 던져서 목표물을 맞힐 확률이 각각 $\dfrac{2}{3}$, $\dfrac{3}{5}$ 이다. 두 사람이 다트를 던질 때, 한 사람만 맞힐 확률을 구하시오.

핵심 예제 8

오른쪽 그림과 같이 한 변의 길이가 1인 정오각형 ABCDE에서 점 P가 꼭짓점 A를 출발하여 주사위를 던져서 나온 눈의 수만큼 정오각형의 변을 따라 시계 반대 방향으로 움직인다. 주사위를 두 번 던질 때, 점 P가 꼭짓점 E에 놓일 확률을 구하시오.

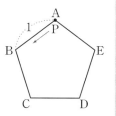

전략

점 P가 꼭짓점 A에서 꼭짓점 E까지 이동하려면 두 눈의 수의 합이 4 또는 9 이어야 한다.

풀이

모든 경우의 수는 $6\times6=36$

점 P가 꼭짓점 A에서 꼭짓점 E까지 이동하려면 두 눈의 수의 합이 4 또는 9이어야 한다.

두 눈의 수의 합이 4인 경우는 $(1,3),(2,2),(3,1)$의 3가지이므로 그 확률은 $\dfrac{3}{36}$

두 눈의 수의 합이 9인 경우는 $(3,6),(4,5),(5,4),(6,3)$의 4가지 이므로 그 확률은 $\dfrac{4}{36}$

따라서 구하는 확률은 $\dfrac{3}{36}+\dfrac{4}{36}=\dfrac{7}{36}$

답 $\dfrac{7}{36}$

8-1

오른쪽 그림과 같이 한 변의 길이가 1인 정사각형 ABCD가 있다. 점 P는 꼭짓점 A를 출발하여 시계 반대 방향으로 두 개의 주사위를 동시에 던져 나온 눈의 수의 합만큼 정사각형의 변을 따라 움직인다고 할 때, 점 P가 꼭짓점 C에 놓일 확률을 구하시오.

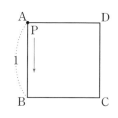

1 길이가 2 cm, 3 cm, 4 cm, 5 cm, 6 cm인 5개의 빨대 중 임의로 3개의 빨대를 뽑아 삼각형을 만들 때, 삼각형이 만들어질 확률은? (단, 빨대의 두께는 생각하지 않는다.)

① $\dfrac{2}{15}$　　② $\dfrac{4}{15}$　　③ $\dfrac{3}{10}$

④ $\dfrac{2}{5}$　　⑤ $\dfrac{7}{10}$

> **Tip**
>
> 삼각형이 만들어지는 경우는
> (두 변의 길이의 **❶**) **❷** (나머지 한 변의 길이)
> 이어야 한다.
>
> 답 ❶ 합 ❷ >

2 붉은 구슬이 5개, 푸른 구슬이 x개, 흰 구슬이 y개 들어 있는 주머니에서 임의로 구슬 한 개를 꺼낼 때, 붉은 구슬이 나올 확률은 $\dfrac{1}{3}$, 푸른 구슬이 나올 확률은 $\dfrac{2}{5}$라 한다. 이때 xy의 값을 구하시오.

> **Tip**
>
> 주머니에는 구슬이 총 (**❶** $+x+y$)개 들어 있다.
>
> 답 ❶ 5

3 A, B 두 사람이 어떤 문제를 푸는데 A가 답을 맞힐 확률은 $\dfrac{2}{5}$, 두 사람 모두 답을 맞히지 못할 확률은 $\dfrac{7}{15}$이라 한다. 이때 B가 답을 맞힐 확률은?

① $\dfrac{1}{9}$　　② $\dfrac{2}{9}$　　③ $\dfrac{1}{3}$

④ $\dfrac{5}{9}$　　⑤ $\dfrac{7}{9}$

> **Tip**
>
> B가 답을 맞힐 확률을 x라 하면 B가 답을 맞히지 못할 확률은
> **❶** 이다.
>
> 답 ❶ $1-x$

4 비가 온 다음 날 비가 올 확률은 $\dfrac{1}{3}$이고, 비가 오지 않은 다음 날 비가 올 확률은 $\dfrac{2}{5}$이다. 다음 여학생의 물음에 답하시오.

월요일에 비가 왔다면 같은 주 수요일에 비가 오지 않을 확률은?

월 화 수

> **Tip**
>
> 비가 온 다음 날 비가 오지 않을 확률은 $1-$ **❶** 이고, 비가 오지 않은 다음 날 비가 오지 않을 확률은 $1-$ **❷** 이다.
>
> 답 ❶ $\dfrac{1}{3}$ ❷ $\dfrac{2}{5}$

>> 정답과 풀이 41쪽

5 노란 구슬 4개와 초록 구슬 3개가 들어 있는 주머니에서 임의로 하나의 구슬을 꺼낸 다음 그 구슬을 다시 넣지 않고 구슬 하나를 더 꺼낼 때, 꺼낸 구슬 중 적어도 하나는 노란 구슬일 확률은?

① $\dfrac{2}{7}$ ② $\dfrac{4}{7}$ ③ $\dfrac{6}{7}$

④ $\dfrac{3}{14}$ ⑤ $\dfrac{11}{42}$

Tip

(적어도 하나는 노란 구슬일 확률)=1−(두 개 모두 초록 구슬일 확률)
이때 처음에 초록 구슬을 꺼냈다면 꺼낸 구슬을 다시 넣지 않으므로 두 번째 꺼낼 때 주머니 속의 구슬의 개수는 ❶ 이고, 이 중에서 초록 구슬의 개수는 ❷ 이다.

답 ❶ 6 ❷ 2

6 다음 그림과 같은 전기 회로에서 A, B 두 스위치가 닫힐 확률이 각각 $\dfrac{1}{3}$, $\dfrac{2}{3}$일 때, 전구에 불이 들어올 확률을 구하시오.

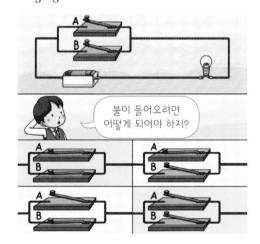

Tip

(전구에 불이 들어올 확률)
=(A, B 두 스위치 중 적어도 한 개는 ❶ 확률)
=1−(A, B 두 스위치가 모두 ❷ 확률)

답 ❶ 닫힐 ❷ 열릴

7 각 면에 0, 0, 1, −1, −1, −1이 각각 하나씩 적힌 정육면체 모양의 주사위를 연속하여 두 번 던질 때, 나온 두 눈의 수의 합이 0이 될 확률은?

① $\dfrac{1}{12}$ ② $\dfrac{1}{6}$ ③ $\dfrac{7}{36}$

④ $\dfrac{5}{18}$ ⑤ $\dfrac{1}{3}$

Tip

주사위를 한 번 던질 때, 0이 나올 확률은 $\dfrac{2}{6}=$ ❶ ,

1이 나올 확률은 ❷ , −1이 나올 확률은 $\dfrac{3}{6}=\dfrac{1}{2}$

답 ❶ $\dfrac{1}{3}$ ❷ $\dfrac{1}{6}$

8 현지와 건후가 1회에는 현지, 2회에는 건후, 3회에는 현지, 4회에는 건후, …의 순서로 주머니에서 임의로 공을 한 개씩 꺼내서 먼저 흰 공을 꺼내면 이기는 게임을 하려고 한다. 현지는 흰 공 4개와 검은 공 2개가 들어 있는 A 주머니에서, 건후는 흰 공 3개와 검은 공 5개가 들어 있는 B 주머니에서 공을 꺼낼 때, 현지가 3회 이내에 이길 확률은?

(단, 꺼낸 공은 다시 넣는다.)

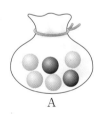 

A B

① $\dfrac{1}{4}$ ② $\dfrac{5}{36}$ ③ $\dfrac{2}{3}$

④ $\dfrac{29}{36}$ ⑤ $\dfrac{31}{36}$

Tip

(i) 현지가 1회에 흰 공을 꺼낼 확률
(ii) 현지가 1회에 ❶ 공, 건후가 2회에 검은 공, 현지가 3회에 ❷ 공을 꺼낼 확률
로 나누어 생각한다.

답 ❶ 검은 ❷ 흰

01 한 개의 주사위를 던질 때, 다음 사건 중 일어나는 경우의 수가 가장 큰 것은?

① 짝수의 눈이 나온다.
③ 4 이상의 눈이 나온다.
④ 2 이하의 눈이 나온다.
② 3의 배수의 눈이 나온다.
⑤ 6의 약수의 눈이 나온다.

02 오른쪽 그림과 같이 세 지점 A, B, C 사이에 길이 있을 때, A 지점에서 출발하여 B 지점까지 가는 방법의 수는? (단, 한 번 지나간 지점은 다시 지나가지 않는다.)

① 3 ② 4 ③ 5
④ 6 ⑤ 7

03 부모를 포함한 5명의 식구가 한 줄로 서서 사진을 찍을 때, 부모 사이에 3명의 자녀가 서는 경우의 수는?

① 6 ② 12 ③ 24
④ 60 ⑤ 120

04 오른쪽 그림과 같은 A, B, C, D 네 부분에 빨강, 노랑, 초록, 파랑의 4가지 색을 사용하여 칠하려고 할 때, 모두 다른 색으로 칠하는 경우의 수는?

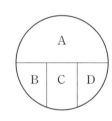

① 24 ② 48 ③ 64
④ 72 ⑤ 108

05 6명의 후보 중에서 반장 1명, 부반장 1명을 뽑는 경우의 수가 a, 7명의 후보 중에서 대표 2명을 뽑는 경우의 수가 b일 때, $a-b$의 값을 구하시오.

06 다음 중 그 값이 1인 것을 모두 고르면? (정답 2개)

① 동전 1개를 던질 때, 앞면이 나올 확률

② 동전 1개를 던질 때, 앞면과 뒷면이 동시에 나올 확률

③ 주사위 1개를 던질 때, 나온 눈의 수가 6 이하일 확률

④ 주사위 1개를 던질 때, 나온 눈의 수가 7 이상일 확률

⑤ 흰 구슬이 5개 들어 있는 주머니에서 구슬 1개를 꺼낼 때, 흰 구슬이 나올 확률

07 서로 다른 세 개의 동전을 동시에 던질 때, 적어도 한 개는 앞면이 나올 확률을 구하시오.

적어도 하나는 앞면이 나온다는 말의 의미는 다음과 같아!

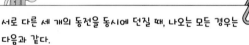

서로 다른 세 개의 동전을 동시에 던질 때, 나오는 모든 경우는 다음과 같다.

　① 앞면이 0개　　② 앞면이 1개
　③ 앞면이 2개　　④ 앞면이 3개

이때 적어도 하나는 앞면이 나오는 경우는 ② 또는 ③ 또는 ④인 경우를 의미한다. 즉 ①을 제외한 모든 경우를 의미한다.

08 0, 1, 2, 3, 4의 숫자가 각각 하나씩 적힌 5장의 카드 중에서 임의로 서로 다른 2장을 뽑아 만든 두 자리 자연수가 20 이하이거나 30 이상이 될 확률은?

① $\dfrac{3}{16}$　　　② $\dfrac{1}{4}$　　　③ $\dfrac{5}{16}$

④ $\dfrac{3}{4}$　　　⑤ $\dfrac{13}{16}$

09 다음 그림과 같이 각각 6등분, 8등분된 두 원판 A, B가 있다. 각 원판의 바늘을 회전시킨 다음 정지하였을 때, 두 원판 A, B 모두 6 이상의 숫자를 가리킬 확률을 구하시오.
(단, 바늘이 경계선에 멈추는 경우는 생각하지 않는다.)

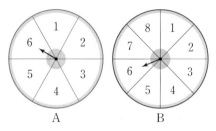

10 A 상자에는 흰 공 3개와 파란 공 4개가 들어 있고, B 상자에는 흰 공 5개와 파란 공 2개가 들어 있다. 동전을 던져서 앞면이 나오면 A 상자에서 임의로 공을 연속하여 두 번 꺼내고, 뒷면이 나오면 B 상자에서 임의로 공을 연속하여 두 번 꺼낼 때, 꺼낸 공이 모두 파란 공일 확률은?
(단, 꺼낸 공은 다시 넣지 않는다.)

① $\dfrac{1}{6}$　　　② $\dfrac{1}{3}$　　　③ $\dfrac{3}{7}$

④ $\dfrac{5}{7}$　　　⑤ $\dfrac{5}{6}$

1 독서 동아리 활동을 하는 은찬, 인영, 준희, 시은이는 각자 책을 한 권씩 가지고 와서 바꾸어 읽기로 하였다. 자기가 가져온 책은 자기가 읽지 않을 때, 가능한 모든 경우의 수를 구하시오. (단, 네 사람이 가져온 책은 모두 다르다.)

> **Tip**
>
> 은찬, 인영, 준희, ❶ [   ]이가 각자 가지고 온 책을 각각 a, b, c, d 라 하고 자기가 가져온 책은 자기가 읽지 ❷ [   ] 경우를 수형도로 나타낸다.
>
> 📖 ❶ 시은 ❷ 않는

2 다음 만화를 보고 물음에 답하시오.

(1) 휴대 전화 모드는 소리(🔊), 진동(📳), 무음 (🔇)의 세 가지 아이콘으로 표시되고, 문자 수신 시 ✉ 아이콘이 나타난다. 다음 그림을 보고 알 수 있는 휴대 전화 상태에 ◯표를 하시오.

> 📳　　　　오전 11 : 09

➡ 휴대 전화 모드는 (소리, 진동, 무음)이고, 문자 가 (왔다, 안 왔다).

(2) 네 아이콘 🔊, 📳, 🔇, ✉로 나타낼 수 있는 휴 대 전화 상태의 경우의 수를 구하시오.

> **Tip**
>
> 휴대폰 상태는 ❶ [   ] 가지 모드와 ✉ 아이콘이 있을 때와 없을 때 로 나누어진다.
>
> 📖 ❶ 3

3 지훈이는 프랑스 시인 레몽 크노(Raymond Queneau ; 1903~1976)가 경우의 수를 이용해 발간한 시집을 읽고 있다. 아래 만화를 보고 물음에 답하시오.

지훈이가 보고 있는 시집에 들어 있는 시는 모두 몇 개인지 다음 보기 중에서 구하고, 그렇게 생각한 이유를 쓰시오.

보기
ㄱ $14 \times 10 = 140$개
ㄴ 14^{10}개
ㄷ 10^{14}개

Tip

각 ❶ [ ] 마다 문장 ❷ [ ] 개 중 하나가 들어갈 수 있다.

답 ❶ 행 ❷ 10

4 어느 도시에서 교통 체증을 해소하기 위해 새 도로를 만들려고 한다. 다음 계획안을 보고 최종 선정지로 가장 적합한 구간을 구하시오.

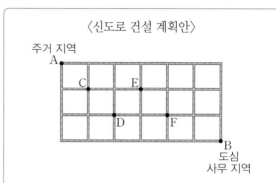

〈신도로 건설 계획안〉

- A는 주거 지역, B는 사무 지역으로 A에서 B까지 출퇴근 시 이동 거리 단축과 교통 흐름 원활을 목적으로 신도로를 건설한다.
- 신도로 건설 후보지는 C−D, E−F 두 구간이다.
- 예산 문제로 두 구간 중 한 곳에만 도로를 건설한다.
- 후보지 중 도로를 건설했을 때, A에서 B까지 최단 거리로 가는 방법이 더 많은 곳을 선정한다.

Tip

❶ [ ] 방향으로 도로를 건설해야 최단 거리가 된다.

답 ❶ 대각선

5 다음 그림과 같이 장난감 로봇이 입구에서 출발하여 경로를 따라 출구로 나가려고 한다. B, F 문 뒤에는 각각 한 개의 구슬이 있다고 할 때, 로봇이 한 개의 구슬만 밀고 갈 확률을 구하시오. (단, 로봇은 화살표 방향으로만 가고, 분기점에서 각 경로로 갈라질 확률은 같다.)

로봇이 B를 지나고 F를 지나지 않으면 하나의 구슬만 밀고 가겠군.

로봇이 B를 지나지 않고 F를 지나도 하나의 구슬만 밀고 가는 거야.

Tip

로봇이 ❶ [　　] 를 지나고 ❷ [　　] 를 지나지 않는 경우와 B를 지나지 않고 F를 지나는 두 가지 경우로 나누어 생각한다.

답 ❶ B ❷ F

6 다음 만화를 보고 물음에 답하시오.

화요일
내일 비가 올 확률은 60 %이고, 모레 비가 올 확률은 70 %이므로 내일과 모레는 외출하실 때 우산을 준비하시는 게 좋겠습니다.

내일 우산 챙겨 가야지~

수요일
어! 비 오네. 깜빡하고 우산 안 가져 왔는데 ……

내일은 우산 꼭 챙겨 와야지!

목요일
우산을 가져왔더니 비가 안 오네.

정식이는 우산을 챙겨 가겠다고 생각해도 $\frac{1}{3}$의 확률로 우산을 집에 놓고 나왔다. 위와 같이 우산을 안 챙긴 수요일에 비가 오고, 우산을 챙긴 목요일에 비가 오지 않을 확률을 구하시오.

Tip

(우산을 챙길 확률)= ❶ [　　] −(우산을 안 챙길 확률)

답 ❶ 1

7 유리와 지훈이가 주사위 놀이판을 가지고 다음 규칙에 따라 게임을 하고 있다. 지훈이가 던질 차례에 유리의 말은 98, 지훈이의 말은 96에 있을 때, 지훈이가 이번 차례에 게임에서 이길 확률을 구하려고 한다. 물음에 답하시오.

┌게임 규칙┐
ⓐ 한 개의 주사위를 던져서 나온 눈의 수만큼 숫자가 커지는 방향으로 말을 옮긴다.
ⓑ 100에 먼저 도착하거나 100을 먼저 지나가는 사람이 이긴다.
ⓒ 상대방의 말을 잡으면 주사위를 한 번 더 던질 수 있다.
ⓓ 97, 99에 도착하면 미끄럼틀을 따라 각각 81, 85로 내려간다.

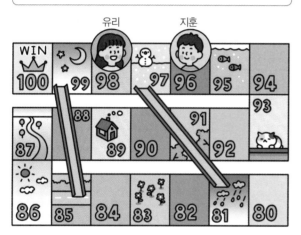

(1) 지훈이가 주사위를 한 번 던져서 이번 차례에 게임에서 이길 확률을 구하시오.

(2) 지훈이가 유리의 말을 잡고 이번 차례에 게임에서 이길 확률을 구하시오.

(3) 지훈이가 이번 차례에 게임에서 이길 확률을 구하시오.

Tip

지훈이가 이번 차례에 게임에서 이길 확률은 다음 두 가지 경우로 나누어 생각한다.
(i) 지훈이가 주사위를 한 번 던져서 이기는 경우
(ii) 지훈이가 ❶ ▭ 의 말을 잡고 이기는 경우

답 ❶ 유리

8 다음을 읽고 물음에 답하시오.

혈액형은 A형, B형, AB형, O형의 4개가 있고, 혈액형에 관여하는 유전자 종류는 A, B, O의 3가지가 있다. 자녀의 혈액형은 아버지, 어머니로부터 혈액형 유전자를 하나씩 받아 만들어지는 유전자형에 따라 결정된다.
이때 A, B가 우성, O가 열성이므로 아버지로부터 A, 어머니로부터 O를 받으면 A형이 된다. 또한 A와 B 사이에는 우열 관계가 존재하지 않아서 부모로부터 A와 B가 유전된 경우에는 AB형이 된다.

유전자형	혈액형
AA, AO	A형
BB, BO	B형
AB	AB형
OO	O형

아래 그림은 어느 가족의 혈액형 가계도이다.

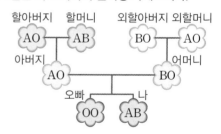

(1) 나에게 큰아버지 1명과 고모 1명이 있을 때, 둘 다 A형일 확률을 구하시오.

(2) 나에게 이모 1명과 외삼촌 2명이 있을 때, 이모는 AB형이고 외삼촌은 모두 O형일 확률을 구하시오.

Tip

할아버지와 할머니 사이에서 나올 수 있는 유전자형은 ❶ ▭, AB, AO, BO이고, 외할아버지와 외할머니 사이에서 나올 수 있는 유전자형은 ❷ ▭, BO, AO, OO이다.

답 ❶ AA ❷ AB

기말고사 마무리 전략

01

다음 그림과 같이 $\overline{AB} /\!/ \overline{PQ}$, $\overline{QR} /\!/ \overline{DE}$, $\overline{BC} /\!/ \overline{RS}$일 때, $\overline{PQ} + \overline{QR} + \overline{RS}$의 값을 구하려고 한다. 물음에 답하시오.

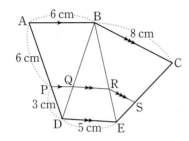

(1) $\overline{PQ}$의 길이를 구하시오.

(2) $\overline{QR}$의 길이를 구하시오.

(3) $\overline{RS}$의 길이를 구하시오.

(4) $\overline{PQ} + \overline{QR} + \overline{RS}$의 값을 구하시오.

> **Tip**
>
> $\triangle$ADB에서 $\overline{PQ} : \overline{AB} = \overline{DP} : \boxed{\mathbf{0}} = \overline{DQ} : \overline{DB}$
>
> $\triangle$BDE에서 $\overline{QR} : \overline{DE} = \boxed{\mathbf{2}} : \overline{BD} = \overline{BR} : \overline{BE}$
>
> $\triangle$BEC에서 $\overline{RS} : \overline{BC} = \overline{ER} : \overline{EB}$
>
> 답 ❶ $\overline{DA}$ ❷ $\overline{BQ}$

02

다음 그림과 같은 $\triangle$ABC에서 $\overline{AD}$는 ∠A의 이등분선이고 $\overline{AE}$는 ∠A의 외각의 이등분선이다. $\triangle$ABD의 넓이가 5 cm²일 때, $\triangle$ADE의 넓이를 구하려고 한다. 물음에 답하시오.

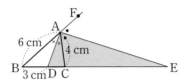

(1) $\overline{BC}$의 길이를 구하시오.

(2) $\overline{DE}$의 길이를 구하시오.

(3) $\triangle$ABD : $\triangle$ADE를 구하시오.

(4) $\triangle$ADE의 넓이를 구하시오.

> **Tip**
>
>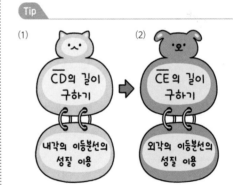
>
> (3) $\triangle$ABD와 $\triangle$ADE에서 높이는 같으므로 두 삼각형의 넓이의 비는 두 삼각형의 변의 $\boxed{\mathbf{0}}$의 비와 같다.
>
> 즉 $\triangle$ABD : $\triangle$ADE $= \overline{BD} : \boxed{\mathbf{2}}$
>
> 답 ❶ 길이 ❷ $\overline{DE}$

03

오른쪽 그림에서 두 점 G, G′은 각각 △ABC, △BCE의 무게중심이다. △ABC의 넓이가 72 cm² 일 때, △GDG′의 넓이를 구하시오.

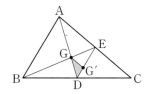

삼각형의 밑변의 길이의 비를 이용해 ㉠ → ㉡ → ㉢ → ㉣의 순서로 삼각형의 넓이를 구해 봐.

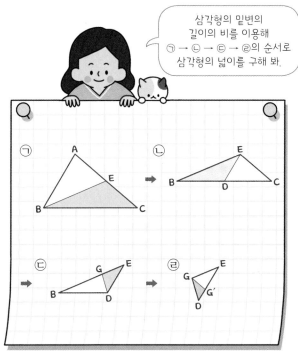

Tip

△ABC에서 $\overline{AD}$, $\overline{BE}$는 중선, 점 G는 무게중심이므로

$\overline{BD}=$ **❶** , $\overline{AE}=\overline{CE}$, $\overline{BG}:\overline{GE}=$ **❷** : 1

답 ❶ $\overline{CD}$ ❷ 2

04

오른쪽 그림과 같이 반지름의 길이가 17 cm인 사분원 위의 점 C에서 $\overline{OA}$, $\overline{OB}$에 내린 수선의 발을 각각 D, E라 하자. $\overline{EO}=15$ cm일 때, 직사각형 OECD의 넓이를 구하시오.

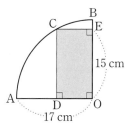

Tip

직사각형 OECD의 넓이를 구하려면 $\overline{CE}$의 길이를 알아야 하는데…

$\overline{OC}$를 그어 봐. $\overline{OC}=\overline{OA}$ = **❶** cm야.

맞아. **❷** 정리를 이용해서 $\overline{CE}$의 길이를 구할 수 있어.

아하! △ECO는 직각삼각형이군.

답 ❶ 17 ❷ 피타고라스

05

아래 학교 신문 기사를 보고, 다음을 구하시오.

천재 신문

올해도 반 대항 농구대회가 개최된다. 대회는 학년별로 치러지며 각 반마다 선수 5명을 뽑아 팀을 만들어 참여한다. 2학년에서는 A, B, C, D 4개 반이 참여할 예정이며 각 팀은 서로 한 번씩 경기를 하게 된다.

— 중략 —

특히 2학년 B반은 남자 농구부원이 2명이어서 강력한 우승후보로 꼽히고 있다. 이들과 한 팀을 이룰 선수 3명은 지원자 중 선발될 예정이며 남학생 6명, 여학생 4명이 선수로 지원하였다.

— 2학년 B반 천하랑 기자 —

(1) 2학년끼리 치러지는 총 경기 횟수

(2) 2학년 B반에서 팀을 만들 수 있는 경우의 수

(3) 2학년 B반에서 남학생만 선수로 뽑히는 경우의 수

(4) 2학년 B반에서 적어도 한 명은 여학생이 선수로 뽑힐 경우의 수

Tip

n개 팀 중 각 팀은 서로 한 번씩 경기를 할 때, 총 경기 횟수는 n명 중에서 자격이 ❶ [   ] 대표 2명을 뽑는 경우의 수와 같으므로 $\dfrac{n \times (n-1)}{❷}$

답 ❶ 같은 ❷ 2

06

예은이는 다음 그림과 같은 미로를 탈출하려고 한다. 한 번 지나간 길목은 다시 지나가지 않으면서 미로를 탈출할 수 있는 방법의 수를 구하시오.

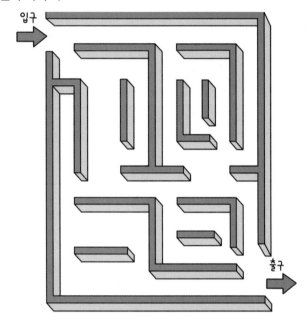

Tip

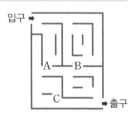

오른쪽 그림과 같이 길목을 각각 A, B, C 라 하고 미로를 탈출할 수 있는 방법을 다음과 같은 경우로 나눠서 생각한다.

(i) 입구 → A → 출구

(ii) 입구 → A → ❶ [   ] → 출구

(iii) 입구 → ❷ [   ] → 출구

(iv) 입구 → B → C → 출구

답 ❶ C ❷ B

입구에서 A로 가는 길의 가짓수는 2야.

입구에서 B로 가는 길의 가짓수는 4야.

07

다음은 페르마(Fermat, P. ; 1601~1665)가 파스칼(Pascal, B. ; 1623~1662)에게 보낸 서신에 있는 문제이다.

(단, 피스톨은 옛날 스페인 금화 단위이다.)

실력이 비슷한 두 사람 A, B가 각각 32피스톨씩 걸고 내기를 하는데, 먼저 3번을 이기는 사람이 64피스톨을 모두 가지기로 하는 시합을 하였다네.
그런데 A가 2승 1패로 앞서 있을 때 피치 못할 사정에 의하여 더 이상 시합을 할 수 없게 되었네.
이 경우에 상금을 어떻게 나누어 가져야 공평한 것이 되는가?

내가 이기고 있었으니 돈은 다 내꺼야!
이 게임은 무효야.

다음은 파스칼이 페르마에게 보낸 답신이다.

A, B는 실력이 비슷하므로 한 경기를 더 한다고 할 때, 두 사람이 이길 가능성은 같게 되네. 이 경기에서 A가 이긴다면 A가 64피스톨을 모두 가지겠지만 그 가능성은 반이므로 A는 먼저 ㉠ 피스톨을 가지네.
한편 B가 이긴다면 두 사람은 2승 2패로 동점이 되므로 남은 ㉡ 피스톨을 반씩 나누어 가지면 되네.

A는 이만큼!, B는 이만큼! 공평하죠?

파스칼의 풀이에 대하여 다음 물음에 답하시오.

(1) ㉠, ㉡에 알맞은 수를 각각 구하시오.

(2) A, B가 이길 확률을 각각 구하고, A, B는 각각 상금으로 몇 피스톨을 가져가게 되는지 구하시오.

Tip

(i) 시합에서 A가 이기려면 A가 네 번째 경기에서 이기거나, 네 번째 경기에서 ❶ 다섯 번째 경기에서 이겨야 한다.

(ii) 시합에서 ❷ 가 이기려면 B가 네 번째 경기와 다섯 번째 경기를 모두 이겨야 한다.

目 ❶ 지고 ❷ B

08

다음 표는 어느 지문 분류 체계에 따른 오른손 엄지손가락 지문 유형과 그 확률이다. A, B 두 사람의 오른손 엄지손가락 지문 유형이 다를 확률을 구하시오.

〈오른손 엄지손가락 지문 유형〉

분류	우측고리형	좌측고리형	소용돌이형	활형
유형				
확률	50 %	10 %	30 %	10 %

Tip

(오른손 엄지손가락 지문 유형이 ❶ 확률)
=1-(오른손 엄지손가락 지문 유형이 ❷ 확률)

目 ❶ 다를 ❷ 같을

01 오른쪽 그림에서 $\overline{AB}$∥$\overline{ED}$, $\overline{AD}$∥$\overline{EF}$일 때, $\overline{BD}$: $\overline{DF}$: $\overline{FC}$는?

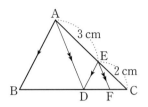

① 3 : 2 : 1
② 5 : 3 : 1
③ 6 : 3 : 2
④ 10 : 6 : 3
⑤ 15 : 6 : 4

02 오른쪽 그림에서 $\overline{AD}$∥$\overline{BC}$이고 두 점 M, N은 각각 $\overline{AC}$와 $\overline{BD}$의 중점이다. $\overline{AD}$=4 cm, $\overline{BC}$=10 cm일 때, $\overline{MN}$의 길이를 구하시오.

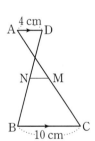

03 오른쪽 그림에서 점 I는 △ABC의 내심이다. $\overline{AB}$=15 cm, $\overline{BD}$=6 cm, $\overline{CD}$=4 cm일 때, $\overline{AE}$의 길이를 구하시오.

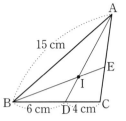

점 I는 △ABC의 내심이므로 $\overline{AD}$는 ∠A의 이등분선이고, $\overline{BE}$는 ∠B의 이등분선이야.

04 오른쪽 그림과 같은 평행사변형 ABCD의 대각선 BD 위에 $\overline{BE}$: $\overline{ED}$=3 : 2가 되도록 점 E를 잡았다. $\overline{AE}$의 연장선과 $\overline{CD}$가 만나는 점을 F, $\overline{AE}$의 연장선과 $\overline{BC}$의 연장선이 만나는 점을 G라 할 때, $\overline{EF}$: $\overline{FG}$는?

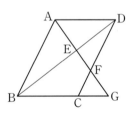

① 2 : 3   ② 3 : 2   ③ 3 : 4
④ 4 : 5   ⑤ 5 : 4

05 오른쪽 그림과 같이 $\overline{AD} /\!/ \overline{BC}$인 사다리꼴 ABCD에서 두 점 P, Q는 $\overline{AB}$의 삼등분점이고, 두 점 R, S는 $\overline{CD}$의 삼등분점이다. $\overline{BD}$, $\overline{AC}$와 $\overline{QS}$의 교점을 각각 M, N이라 하자. $\overline{MN}=5$ cm, $\overline{NS}=3$ cm일 때, $\overline{AD}+\overline{BC}$ 의 길이를 구하시오.

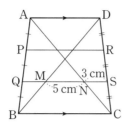

06 오른쪽 그림에서 점 G는 △ABC의 무게중심이다. $\overline{FE} /\!/ \overline{BC}$일 때, △GEF와 △ABC의 넓이의 비는?

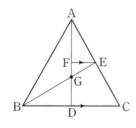

① 1 : 16　　② 1 : 18　　③ 1 : 20
④ 1 : 21　　⑤ 1 : 24

두 닮은 도형의 길이의 비가 $a : b$이면 넓이의 비는 $a^2 : b^2$이야.

△GEF와 △GBD에서
∠GEF=∠GBD (엇각), ∠EGF=∠BGD이므로
△GEF∽△GBD (AA닮음)
이때 $\overline{GE} : \overline{GB}=1 : 2$이므로
△GEF : △GBD$=1^2 : 2^2=1 : 4$

07 오른쪽 그림과 같은 △ABC에서 점 D는 $\overline{BC}$ 위의 점이고, 두 점 G, G′은 각각 △ABD, △ADC의 무게중심이다. △ABD의 넓이는 12 cm², △ADC의 넓이는 18 cm²일 때, □GBCG′의 넓이를 구하시오.

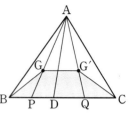

08 오른쪽 그림과 같이 중선의 길이가 9 cm인 정삼각형 ABC가 정사각 형 BDFC의 각 꼭짓점을 중심으로 시계 반대 방향으로 회전한 후 정삼 각형 DEF의 위치에서 멈췄을 때, 점 G가 이동한 거리를 구하시오. (단, 점 G는 △ABC의 무게중심이다.)

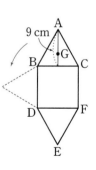

09 오른쪽 그림과 같은 평행사변형 ABCD에서 두 점 M, N은 각각 $\overline{AD}$, $\overline{BC}$의 중점이고 점 O는 두 대각선의 교점이다. 다음 중 잘못 말한 학생을 고르시오.

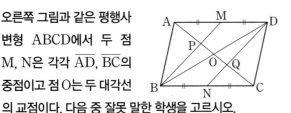

서준 : $\overline{QN} = \dfrac{1}{3}\overline{DN}$ 이야.

하얀 : $\overline{AP} = \overline{PQ} = \overline{QC}$야.

은율 : $\overline{PO} = \dfrac{1}{6}\overline{AC}$야.

이혁 : $\overline{AP} : \overline{PC} = 1 : 3$ 이야.

10 오른쪽 그림과 같은 평행사변형 ABCD에서 두 점 M, N은 각각 $\overline{AB}$, $\overline{DC}$의 중점이고 점 O는 두 대각선의 교점이다. △OBQ의 넓이가 3 cm²일 때, 다음 중 옳지 않은 것은?

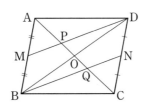

① $\overline{DP} : \overline{PM} = 2 : 1$ ② □ABCD=36 cm²

③ △APD=6 cm² ④ □OQND=4 cm²

⑤ □MBND=18 cm²

11 오른쪽 그림과 같이 ∠A=90°인 직각삼각형 ABC의 세 변에 세 점 D, E, F를 잡아 □ADEF가 직사각형이 되도록 만들었다. $\overline{AB}$=8 cm, $\overline{AC}$=6 cm, $\overline{BE}$=4 cm일 때, □ADEF의 넓이를 구하시오.

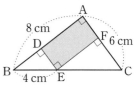

12 다음 그림에서 삼각형은 모두 직각삼각형이고, 사각형은 모두 정사각형이다. 직각삼각형 ABC에서 $\overline{AB}$=3, $\overline{BC}$=5, $\overline{CA}$=4일 때, 색칠한 정사각형의 넓이의 합을 구하시오.

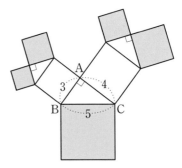

13 오른쪽 그림에서
△AED≡△BCE이고, 세
점 A, E, B가 한 직선 위에 있
을 때, $\overline{CD}$를 지름으로 하는
반원의 넓이를 구하시오.

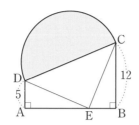

15 오른쪽 그림과 같이
∠C=90°인 직각삼각형
ABC에서 점 M은 $\overline{AB}$
의 중점이고 $\overline{AB}\perp\overline{CD}$,
$\overline{DH}\perp\overline{CM}$이다.
$\overline{AC}=30$ cm,
$\overline{BC}=40$ cm일 때, $\overline{DH}$의 길이를 구하시오.

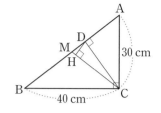

14 아래 보기에서 서로 다른 길이의 선분 3개를 임의로 골라
삼각형을 만들 때, 다음 중 옳게 말한 학생을 모두 고르시오.

┌ 보기 ┐
2 cm, 4 cm, 6 cm, 8 cm, 10 cm

만들 수 있는
삼각형은
총 4가지야.
은주

직각삼각형을
만들 수 있어.
서랑

예각삼각형을
만들 수 있어.
연우

둔각삼각형을
만들 수 있어.
정훈

닮음인
두 삼각형을
만들 수 있어.
율희

16 오른쪽 그림과 같이 밑면인 원의 반지름
의 길이가 3, 높이가 5π인 원기둥이 있
다. 밑면의 A 지점에서 원기둥의 옆면을
따라 두 바퀴 돌아서 B 지점에 이르는 최
단 거리를 구하시오.

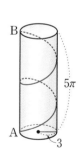

01 오른쪽 그림과 같이 세 지점 A, B, C가 길로 연결되어 있다. A 지점에서 출발하여 C 지점으로 가는 방법의 수를 구하시오. (단, 한 번 지나간 지점은 다시 지나가지 않는다.)

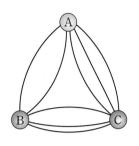

03 a, b, c, d를 사전식으로 $abcd$부터 $dcba$까지 배열할 때, $dacb$는 몇 번째에 오는가?

① 18번째   ② 19번째   ③ 20번째

④ 21번째   ⑤ 22번째

04 다음 그림과 같은 A, B, C, D 네 부분에 빨강, 노랑, 초록, 파랑의 4가지 색을 사용하여 칠하려고 한다. 같은 색을 여러 번 사용해도 좋으나 이웃한 부분은 서로 다른 색으로 칠하는 경우의 수를 구하시오.

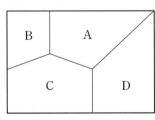

이웃한 면이 가장 많은 면부터 칠할 색을 정해봐!

02 4명의 학생 A, B, C, D가 각자 자기 우산을 우산꽂이에 넣은 후 임의로 우산을 한 개씩 들었을 때, 자기 우산을 든 학생이 한 명도 없는 경우의 수를 구하시오.

>> 정답과 풀이 48쪽

05 오른쪽 그림과 같이 정육면체와 정사각형이 서로 이어 붙어 있다. 꼭짓점 A에서 출발하여 모서리 또는 변을 따라 꼭짓점 B까지 최단 거리로 가는 방법의 수를 구하시오.

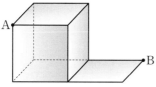

06 다음 그림과 같이 같은 간격으로 있는 9개의 점 중에서 세 점을 골라 만들 수 있는 삼각형의 개수를 구하시오.

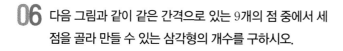

07 101부터 400까지의 세 자리 자연수가 각각 하나씩 적힌 300개의 공이 들어 있는 주머니가 있다. 이 주머니에서 임의로 한 개의 공을 꺼낼 때, 103, 233과 같이 3이 하나라도 포함된 수가 적힌 공을 꺼낼 확률은?

① $\dfrac{9}{20}$ ② $\dfrac{34}{75}$ ③ $\dfrac{137}{300}$

④ $\dfrac{23}{50}$ ⑤ $\dfrac{139}{300}$

08 다음 그림과 같이 계단에 서 있는 현수가 주사위를 던져 짝수의 눈이 나오면 그 수만큼 올라가고, 홀수의 눈이 나오면 그 수의 두 배만큼 내려간다고 한다. 주사위를 두 번 던진 후 처음과 같은 위치에 있을 확률은? (단, 계단의 수는 충분히 많다.)

(짝수의 눈의 수)=2×(홀수의 눈의 수)가 되어야 해.

① $\dfrac{1}{36}$ ② $\dfrac{1}{18}$ ③ $\dfrac{1}{12}$

④ $\dfrac{1}{9}$ ⑤ $\dfrac{1}{6}$

09 아린이네 가족은 10월 1일부터 6일까지의 기간 중 2박 3일 동안 여행을 갈 예정이고, 조이네 가족은 10월 3일부터 9일까지의 기간 중 3박 4일 동안 여행을 갈 예정이다. 두 가족 모두 여행 가는 날을 임의로 정한다고 할 때, 두 가족의 여행 날짜가 1일 이상 겹치게 될 확률을 구하시오.

10 현주가 A, B 두 문제를 푸는데 A 문제를 맞힐 확률은 $\frac{2}{3}$이고 두 문제를 모두 맞힐 확률은 $\frac{1}{4}$이다. 현주가 A 문제를 맞히고 B 문제는 맞히지 못할 확률을 구하시오.

11 다음 그림과 같이 수직선 위의 원점에 점 P가 놓여 있다. 동전을 던져서 앞면이 나오면 오른쪽으로 1만큼, 뒷면이 나오면 왼쪽으로 1만큼 점 P를 움직이기로 할 때, 동전을 네 번 던졌을 때, 점 P가 원점에 있을 확률을 구하시오.

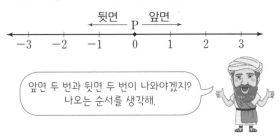

앞면 두 번과 뒷면 두 번이 나와야겠지? 나오는 순서를 생각해.

12 유리가 학교에 지각한 다음 날 또 지각할 확률은 $\frac{1}{3}$이고 지각하지 않은 다음 날 지각할 확률은 $\frac{3}{4}$이다. 월요일에 유리가 지각했을 때, 이틀 뒤 수요일에 지각할 확률을 구하시오.

13 다음 그림은 어느 테니스 대회 대진표이다. 추첨을 통해 6명의 선수 중 A 선수와 F 선수는 부전승으로 준결승전에 진출하였다. 각 선수가 경기에서 이길 확률이 $\frac{1}{2}$일 때, B 선수와 F 선수가 결승전에서 맞붙을 확률을 구하시오.

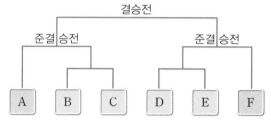

14 한 개의 주사위를 두 번 던져서 처음에 나오는 눈의 수를 a, 나중에 나오는 눈의 수를 b라 할 때, 연립방정식
$$\begin{cases} x+y=a \\ 3x+by=6 \end{cases}$$ 의 해가 없을 확률을 구하시오.

15 서로 다른 두 개의 주사위 A, B를 동시에 던져서 나오는 눈의 수를 각각 a, b라 하자. 두 직선 $y=x+3a, y=3x+2b$ 의 교점의 x좌표가 3일 확률을 구하시오.

16 크기가 같은 정육면체 64개를 오른쪽 그림과 같이 쌓아서 큰 정육면체 모양을 만들었다. 큰 정육면체의 겉면에 페인트칠을 하고 다시 흩트려 놓은 후 임의로 작은 정육면체 한 개를 집었을 때, 적어도 한 면이 색칠된 정육면체일 확률을 구하시오.

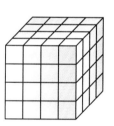

포기와 시작

누군가는 **포기**하는 시간

누군가는 **시작**하는 시간

코앞으로 다가온 시험엔
최단기 내신·수능 대비서로 막판 스퍼트!

7일 끝 (중·고등)

10일 격파 (고등)

book.chunjae.co.kr

교재 내용 문의 ························· 교재 홈페이지 ▶ 중학 ▶ 교재상담

교재 내용 외 문의 ····················· 교재 홈페이지 ▶ 고객센터 ▶ 1:1문의

발간 후 발견되는 오류 ··············· 교재 홈페이지 ▶ 중학 ▶ 학습지원 ▶ 학습자료실

일등공략 필승학습!
단기간에 끝장내자!

중학 수학 2-2

BOOK 3
정답과 풀이

특목고 대비
일등
전략

천재교육

정답은
이안에
있어!

정답과 풀이

중간고사 대비

1주 삼각형의 성질

1일 개념 돌파 전략 1 확인 문제 8쪽~11쪽

01 65   **02** 8 cm

03 △ABC≡△DEF, 3 m

04 (1) △ABC≡△DFE (2) 6 cm

05 (1) 9 (2) 20

06 (1) ○ (2) ○ (3) × (4) ○ (5) ×

07 예각, 직각, 외부   **08** (1) 30° (2) 27°

09 (1) 104° (2) 65°   **10** 60°

11 (1) ○ (2) × (3) ○ (4) × (5) ○

12 (1) 35° (2) 120°   **13** 9

01

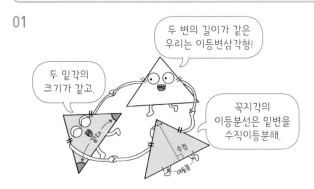

두 밑각의 크기가 같고,

두 변의 길이가 같은 우리는 이등변삼각형!

꼭지각의 이등분선은 밑변을 수직이등분해.

$\overline{AD}\perp\overline{BC}$, $\angle C=\angle B=53°$이므로 △ADC에서

$\angle CAD=180°-(90°+53°)=37°$ ∴ $x=37$

$\overline{BD}=\overline{CD}=14$이므로 $y=2\times14=28$

∴ $x+y=37+28=65$

02 △ABC에서 $\angle B=\angle C$이므로 $\overline{AB}=\overline{AC}$

∴ $\overline{AB}=\dfrac{1}{2}\times(22-6)=8$ (cm)

03 △ABC와 △DEF에서

$\angle C=\angle F=90°$, $\overline{AB}=\overline{DE}$, $\angle B=\angle E$이므로

△ABC≡△DEF (RHA 합동)

∴ $\overline{DF}=\overline{AC}=3$ m

04 (1) △ABC와 △DFE에서

$\angle C=\angle E=90°$, $\overline{AB}=\overline{DF}$, $\overline{BC}=\overline{FE}$이므로

△ABC≡△DFE (RHS 합동)

(2) $\overline{DE}=\overline{AC}=6$ cm

05 (1) $\angle AOP=\angle BOP$이므로

$\overline{PB}=\overline{PA}=9$ cm   ∴ $x=9$

(2) $\overline{PA}=\overline{PB}$이므로

$\angle POA=\angle POB=180°-(90°+70°)=20°$

∴ $x=20$

06 (3) $\overline{AD}=\overline{BD}$, $\overline{BE}=\overline{CE}$이지만 $\overline{BD}=\overline{BE}$인지는 알 수 없다.

(5) △OAD≡△OBD, △OAF≡△OCF이지만 △OAD≡△OAF인지는 알 수 없다.

08 (1) $\angle x+40°+20°=90°$ ∴ $\angle x=30°$

(2) $25°+\angle x+38°=90°$ ∴ $\angle x=27°$

09 (1) $\angle x=2\angle A=2\times52°=104°$

(2) △OBC에서 $\overline{OB}=\overline{OC}$이므로

$\angle OCB=\angle OBC=25°$

$\angle BOC=180°-2\times25°=130°$

∴ $\angle x=\dfrac{1}{2}\angle BOC=\dfrac{1}{2}\times130°=65°$

10 $\angle OAP=90°$이므로

$\angle x=180°-(90°+30°)=60°$

11 (2) $\angle IBD=\angle IBE$, $\angle ICE=\angle ICF$이지만 $\angle IBE=\angle ICE$인지는 알 수 없다.

(4) $\overline{BD}=\overline{BE}$, $\overline{CE}=\overline{CF}$이지만 $\overline{BE}=\overline{CE}$인지는 알 수 없다.

12 (1) $\angle x+25°+30°=90°$ ∴ $\angle x=35°$

(2) $\angle x=90°+\dfrac{1}{2}\angle A=90°+\dfrac{1}{2}\times60°=120°$

13 $\overline{BE}=\overline{BD}=5$, $\overline{AF}=\overline{AD}=2$이므로

$\overline{CE}=\overline{CF}=6-2=4$

∴ $\overline{BC}=\overline{BE}+\overline{CE}=5+4=9$

1일 개념 돌파 전략 2 12쪽~13쪽

1 ④   **2** 6 cm   **3** 성환   **4** ②

5 ②   **6** 60 cm^2

1 $\angle C = \angle B = 2\angle x + 30°$이고

$\angle x + (2\angle x + 30°) + (2\angle x + 30°) = 180°$이므로

$5\angle x = 120°$ $\therefore \angle x = 24°$

2 $\triangle ABC$에서 $\angle A = 180° - (30° + 90°) = 60°$

$\triangle ADC$에서 $\overline{AD} = \overline{CD}$이므로 $\angle DCA = \angle A = 60°$

즉 $\triangle ADC$는 정삼각형이므로

$\overline{AD} = \overline{CD} = \overline{AC} = 3$ cm

또 $\angle DCB = 90° - 60° = 30°$, 즉 $\angle DBC = \angle DCB$이므로

$\overline{DB} = \overline{DC} = 3$ cm

$\therefore \overline{AB} = \overline{AD} + \overline{DB} = 3 + 3 = 6$ (cm)

3 인영 : ASA 합동

진수, 선우 : RHS 합동

지희 : RHA 합동

따라서 합동이 되는 조건을 잘못 들고 있는 학생은 성환이다.

4 $\triangle AED \equiv \triangle ACD$ (RHA 합동)이므로

$\overline{DE} = \overline{DC} = 6$ cm

$\therefore \triangle ABD = \dfrac{1}{2} \times 20 \times 6 = 60$ (cm^2)

5 점 O가 $\triangle ABC$의 외심이므로

$\overline{OA} = \overline{OB}$, $\overline{BD} = \overline{AD} = 5$ cm

이때 $\triangle OAB$의 둘레의 길이가 26 cm이므로

$\overline{OA} + (5+5) + \overline{OB} = 26$, $2\overline{OA} = 16$

$\therefore \overline{OA} = 8$ (cm)

따라서 $\triangle ABC$의 외접원의 반지름의 길이는 8 cm이다.

6 $\triangle ABC = \dfrac{1}{2} \times 3 \times (8 + 17 + 15) = 60$ (cm^2)

2일 필수 체크 전략 1   **14쪽~17쪽**

1-1 ③	**1-2** 50°	**2-1** 80°
3-1 99°	**3-2** 27.5°	**4-1** 3 cm
5-1 7 cm	**5-2** 76°	**6-1** ⑤
7-1 64°	**7-2** 38°	**8-1** 18 cm^2

1-1 $\triangle ABC$에서 $\overline{AB} = \overline{AC}$이므로

$\angle ABC = \angle C = 70°$

$\triangle DBC$에서 $\overline{BC} = \overline{BD}$이므로

$\angle BDC = \angle C = 70°$,

$\angle DBC = 180° - 2 \times 70° = 40°$

$\therefore \angle x = 70° - 40° = 30°$

1-2 $\triangle ABD$에서 $\overline{BA} = \overline{BD}$이므로

$\angle BDA = \dfrac{1}{2} \times (180° - 70°) = 55°$

$\triangle CED$에서 $\overline{CD} = \overline{CE}$이므로

$\angle CDE = \dfrac{1}{2} \times (180° - 30°) = 75°$

$\therefore \angle x = 180° - (\angle BDA + \angle CDE)$

$\qquad = 180° - (55° + 75°) = 50°$

2-1 $\overline{AD}$는 $\overline{BC}$를 수직이등분하므로

$\angle ADB = \angle ADC = 90°$, $\overline{BD} = \overline{CD}$

$\angle CAD = \angle BAD = 30°$이므로 $\triangle ADC$에서

$\angle x = 180° - (30° + 90° + 35°) = 25°$

$\triangle PBD$와 $\triangle PCD$에서

$\overline{BD} = \overline{CD}$, $\angle PDB = \angle PDC = 90°$, $\overline{PD}$는 공통이므로

$\triangle PBD \equiv \triangle PCD$ (SAS 합동)

$\therefore \angle PBD = \angle PCD = 35°$

$\triangle PBD$에서 $\angle y = 180° - (35° + 90°) = 55°$

$\therefore \angle x + \angle y = 25° + 55° = 80°$

3-1 $\triangle ABC$에서 $\overline{AB} = \overline{AC}$이므로

$\angle ACB = \angle B = 33°$

$\angle CAD = \angle B + \angle ACB = 33° + 33° = 66°$

$\triangle ACD$에서 $\overline{CA} = \overline{CD}$이므로

$\angle CDA = \angle CAD = 66°$

따라서 $\triangle BCD$에서

$\angle DCE = \angle B + \angle BDC = 33° + 66° = 99°$

3-2 $\triangle ABC$에서 $\overline{AB} = \overline{AC}$이므로

$\angle ABC = \angle ACB = \dfrac{1}{2} \times (180° - 40°) = 70°$

$\therefore \angle ACD = \angle DCE = \dfrac{1}{2} \angle ACE$

$\qquad = \dfrac{1}{2} \times (180° - 70°) = 55°$

$\triangle BCD$에서 $\overline{CB} = \overline{CD}$이므로

$\angle x = \angle CBD = \dfrac{1}{2} \angle DCE = \dfrac{1}{2} \times 55° = 27.5°$

4-1 $\overline{AD}$는 이등변삼각형 ABC의 꼭지각의 이등분선이므로

$\angle ADB = \angle ADC = 90°,$

$\overline{BD} = \overline{CD} = \dfrac{1}{2}\overline{BC} = \dfrac{1}{2} \times 6 = 3$ (cm)

$\triangle EBD$와 $\triangle ECD$에서

$\overline{BD} = \overline{CD}$, $\angle EDB = \angle EDC = 90°$, $\overline{ED}$는 공통이므로

$\triangle EBD \equiv \triangle ECD$ (SAS 합동)

$\therefore \angle BED = \angle CED = \dfrac{1}{2}\angle BEC = \dfrac{1}{2} \times 90° = 45°$

$\triangle EBD$에서 $\angle EBD = 180° - (90° + 45°) = 45°$

즉 $\angle EBD = \angle BED$이므로

$\overline{ED} = \overline{BD} = 3$ cm

5-1 $\angle ABC = \angle CBD$ (접은 각),

$\angle ACB = \angle CBD$ (엇각)이므로

$\angle ABC = \angle ACB$

따라서 $\triangle ABC$는 $\overline{AB} = \overline{AC}$인

이등변삼각형이므로

$\overline{AB} = \overline{AC} = 7$ cm

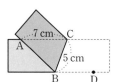

5-2 $\angle FEC = \angle GEF = 52°$ (접은 각)

$\angle GFE = \angle FEC = 52°$ (엇각)

따라서 $\triangle GEF$에서

$\angle x = 180° - 2 \times 52° = 76°$

6-1 $\triangle ADB$와 $\triangle BEC$에서

$\angle ADB = \angle BEC = 90°$, $\overline{AB} = \overline{BC}$,

$\angle BAD = 90° - \angle ABD = \angle CBE$이므로

$\triangle ADB \equiv \triangle BEC$ (RHA 합동)

따라서 $\overline{BD} = \overline{CE} = 7$ cm, $\overline{BE} = \overline{AD} = 5$ cm이므로

$\overline{DE} = \overline{BD} + \overline{BE} = 7 + 5 = 12$ (cm)

$\therefore$ (사다리꼴 ADEC의 넓이)

$\quad = \dfrac{1}{2} \times (\overline{AD} + \overline{CE}) \times \overline{DE}$

$\quad = \dfrac{1}{2} \times (5 + 7) \times 12 = 72$ (cm^2)

7-1 $\triangle AED$와 $\triangle ACD$에서

$\angle AED = \angle ACD = 90°$, $\overline{AD}$는 공통,

$\overline{AE} = \overline{AC}$이므로

$\triangle AED \equiv \triangle ACD$ (RHS 합동)

$\therefore \angle ADE = \angle ADC = 180° - (90° + 32°) = 58°$

$\therefore \angle x = 180° - (\angle ADE + \angle ADC)$

$\quad = 180° - (58° + 58°) = 64°$

7-2 $\triangle BMD$와 $\triangle CME$에서

$\angle BDM = \angle CEM = 90°,$

$\overline{BM} = \overline{CM}$, $\overline{DM} = \overline{EM}$이므로

$\triangle BMD \equiv \triangle CME$ (RHS 합동)

$\therefore \angle B = \angle C = \dfrac{1}{2} \times (180° - 76°) = 52°$

따라서 $\triangle BMD$에서

$\angle x = 180° - (90° + 52°) = 38°$

8-1 $\triangle AED \equiv \triangle ACD$ (RHA 합동)이므로

$\overline{ED} = \overline{CD} = 6$ cm

$\angle B = \angle BDE = 45°$이므로 $\overline{EB} = \overline{ED} = 6$ cm

$\therefore \triangle BDE = \dfrac{1}{2} \times 6 \times 6 = 18$ (cm^2)

두 직각삼각형의 합동 조건은 다음과 같이 확인해.

빗변의 길이가 같은지 확인한다.

한 예각의 크기가 같으면 → RHA 합동

다른 한 변의 길이가 같으면 → RHS 합동

2일 **필수 체크 전략 ❷**

1 40°	**2** 45°	**3** 16°	**4** 6 cm
5 50°	**6** 68°	**7** 5	**8** 15 cm^2

1 $\triangle ABC$에서 $\overline{AB} = \overline{AC}$이므로

$\angle B = \angle C = \dfrac{1}{2} \times (180° - 100°) = 40°$

$\triangle BED$에서 $\overline{BD} = \overline{BE}$이므로

$\angle BED = \dfrac{1}{2} \times (180° - 40°) = 70°$

또 $\triangle CEF$에서 $\overline{CE} = \overline{CF}$이므로

$\angle CEF = \dfrac{1}{2} \times (180° - 40°) = 70°$

$\therefore \angle x = 180° - (\angle BED + \angle CEF)$

$\quad = 180° - (70° + 70°) = 40°$

2 $\angle B = \angle a$라 하면 $\triangle DBE$에서 $\overline{DB} = \overline{DE}$이므로

$\angle DEB = \angle B = \angle a$

$\angle ADE = \angle B + \angle DEB = \angle a + \angle a = 2\angle a$

$\triangle EAD$에서 $\overline{EA} = \overline{ED}$이므로

$\angle EAD = \angle EDA = 2\angle a$

$\triangle ABE$에서

$\angle AEC = \angle B + \angle BAE = \angle a + 2\angle a = 3\angle a$

$\triangle AEC$에서 $\overline{AE} = \overline{AC}$이므로

$\angle x = \angle AEC = 3\angle a$

이때 $\triangle ABC$에서 $120° + \angle a + 3\angle a = 180°$이므로

$4\angle a = 60°$ $\therefore \angle a = 15°$

$\therefore \angle x = 3\angle a = 3 \times 15° = 45°$

3 $\angle ABC = \angle ACB = \dfrac{1}{2} \times (180° - 32°) = 74°$

$\angle DBC = \dfrac{1}{2}\angle ABC = \dfrac{1}{2} \times 74° = 37°$

$\angle ACE = 180° - 74° = 106°$이므로

$\angle DCE = \dfrac{1}{2}\angle ACE = \dfrac{1}{2} \times 106° = 53°$

따라서 $\triangle DBC$에서

$\angle x + 37° = 53°$ $\therefore \angle x = 16°$

4 $\angle B = \angle C$이므로 $\overline{AC} = \overline{AB} = 8$ cm

$\begin{aligned}\triangle ABC &= \triangle APB + \triangle APC \\ &= \dfrac{1}{2} \times \overline{AB} \times \overline{PD} + \dfrac{1}{2} \times \overline{AC} \times \overline{PE} \\ &= \dfrac{1}{2} \times 8 \times \overline{PD} + \dfrac{1}{2} \times 8 \times \overline{PE} \\ &= 4(\overline{PD} + \overline{PE})\end{aligned}$

즉 $4(\overline{PD} + \overline{PE}) = 24$이므로 $\overline{PD} + \overline{PE} = 6$ (cm)

5 $\angle DBE = \angle A = \angle x$ (접은 각)

$\triangle ABC$에서 $\overline{AB} = \overline{AC}$이므로

$\angle C = \angle ABC = \angle DBE + \angle EBC = \angle x + 15°$

따라서 $\triangle ABC$에서

$\angle x + (\angle x + 15°) + (\angle x + 15°) = 180°$이므로

$3\angle x = 150°$ $\therefore \angle x = 50°$

6 $\triangle ABC$에서 $\overline{AB} = \overline{AC}$이므로

$\angle B = \angle C = \dfrac{1}{2} \times (180° - 44°) = 68°$

$\triangle BDF \equiv \triangle CED$ (SAS 합동)이므로

$\angle BFD = \angle CDE$, $\angle BDF = \angle CED$

$\begin{aligned}\therefore \angle FDE &= 180° - (\angle BDF + \angle CDE) \\ &= 180° - (\angle BDF + \angle BFD) \\ &= \angle B = 68°\end{aligned}$

7 $\triangle ABD$와 $\triangle CAE$에서

$\angle BDA = \angle AEC = 90°$, $\overline{AB} = \overline{CA}$,

$\angle ABD = 90° - \angle BAD = \angle CAE$이므로

$\triangle ABD \equiv \triangle CAE$ (RHA 합동)

따라서 $\overline{AE} = \overline{BD} = 12$, $\overline{AD} = \overline{CE} = 7$이므로

$\overline{DE} = \overline{AE} - \overline{AD} = 12 - 7 = 5$

8 점 D에서 $\overline{BC}$에 내린 수선의

발을 E라 하면

$\triangle ABD$와 $\triangle EBD$에서

$\angle BAD = \angle BED = 90°$,

$\overline{BD}$는 공통, $\angle ABD = \angle EBD$

따라서 $\triangle ABD \equiv \triangle EBD$ (RHA 합동)이므로

$\overline{DE} = \overline{DA} = 3$ cm

$\begin{aligned}\therefore \triangle BCD &= \dfrac{1}{2} \times \overline{BC} \times \overline{DE} \\ &= \dfrac{1}{2} \times 10 \times 3 = 15 \ (\text{cm}^2)\end{aligned}$

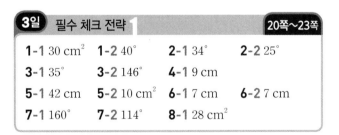

3일 필수 체크 전략 ❶			20쪽~23쪽
1-1 30 cm²	**1-2** 40°	**2-1** 34°	**2-2** 25°
3-1 35°	**3-2** 146°	**4-1** 9 cm	
5-1 42 cm	**5-2** 10 cm²	**6-1** 7 cm	**6-2** 7 cm
7-1 160°	**7-2** 114°	**8-1** 28 cm²	

1-1 $\overline{OA} = \overline{OC}$이므로

$\begin{aligned}\triangle OBC = \triangle OAB &= \dfrac{1}{2}\triangle ABC \\ &= \dfrac{1}{2} \times \left(\dfrac{1}{2} \times 15 \times 8\right) = 30 \ (\text{cm}^2)\end{aligned}$

1-2 점 O는 $\triangle ABC$의 외심이므로

$\overline{OA} = \overline{OB} = \overline{OC}$

이때 $\angle COB = 180° \times \dfrac{5}{9} = 100°$이므로

$\triangle OBC$에서

$\angle OBC = \dfrac{1}{2} \times (180° - 100°) = 40°$

2-1 $\overline{\text{AO}}$를 그으면

$\triangle\text{OAB}$에서 $\overline{\text{OA}}=\overline{\text{OB}}$이므로

$\angle\text{OAB}=\angle\text{OBA}=20°$

$\triangle\text{OCA}$에서 $\overline{\text{OA}}=\overline{\text{OC}}$이므로

$\angle x=\angle\text{OAC}$

$\quad=\angle\text{BAC}-\angle\text{OAB}$

$\quad=72°-20°=52°$

$\triangle\text{OBC}$에서 $\overline{\text{OB}}=\overline{\text{OC}}$이므로

$\angle\text{OBC}=\angle\text{OCB}=\angle y$

$\angle\text{OAB}+\angle\text{OBC}+\angle\text{OCA}=90°$이므로

$20°+\angle y+52°=90°$ $\quad\therefore \angle y=18°$

$\therefore \angle x-\angle y=52°-18°=34°$

2-2 $\triangle\text{ABC}$에서 $\overline{\text{AB}}=\overline{\text{AC}}$이므로

$\angle\text{ABC}=\dfrac{1}{2}\times(180°-50°)=65°$

점 O는 외심이므로

$\angle\text{BOC}=2\angle\text{A}=2\times50°=100°$

$\triangle\text{OBC}$에서 $\overline{\text{OB}}=\overline{\text{OC}}$이므로

$\angle\text{OBC}=\dfrac{1}{2}\times(180°-100°)=40°$

$\therefore \angle\text{OBA}=\angle\text{ABC}-\angle\text{OBC}$

$\qquad\qquad=65°-40°=25°$

3-1 $\overline{\text{AI}}$를 그으면

$\angle\text{IAB}=\dfrac{1}{2}\angle\text{A}=\dfrac{1}{2}\times58°=29°$

$\angle\text{IBC}=\angle\text{IBA}=\angle x$

$\angle\text{ICA}=\angle\text{ICB}=26°$

$\angle\text{IAB}+\angle\text{IBC}+\angle\text{ICA}=90°$이므로

$29°+\angle x+26°=90°$

$\therefore \angle x=35°$

3-2 $\angle\text{ICB}=\angle\text{ICA}=30°$이므로

$\triangle\text{IBC}$에서

$\angle\text{IBC}=180°-(122°+30°)=28°$

$\therefore \angle x=\angle\text{IBC}=28°$

즉 $\angle\text{B}=28°+28°=56°$이므로

$\angle y=90°+\dfrac{1}{2}\angle\text{B}$

$\quad=90°+\dfrac{1}{2}\times56°=118°$

$\therefore \angle x+\angle y=28°+118°=146°$

4-1 $\overline{\text{BE}}=x$ cm라 하면

$\overline{\text{BD}}=\overline{\text{BE}}=x$ cm

$\overline{\text{AF}}=\overline{\text{AD}}=(14-x)$ cm, $\overline{\text{CF}}=\overline{\text{CE}}=(20-x)$ cm

이때 $\overline{\text{AC}}=\overline{\text{AF}}+\overline{\text{CF}}$이므로

$16=(14-x)+(20-x)$

$2x=18$ $\quad\therefore x=9$

따라서 $\overline{\text{BE}}$의 길이는 9 cm이다.

5-1 $63=\dfrac{1}{2}\times3\times(\overline{\text{AB}}+\overline{\text{BC}}+\overline{\text{CA}})$이므로

$\dfrac{3}{2}(\overline{\text{AB}}+\overline{\text{BC}}+\overline{\text{CA}})=63$

$\therefore \overline{\text{AB}}+\overline{\text{BC}}+\overline{\text{CA}}=42$ (cm)

따라서 $\triangle\text{ABC}$의 둘레의 길이는 42 cm이다.

5-2 내접원 I의 반지름의 길이를 r cm라 하면

$\dfrac{1}{2}\times8\times6=\dfrac{1}{2}\times r\times(10+8+6)$

$12r=24$ $\quad\therefore r=2$

$\therefore \triangle\text{IAB}=\dfrac{1}{2}\times10\times2=10$ (cm²)

6-1 $\angle\text{DIB}=\angle\text{DBI}$, $\angle\text{EIC}=\angle\text{ECI}$

이므로

$\overline{\text{DI}}=\overline{\text{DB}}$, $\overline{\text{EI}}=\overline{\text{EC}}$

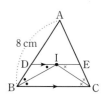

($\triangle\text{ADE}$의 둘레의 길이)

$=\overline{\text{AD}}+\overline{\text{DE}}+\overline{\text{AE}}$

$=\overline{\text{AD}}+(\overline{\text{DI}}+\overline{\text{EI}})+\overline{\text{AE}}$

$=(\overline{\text{AD}}+\overline{\text{DB}})+(\overline{\text{EC}}+\overline{\text{AE}})$

$=\overline{\text{AB}}+\overline{\text{AC}}$

즉 $15=8+\overline{\text{AC}}$이므로 $\overline{\text{AC}}=7$ (cm)

6-2 오른쪽 그림과 같이 $\overline{\text{BI}}$, $\overline{\text{CI}}$를

그으면 점 I는 $\triangle\text{ABC}$의 내심

이므로

$\angle\text{DBI}=\angle\text{IBC}$,

$\angle\text{ECI}=\angle\text{ICB}$

또 $\overline{\text{DE}}\parallel\overline{\text{BC}}$이므로

$\angle\text{DIB}=\angle\text{IBC}$ (엇각), $\angle\text{EIC}=\angle\text{ICB}$ (엇각)

즉 $\angle\text{DIB}=\angle\text{DBI}$, $\angle\text{EIC}=\angle\text{ECI}$이므로

$\overline{\text{DI}}=\overline{\text{DB}}=4$ cm, $\overline{\text{EI}}=\overline{\text{EC}}=3$ cm

$\therefore \overline{\text{DE}}=\overline{\text{DI}}+\overline{\text{EI}}=4+3=7$ (cm)

7-1 점 I가 △ABC의 내심이므로

$$130° = 90° + \frac{1}{2}\angle A$$

$$\frac{1}{2}\angle A = 40° \qquad \therefore \angle A = 80°$$

점 O가 △ABC의 외심이므로

$$\angle BOC = 2\angle A = 2 \times 80° = 160°$$

7-2 △OBC에서 $\overline{OB} = \overline{OC}$이므로

$$\angle BOC = 180° - 2 \times 42° = 96°$$

따라서 $\angle A = \frac{1}{2}\angle BOC = \frac{1}{2} \times 96° = 48°$이므로

$$\angle BIC = 90° + \frac{1}{2}\angle A$$

$$= 90° + \frac{1}{2} \times 48° = 114°$$

8-1

오른쪽 그림에서 사각형 IECF는
정사각형이므로

$$\overline{EC} = \overline{CF} = \overline{IE} = 2 \text{ cm}$$

$\overline{AF} = \overline{AD}, \overline{BE} = \overline{BD}$이므로

$$\overline{AF} + \overline{BE} = \overline{AD} + \overline{BD}$$

$$= \overline{AB}$$

$$= 2\overline{OA} = 12 \text{ (cm)}$$

$$\therefore \triangle ABC$$

$$= \frac{1}{2} \times \overline{IE} \times (\overline{AB} + \overline{BC} + \overline{CA})$$

$$= \frac{1}{2} \times \overline{IE} \times \{\overline{AB} + (\overline{BE} + \overline{EC}) + (\overline{AF} + \overline{CF})\}$$

$$= \frac{1}{2} \times 2 \times \{\overline{AB} + (\overline{BE} + 2) + (\overline{AF} + 2)\}$$

$$= \frac{1}{2} \times 2 \times (12 + 12 + 4)$$

$$= 28 \text{ (cm}^2)$$

---

1 18°   **2** 4π cm²   **3** ④   **4** 24 cm

5 $(54 - 9\pi)$ cm²   **6** ④

7 (1) 46° (2) 34° (3) 12°

8 (1) $\frac{25}{4}\pi$ cm² (2) π cm² (3) $\left(\frac{29}{4}\pi - 6\right)$ cm²

1 점 M은 △ABC의 외심이므로 $\overline{MA} = \overline{MB}$

$$\therefore \angle BAM = \angle B = 36°$$

△ABM에서 $\angle AMH = 36° + 36° = 72°$

따라서 △AMH에서

$$\angle x = 180° - (72° + 90°) = 18°$$

2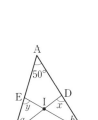

$\overline{OA}$를 그으면 $\overline{OA} = \overline{OB}$이므로

$$\angle OAB = \angle OBA = 20°$$

$\overline{OA} = \overline{OC}$이므로

$$\angle OAC = \angle OCA = 25°$$

즉 $\angle BAC = \angle OAB + \angle OAC$

$$= 20° + 25° = 45°$$

이므로

$$\angle BOC = 2\angle BAC = 2 \times 45° = 90°$$

따라서 부채꼴 BOC의 넓이는

$$\pi \times 4^2 \times \frac{90}{360} = 4\pi \text{ (cm}^2)$$

3 $\angle DBA = \angle DBC = \angle a$,

$\angle ECA = \angle ECB = \angle b$라 하면

△ABC에서

$$50° + 2\angle a + 2\angle b = 180°$$

$$2(\angle a + \angle b) = 130°$$

$$\therefore \angle a + \angle b = 65°$$

$$\therefore \angle x + \angle y = (\angle a + 50°) + (\angle b + 50°)$$

$$= (\angle a + \angle b) + 100°$$

$$= 65° + 100° = 165°$$

4 오른쪽 그림과 같이 $\overline{ID}, \overline{IF}$
를 그으면 사각형 IECF는
정사각형이므로

$$\overline{CE} = \overline{CF} = \overline{IE} = 4 \text{ cm}$$

$$\overline{AD} = \overline{AF} = 10 - 4 = 6 \text{ (cm)}$$

$$\overline{BE} = \overline{BD} = 26 - 6 = 20 \text{ (cm)}$$

$$\therefore \overline{BC} = \overline{BE} + \overline{CE} = 20 + 4 = 24 \text{ (cm)}$$

5 내접원 I의 반지름의 길이를 r cm라 하면

$\dfrac{1}{2} \times 9 \times 12 = \dfrac{1}{2} \times r \times (15+9+12)$

$18r = 54$ $\therefore r = 3$

$\therefore$ (색칠한 부분의 넓이) $=$ $\triangle$ABC $-$ (원 I의 넓이)

$\qquad = 54 - \pi \times 3^2$

$\qquad = 54 - 9\pi$ (cm^2)

6 ①, ② 점 I가 $\triangle$ABC의 내심이므로

$\angle$IBC $=$ $\angle$IBD $= 35°$, $\angle$ICB $=$ $\angle$ICE $= 25°$

이때 $\overline{\text{DE}} /\!/ \overline{\text{BC}}$이므로

$\angle$DIB $=$ $\angle$IBC $= 35°$ (엇각),

$\angle$EIC $=$ $\angle$ICB $= 25°$ (엇각)

③ $\angle$ABC $=$ $\angle$IBD $+$ $\angle$IBC $= 35° + 35° = 70°$,

$\angle$ACB $=$ $\angle$ICE $+$ $\angle$ICB $= 25° + 25° = 50°$이므로

$\triangle$ABC에서

$\angle$A $= 180° - (\angle$ABC $+ \angle$ACB$)$

$\qquad = 180° - (70° + 50°) = 60°$

④ $\angle$DIB $=$ $\angle$DBI, $\angle$EIC $=$ $\angle$ECI이므로

$\overline{\text{DI}} = \overline{\text{DB}}$, $\overline{\text{EI}} = \overline{\text{EC}}$이지만 $\overline{\text{DI}} = \overline{\text{EI}}$인지는 알 수 없다.

⑤ $\overline{\text{DE}} = \overline{\text{DI}} + \overline{\text{EI}} = \overline{\text{DB}} + \overline{\text{EC}}$

따라서 옳지 않은 것은 ④이다.

7 (1) 점 O가 $\triangle$ABC의 외심이므로

$\angle$BOC $= 2\angle$A $= 2 \times 44° = 88°$

$\triangle$OBC에서 $\overline{\text{OB}} = \overline{\text{OC}}$이므로

$\angle$OBC $= \dfrac{1}{2} \times (180° - 88°) = 46°$

(2) $\triangle$ABC에서 $\overline{\text{AB}} = \overline{\text{AC}}$이므로

$\angle$ABC $= \dfrac{1}{2} \times (180° - 44°) = 68°$

점 I가 $\triangle$ABC의 내심이므로

$\angle$IBC $= \dfrac{1}{2}\angle$ABC $= \dfrac{1}{2} \times 68° = 34°$

(3) $\angle$OBI $=$ $\angle$OBC $-$ $\angle$IBC $= 46° - 34° = 12°$

8 (1) $\overline{\text{AB}}$가 외접원 O의 지름이므로

(외접원 O의 넓이) $= \pi \times \left(\dfrac{5}{2}\right)^2 = \dfrac{25}{4}\pi$ (cm^2)

(2) 내접원 I의 반지름의 길이를 r cm라 하면

$\dfrac{1}{2} \times 4 \times 3 = \dfrac{1}{2} \times r \times (5+4+3)$

$6r = 6$ $\therefore r = 1$

$\therefore$ (내접원 I의 넓이) $= \pi \times 1^2 = \pi$ (cm^2)

(3) (색칠한 부분의 넓이)

$=$ (외접원 O의 넓이) $-$ $\triangle$ABC $+$ (내접원 I의 넓이)

$= \dfrac{25}{4}\pi - \dfrac{1}{2} \times 4 \times 3 + \pi = \dfrac{29}{4}\pi - 6$ (cm^2)

누구나 합격 전략 26쪽~27쪽

01 ④	02 $\dfrac{24}{5}$ cm	03 ③	04 ⑤
05 ⑤	06 ①	07 ⑤	08 ②, ⑤
09 135°	10 25°		

01 ① $\triangle$ABC에서 $\overline{\text{AB}} = \overline{\text{BC}}$이므로

$\angle$C $=$ $\angle$BAC $= \dfrac{1}{2} \times (180° - 64°) = 58°$

② $\angle$DAC $= 180° - \angle$BAC $= 180° - 58° = 122°$

③ $\angle$DAE $=$ $\angle$B $= 64°$ (동위각)

④ $\angle$EAC $=$ $\angle$C $= 58°$ (엇각)

⑤ $\angle$BAE $=$ $\angle$BAC $+$ $\angle$EAC $= 58° + 58° = 116°$

따라서 옳지 않은 것은 ④이다.

02 $\overline{\text{AD}}$가 $\angle$A의 이등분선이므로 $\overline{\text{AD}}$는 $\overline{\text{BC}}$를 수직이등분한다.

즉 $\overline{\text{AD}} \perp \overline{\text{BC}}$이고 $\overline{\text{BD}} = \overline{\text{CD}} = \dfrac{1}{2} \times 12 = 6$ (cm)

따라서 $\triangle$ADC $= \dfrac{1}{2} \times \overline{\text{DC}} \times \overline{\text{AD}} = \dfrac{1}{2} \times \overline{\text{AC}} \times \overline{\text{DE}}$에서

$\dfrac{1}{2} \times 6 \times 8 = \dfrac{1}{2} \times 10 \times \overline{\text{DE}}$ $\therefore \overline{\text{DE}} = \dfrac{24}{5}$ (cm)

03 $\triangle$ABC에서 $\overline{\text{AB}} = \overline{\text{AC}}$이므로

$\angle$ABC $=$ $\angle$C $= 72°$

$\angle$ABD $=$ $\angle$DBC $= \dfrac{1}{2}\angle$ABC $= \dfrac{1}{2} \times 72° = 36°$

$\triangle$BCD에서 $\angle$BDC $= 180° - (36° + 72°) = 72°$

즉 $\angle$BDC $=$ $\angle$C이므로 $\overline{\text{BD}} = \overline{\text{BC}} = 5$ cm

또 $\triangle$ABC에서 $\overline{\text{AB}} = \overline{\text{AC}}$이므로

$\angle$A $= 180° - 2 \times 72° = 36°$

즉 $\triangle$ABD에서 $\angle$A $=$ $\angle$ABD이므로

$\overline{\text{AD}} = \overline{\text{BD}} = 5$ cm

따라서 $x = 72$, $y = 5$이므로

$x - y = 72 - 5 = 67$

04 ① RHA 합동 ② ASA 합동
③ RHS 합동 ④ SAS 합동
따라서 합동이 되는 조건이 아닌 것은 ⑤이다.

05 △POA와 △POB에서
∠PAO＝∠PBO＝90°, $\overline{PO}$는 공통, $\overline{PA}＝\overline{PB}$이므로
△POA≡△POB (RHS 합동) (④)
∴ ∠AOP＝∠BOP (①), $\overline{OA}＝\overline{OB}$ (②),
∠APO＝∠BPO (③)
따라서 옳지 않은 것은 ⑤이다.

06 $4∠x＋3∠x＋2∠x＝90°$이므로
$9∠x＝90°$ ∴ $∠x＝10°$

07 ∠AOC＝2∠B＝2×64°＝128°
이때 $\overline{OA}＝\overline{OC}$이므로 $∠x＝\dfrac{1}{2}×(180°－128°)＝26°$

08 (가)는 내심이므로 (가)에 대한 설명으로 옳은 것은 ②, ⑤이다.

09 ∠BAC＋∠ABC＋∠ACB＝180°이고
∠BAC : ∠ABC : ∠ACB＝2 : 5 : 3이므로
$∠ABC＝180°×\dfrac{5}{10}＝90°$
이때 점 I는 △ABC의 내심이므로
$∠AIC＝90°＋\dfrac{1}{2}∠ABC＝90°＋\dfrac{1}{2}×90°＝135°$

10 $∠BIC＝90°＋\dfrac{1}{2}∠A＝90°＋\dfrac{1}{2}×66°＝123°$
△IBC에서 ∠ICB＝180°－(123°＋32°)＝25°

창의·융합·코딩 전략 **28쪽~31쪽**

1 (1) 78° (2) 24°
2 (1) $\overline{PR}＝6$ m, $\overline{QS}＝8$ m (2) $(50π－48)$ m²
3 (1) △BCF≡△CDG (RHA 합동) (2) 2 cm (3) 8 cm²
4 (가) △DOP (나) $\overline{OP}$ (다) ∠DOP (라) RHA (마) $\overline{DP}$
5 ㉢ **6** 축구공, 농구공, 배구공 **7** 8 cm
8 (1) 풀이 참조 (2) $\dfrac{1}{2}r(a＋b＋c)$

---

1 (1) △BAO에서 ∠BOA＝∠BAO＝26°이므로
∠OBC＝26°＋26°＝52°
△OBC에서 ∠OCB＝∠OBC＝52°이므로
△CAO에서
∠COD＝52°＋26°＝78°
(2) ∠BAO＝$∠x$라 하면
△BAO에서 ∠BOA＝∠BAO＝$∠x$
∠OBC＝$∠x＋∠x＝2∠x$
△OBC에서 ∠OCB＝∠OBC＝$2∠x$이므로
△CAO에서 ∠COD＝$2∠x＋∠x＝3∠x$
즉 $3∠x＝72°$이므로 $∠x＝24°$

2

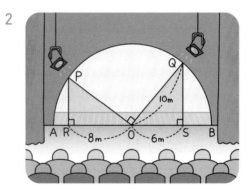

(1) △PRO와 △OSQ에서
∠PRO＝∠OSQ＝90°, $\overline{PO}＝\overline{OQ}＝10$ m,
∠OPR＝90°－∠POR＝∠QOS이므로
△PRO≡△OSQ (RHA 합동)
∴ $\overline{PR}＝\overline{OS}＝6$ m, $\overline{QS}＝\overline{OR}＝8$ m
(2) (어두운 부분의 넓이)
＝(반원 O의 넓이)－2△PRO
$＝\dfrac{1}{2}×π×10^2－2×\left(\dfrac{1}{2}×8×6\right)$
$＝50π－48$ (m²)

3 (1) △BCF와 △CDG에서
$\overline{BC}＝\overline{CD}$, ∠BFC＝∠CGD＝90°,
∠FBC＝90°－∠BCF＝∠GCD이므로
△BCF≡△CDG (RHA 합동)
(2) $\overline{CF}＝\overline{DG}＝8$ cm, $\overline{CG}＝\overline{BF}＝6$ cm이므로
$\overline{FG}＝\overline{CF}－\overline{CG}＝8－6＝2$ (cm)
(3) $△DFG＝\dfrac{1}{2}×\overline{FG}×\overline{DG}$
$＝\dfrac{1}{2}×2×8＝8$ (cm²)

5 점 P는 △ABC의 세 꼭짓점에서 같은 거리에 있으므로 외심이다.

따라서 외심에 대한 설명으로 옳은 것은 ⓒ이다.

6

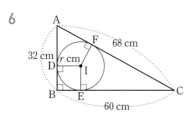

위 그림과 같이 △ABC의 내접원 반지름의 길이를 r cm 라 하고, 세 점 D, E, F를 접점이라 하면

$\overline{BD}=\overline{BE}=r$ cm이므로

$\overline{AF}=\overline{AD}=32-r$ (cm), $\overline{FC}=\overline{EC}=60-r$ (cm)

$\overline{AC}=\overline{AF}+\overline{FC}$이므로

$(32-r)+(60-r)=68$, $2r=24$ $\quad\therefore r=12$

따라서 계단 밑의 공간에는 지름의 길이가 24 cm 이하인 공만 넣을 수 있으므로 축구공, 농구공, 배구공을 모두 넣을 수 있다.

7 삼각형의 내부에 되도록 큰 원 모양의 시계를 만들어 원의 중심에 시침과 분침을 고정하려면 원의 중심은 △ABC의 내심이어야 한다.

내접원의 반지름의 길이를 r cm라 하면

$\triangle ABC=\dfrac{1}{2}\times r\times(\overline{AB}+\overline{BC}+\overline{CA})$이므로

$\dfrac{1}{2}\times48\times20=\dfrac{1}{2}\times r\times(48+52+20)$

$60r=480$ $\quad\therefore r=8$

따라서 원의 반지름의 길이는 8 cm로 해야 한다.

8 (1) [그림 1]의 △ABC와 △DEF를 $\overline{AB}$와 $\overline{ED}$를 맞대어 붙이면 가로의 길이가 a, 세로의 길이가 b인 직사각형이 되고, 이 직사각형의 넓이는 ab이다.

또 [그림 2]에서 새로 만들어진 직사각형은 가로의 길이가 $a+b+c$, 세로의 길이가 r이므로 그 넓이는 $r(a+b+c)$이다.

$\therefore ab=r(a+b+c)$

(2) (1)에서

$\triangle ABC=\dfrac{1}{2}ab=\dfrac{1}{2}r(a+b+c)$

2주 사각형의 성질과 도형의 닮음

1일 개념 돌파 전략 1   확인 문제   **34쪽~37쪽**

01 (1) $x=3$, $y=4$ (2) $x=70$, $y=70$ (3) $x=12$, $y=4$

02 ㉠－정우, ㉡－수현, ㉢－채아, ㉣－다은

03 18 cm²   **04** $x=5$, $y=55$

05 $x=8$, $y=30$ **06** 50 cm²   **07** 풀이 참조

08 30 cm²   **09** (1) ○ (2) × (3) ○ (4) × (5) × (6) ○

10 ㉢, ㉣   **11** 24 cm   **12** (1) ○ (2) × (3) ○

13 $\dfrac{32}{5}$

01 (1) $\overline{AB}=\overline{DC}$이므로

$3x=x+6$에서 $2x=6$ $\quad\therefore x=3$

$\overline{AD}=\overline{BC}$이므로

$2y+2=10$에서 $2y=8$ $\quad\therefore y=4$

(2) △ABC에서

$\angle B=180°-(46°+64°)=70°$ $\quad\therefore x=70$

따라서 $\angle D=\angle B=70°$이므로

$y=70$

(3) $\overline{AC}=2\overline{OC}$이므로 $x=2\times6=12$

$\overline{BD}=2\overline{OB}$이므로 $8=2y$ $\quad\therefore y=4$

02 ㉢ $\angle D=360°-(100°+80°+100°)=80°=\angle B$

03 $\triangle PAB+\triangle PCD=\dfrac{1}{2}\square ABCD=\dfrac{1}{2}\times36=18$ (cm²)

04 $\overline{BD}=\overline{AC}=10$ cm이므로

$\overline{OD}=\overline{OB}=\dfrac{1}{2}\times10=5$ (cm) $\quad\therefore x=5$

△OCD에서 $\overline{OC}=\overline{OD}$이므로

$\angle OCD=\angle ODC=90°-35°=55°$

$\therefore y=55$

05 $\overline{OB}=\overline{OD}=8$ cm이므로 $x=8$

△AOD에서

$\angle ADO=180°-(60°+90°)=30°$

△ABD에서 $\overline{AB}=\overline{AD}$이므로

$\angle ABD=\angle ADB=30°$ $\quad\therefore y=30$

06 정사각형의 두 대각선은 길이가 같고, 서로 다른 것을 수직 이등분하므로

$$\square ABCD = 4\triangle AOD = 4\times\left(\frac{1}{2}\times5\times5\right) = 50\ (\text{cm}^2)$$

07

사각형의 성질＼사각형의 종류	평행사변형	직사각형	마름모	정사각형
(1) 두 쌍의 대변이 각각 평행하다.	○	○	○	○
(2) 두 쌍의 대변의 길이가 각각 같다.	○	○	○	○
(3) 네 내각의 크기가 모두 같다.	×	○	×	○
(4) 이웃하는 두 변의 길이가 같다.	×	×	○	○
(5) 두 대각선의 길이가 같다.	×	○	×	○
(6) 두 대각선이 서로 수직이다.	×	×	○	○

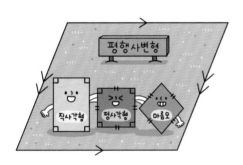

08 $\triangle ABD = \dfrac{3}{3+2}\triangle ABC = \dfrac{3}{5}\times50 = 30\ (\text{cm}^2)$

10 ㉠ $\angle A = \angle E = 60°$
㉡ $\overline{AB}:\overline{EF} = \overline{BC}:\overline{FG}$에서
   $\overline{AB}:18 = 30:20$ ∴ $\overline{AB} = 27\ (\text{cm})$
㉢ $\angle H = \angle D = 360° - (60°+85°+70°) = 145°$
㉣ $\square ABCD$와 $\square EFGH$의 닮음비는
   $\overline{BC}:\overline{FG} = 30:20 = 3:2$
따라서 옳지 않은 것은 ㉢, ㉣이다.

11 겉넓이의 비가 $121:144 = 11^2:12^2$이므로 축구공과 농구공의 닮음비는 $11:12$이다.
따라서 농구공의 지름의 길이를 $x\ \text{cm}$라 하면
$22:x = 11:12$ ∴ $x = 24$
따라서 농구공의 지름의 길이는 24 cm이다.

12 (1) $\overline{AB}:\overline{DE} = \overline{BC}:\overline{EF} = 5:4$, $\angle B = \angle E$이므로
   $\triangle ABC \backsim \triangle DEF$ (SAS 닮음)
(3) $\angle B = \angle E$, $\angle A = \angle D$이므로
   $\triangle ABC \backsim \triangle DEF$ (AA 닮음)

13 $8^2 = x\times10$에서 $10x = 64$ ∴ $x = \dfrac{32}{5}$

중간

1일 개념 돌파 전략 **2** 38쪽～39쪽

1 78 **2** ② **3** 80° **4** ②, ⑤
5 4 cm **6** 150 m

1 $\angle ABC + \angle BCD = 180°$이므로
$\angle ABC = 180° - 105° = 75°$ ∴ $x = 75$
$\overline{AB} = \overline{DC}$이므로 $y+6 = 9$ ∴ $y = 3$
$\overline{AC} = 2\overline{AO}$이므로 $2z = 12$ ∴ $z = 6$
∴ $x - y + z = 75 - 3 + 6 = 78$

2 ② 두 대각선이 서로 다른 것을 이등분하므로 평행사변형이다.

3 $\overline{AD}\,\|\,\overline{BC}$이므로
$\angle ACB = \angle DAC = 28°$ (엇각)
이때 $\angle B = \angle BCD$이므로
$64° = 28° + \angle y$ ∴ $\angle y = 36°$
또 $\angle BCD + \angle D = 180°$이므로
$64° + \angle x = 180°$ ∴ $\angle x = 116°$
∴ $\angle x - \angle y = 116° - 36° = 80°$

4 ① $\overline{CG}:\overline{C'G'} = \overline{AB}:\overline{A'B'} = \overline{BF}:\overline{B'F'} = 2:3$
② $\overline{GH}:\overline{G'H'} = 2:3$이므로
   $\overline{GH}:6 = 2:3$ ∴ $\overline{GH} = 4\ (\text{cm})$
③, ④ $\overline{FG}:\overline{F'G'} = 2:3$이므로
   $3:\overline{F'G'} = 2:3$ ∴ $\overline{F'G'} = 4.5\ (\text{cm})$
⑤ 두 직육면체의 닮음비는 $2:3$이므로 겉넓이의 비는
   $2^2:3^2 = 4:9$이다.
따라서 옳지 않은 것은 ②, ⑤이다.

5 △ABC와 △EBD에서

∠B는 공통, ∠BAC=∠BED=90°이므로

△ABC∽△EBD (AA 닮음)

$\overline{AB} : \overline{EB} = \overline{BC} : \overline{BD}$에서

$\overline{AB} : 16 = 30 : 20$ ∴ $\overline{AB} = 24$ (cm)

∴ $\overline{AD} = \overline{AB} - \overline{BD} = 24 - 20 = 4$ (cm)

6 (축척)$= \dfrac{2\,cm}{120\,m} = \dfrac{2\,cm}{12000\,cm} = \dfrac{1}{6000}$

따라서 축척이 $\dfrac{1}{6000}$인 축도에서 길이가 2.5 cm인 두 지점 A, C 사이의 실제 거리는

$2.5\,(cm) \div \dfrac{1}{6000} = 2.5\,(cm) \times 6000$

$= 15000\,(cm)$

$= 150\,(m)$

따라서 두 지점 A, C 사이의 실제 거리는 150 m이다.

2일 필수 체크 전략 ① 40쪽~43쪽

1-1 3 cm	**1-2** 2 cm	**2-1** 130°	**2-2** 50°
3-1 태양		**4-1** 13 cm²	
5-1 12 cm	**5-2** ②, ④	**6-1** 90°	**6-2** ㉡, ㉢
7-1 ③	**7-2** ⑤	**8-1** 주원, 지석	

1-1 ∠AEB=∠EBC (엇각), ∠ABE=∠EBC이므로

∠AEB=∠ABE

따라서 △ABE는 $\overline{AB}=\overline{AE}$인 이등변삼각형이므로

$\overline{AE}=\overline{AB}=\overline{CD}=7$ cm

이때 $\overline{AD}=\overline{BC}=10$ cm이므로

$\overline{DE}=\overline{AD}-\overline{AE}=10-7=3$ (cm)

1-2 ∠BEA=∠DAE (엇각), ∠BAE=∠DAE이므로

∠BAE=∠BEA

따라서 △BEA는 $\overline{BE}=\overline{BA}=5$ cm인 이등변삼각형이다.

마찬가지로 $\overline{CF}=\overline{CD}=\overline{AB}=5$ cm

이때 $\overline{BC}=\overline{BE}+\overline{CF}-\overline{FE}$이므로

$8=5+5-\overline{FE}$ ∴ $\overline{FE}=2$ (cm)

2-1 ∠FBE=∠AFB=180°−140°=40° (엇각)이므로

∠ABE=2∠FBE=2×40°=80°

∠BAF=180°−80°=100°이므로

∠AEB=∠FAE=$\dfrac{1}{2}$∠BAF

$=\dfrac{1}{2} \times 100° = 50°$ (엇각)

∴ ∠x=180°−50°=130°

2-2 ∠DAE=∠AEC=30° (엇각)이므로

∠DAC=2∠DAE=2×30°=60°

∠D=∠B=70°이므로

△ACD에서

∠x=180°−(60°+70°)=50°

3-1 수영, 보경 : △OAP와 △OCQ에서

∠OAP=∠OCQ (엇각),

$\overline{OA}=\overline{OC}$, ∠AOP=∠COQ (맞꼭지각)

따라서 △OAP≡△OCQ (ASA 합동)이므로

$\overline{AP}=\overline{CQ}$, $\overline{OP}=\overline{OQ}$

재호 : △ODP와 △OBQ에서

∠ODP=∠OBQ (엇각),

$\overline{OD}=\overline{OB}$, ∠DOP=∠BOQ (맞꼭지각)이므로

△ODP≡△OBQ (ASA 합동)

참고 태양 : ∠APO=90°인 경우에만

∠APO=∠BQO이다.

4-1 □ABCD$=\overline{BC} \times \overline{DE}=8 \times 5=40$ (cm²)이므로

△PDA+△PBC$=\dfrac{1}{2}$□ABCD

$=\dfrac{1}{2} \times 40=20$ (cm²)

즉 7+△PDA=20이므로

△PDA=20−7=13 (cm²)

5-1 직사각형 OABC의 둘레의 길이가

14 cm이므로

$\overline{AB}+\overline{BC}=\dfrac{1}{2} \times 14=7$ (cm)

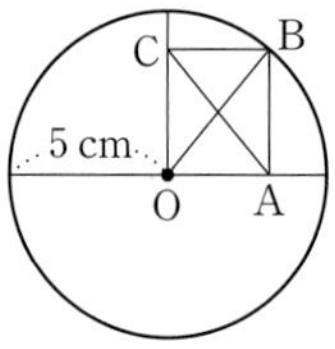

오른쪽 그림과 같이 $\overline{OB}$를 그으면

$\overline{AC}=\overline{OB}=$(원 O의 반지름의 길이)$=5$ cm이므로

(△ABC의 둘레의 길이)$=\overline{AB}+\overline{BC}+\overline{CA}$

$=7+5=12$ (cm)

5-2 ①, ⑤ 평행사변형 ABCD가 마름모가 되기 위한 조건이다.

따라서 평행사변형 ABCD가 직사각형이 되기 위한 조건은 ②, ④이다.

6-1 □ABCD는 마름모이므로

$\angle BAD = 180° - 84° = 96°$

이때 △ABE는 정삼각형이므로

$\angle EAD = \angle BAD - \angle BAE = 96° - 60° = 36°$,

$\angle CBE = \angle ABC - \angle ABE = 84° - 60° = 24°$

△AED에서 $\overline{AE} = \overline{AD}$이므로

$\angle x = \dfrac{1}{2} \times (180° - 36°) = 72°$

△BCE에서 $\overline{BC} = \overline{BE}$이므로

$\angle BCE = \dfrac{1}{2} \times (180° - 24°) = 78°$

$\therefore \angle y = \angle BCD - \angle BCE = 96° - 78° = 18°$

$\therefore \angle x + \angle y = 72° + 18° = 90°$

6-2 ㉠, ㉡, ㉣ 평행사변형 ABCD가 직사각형이 되기 위한 조건이다.

7-1 △ABE와 △BCF에서

$\overline{AB} = \overline{BC}$, $\angle ABE = \angle BCF = 90°$, $\overline{BE} = \overline{CF}$이므로

△ABE ≡ △BCF (SAS 합동)

즉

$\angle FBC + \angle BEA = \angle EAB + \angle BEA$

$= 180° - 90° = 90°$

이므로 △GBE에서

$\angle BGE = 180° - (\angle GBE + \angle GEB)$

$= 180° - 90° = 90°$

$\therefore \angle AGF = \angle BGE = 90°$ (맞꼭지각)

7-2 $\overline{AB} /\!/ \overline{DC}$, $\overline{AB} = \overline{DC}$, $\overline{AC} = \overline{BD}$인 □ABCD는 직사각형이다.

따라서 직사각형이 정사각형이 되기 위한 조건은 ⑤이다.

8-1 주원 : $\overline{AC} = \overline{BD}$이면 □ABCD는 직사각형이 된다.

지석 : $\overline{AB} = \overline{BC}$이면 □ABCD는 마름모가 된다.

1 17 cm	**2** 62°	**3** 진수	**4** 16 cm²
5 $\angle x = 72°$, $\angle y = 54°$		**6** ⑤	**7** 16 cm²
8 ③			

1 $\angle AED = \angle BAE$ (엇각), $\angle DAE = \angle BAE$이므로

$\angle AED = \angle DAE$

따라서 △DAE는 이등변삼각형이므로

$\overline{DE} = \overline{DA} = 13$ cm

또 $\angle BFC = \angle ABF$ (엇각), $\angle CBF = \angle ABF$이므로

$\angle BFC = \angle CBF$

따라서 △BCF는 이등변삼각형이므로

$\overline{CF} = \overline{CB} = 13$ cm

이때 $\overline{CD} = \overline{AB} = 9$ cm이므로

$\overline{DF} = \overline{CF} - \overline{CD} = 13 - 9 = 4$ (cm)

$\therefore \overline{EF} = \overline{DE} + \overline{DF} = 13 + 4 = 17$ (cm)

2 △ABE에서 $\overline{AB} = \overline{AE}$이므로 $\angle B = \angle AEB = \angle x$

$\angle DAF = \angle AEB = \angle x$ (엇각),

$\angle ADC = \angle B = \angle x$이므로

△AFD에서 $\angle x + 90° + (\angle x - 34°) = 180°$

$2\angle x = 124°$ $\therefore \angle x = 62°$

3 진수 : $\overline{OA} = \overline{OC}$, $\overline{AP} = \overline{CR}$이므로 $\overline{OP} = \overline{OR}$

$\overline{OB} = \overline{OD}$, $\overline{BQ} = \overline{DS}$이므로 $\overline{OQ} = \overline{OS}$

즉 □PQRS는 두 대각선이 서로 다른 것을 이등분하므로 평행사변형이다.

4 오른쪽 그림과 같이 $\overline{MN}$을 그으면

□ABNM에서

$\overline{AM} /\!/ \overline{BN}$, $\overline{AM} = \overline{BN}$이므로

□ABNM은 평행사변형이다.

□MNCD에서

$\overline{MD} /\!/ \overline{NC}$, $\overline{MD} = \overline{NC}$이므로

□MNCD는 평행사변형이다.

$\therefore \Box MPNQ = \triangle PNM + \triangle QMN$

$= \dfrac{1}{4}\Box ABNM + \dfrac{1}{4}\Box MNCD$

$= \dfrac{1}{4}\Box ABCD$

$= \dfrac{1}{4} \times 64 = 16$ (cm²)

5 $\angle GAF = 90° - \angle EAF = \angle BAE = 18°$이므로

$\triangle GAF$에서

$\angle x = 180° - (90° + 18°) = 72°$

한편 $\triangle ABE$에서

$\angle AEB = 180° - (90° + 18°) = 72°$이고,

$\angle FEC = \angle AEF = \angle y$ (접은 각)이므로

$\angle y = \dfrac{1}{2} \times (180° - 72°) = 54°$

6 ① $\triangle ABE$와 $\triangle ADF$에서

$\overline{AB} = \overline{AD}$, $\angle AEB = \angle AFD = 90°$, $\angle B = \angle D$이므로

$\triangle ABE \equiv \triangle ADF$ (RHA 합동)

②, ④ $\triangle ABE \equiv \triangle ADF$이므로

$\overline{AE} = \overline{AF}$, $\angle BAE = \angle DAF$

③ $\overline{EC} = \overline{BC} - \overline{BE} = \overline{CD} - \overline{DF} = \overline{CF}$

⑤ $\overline{AE} = \overline{AF}$이므로 $\triangle AEF$는 이등변삼각형이다.

따라서 옳지 않은 것은 ⑤이다.

7 $\triangle OBP$와 $\triangle OCQ$에서

$\angle OBP = \angle OCQ = 45°$, $\overline{OB} = \overline{OC}$,

$\angle BOP = 90° - \angle COP = \angle COQ$이므로

$\triangle OBP \equiv \triangle OCQ$ (ASA 합동)

$\therefore \square OPCQ = \triangle OPC + \triangle OCQ$

$= \triangle OPC + \triangle OBP$

$= \triangle OBC$

$= \dfrac{1}{4} \square ABCD$

$= \dfrac{1}{4} \times (8 \times 8)$

$= 16 \,(\mathrm{cm}^2)$

8 $\angle A + \angle B = 180°$이므로

$\angle EAB + \angle EBA = 90°$

$\triangle ABE$에서

$\angle AEB = 180° - (\angle EAB + \angle EBA)$

$= 180° - 90° = 90°$

$\therefore \angle HEF = \angle AEB = 90°$ (맞꼭지각)

마찬가지로 $\angle EFG = \angle FGH = \angle GHE = 90°$이므로

$\square EFGH$는 직사각형이다.

따라서 직사각형에 대한 설명으로 옳지 않은 것은 ③이다.

3일 필수 체크 전략 1

1-1 $48\,\mathrm{cm}^2$	**1-2** $6\pi\,\mathrm{cm}^2$	**2-1** $16\,\mathrm{cm}^2$	**2-2** $20\,\mathrm{cm}^2$
3-1 $\dfrac{20}{3}\,\mathrm{cm}$	**3-2** 2	**4-1** $8\,\mathrm{cm}$	**4-2** $1\,\mathrm{cm}$
5-1 $4:1$	**5-2** $\dfrac{9}{2}\pi$	**6-1** $36\pi\,\mathrm{cm}^2$	**6-2** 13500원
7-1 $\dfrac{27}{4}\,\mathrm{cm}$	**7-2** $20\,\mathrm{cm}^2$	**8-1** $4.8\,\mathrm{m}$	

1-1 오른쪽 그림과 같이 $\overline{AC}$를 그으면

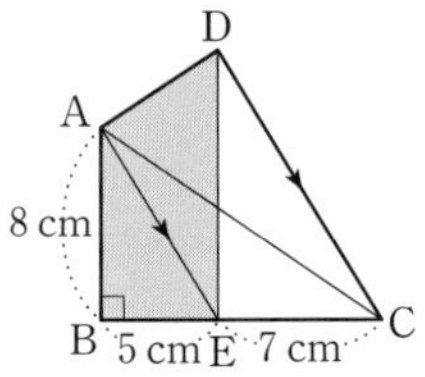

$\overline{AE} /\!/ \overline{DC}$이므로

$\triangle AED = \triangle AEC$

$\therefore \square ABED$

$= \triangle ABE + \triangle AED$

$= \triangle ABE + \triangle AEC$

$= \triangle ABC$

$= \dfrac{1}{2} \times (5 + 7) \times 8 = 48 \,(\mathrm{cm}^2)$

1-2 $\overline{AB} /\!/ \overline{CD}$이므로 $\triangle CBD = \triangle COD$

$\therefore$ (색칠한 부분의 넓이) $=$ (부채꼴 COD의 넓이)

$= \pi \times 6^2 \times \dfrac{60}{360} = 6\pi \,(\mathrm{cm}^2)$

2-1 $\triangle ABE : \triangle AEC = 1 : 2$이므로

$\triangle AEC = \dfrac{2}{3} \triangle ABC = \dfrac{2}{3} \times 60 = 40 \,(\mathrm{cm}^2)$

$\triangle AED : \triangle DEC = 3 : 2$이므로

$\triangle DEC = \dfrac{2}{5} \triangle AEC = \dfrac{2}{5} \times 40 = 16 \,(\mathrm{cm}^2)$

2-2 $\overline{AD} /\!/ \overline{BC}$이므로 $\triangle OAB = \triangle OCD = 30\,\mathrm{cm}^2$

$\triangle OAB : \triangle AOD = \overline{BO} : \overline{DO} = 3 : 2$이므로

$30 : \triangle AOD = 3 : 2 \qquad \therefore \triangle AOD = 20 \,(\mathrm{cm}^2)$

3-1 $\triangle ABC$와 $\triangle AED$에서

$\overline{AB} : \overline{AE} = \overline{AC} : \overline{AD} = 3 : 2$, $\angle A$는 공통이므로

$\triangle ABC \backsim \triangle AED$ (SAS 닮음)

즉 $\overline{BC} : \overline{ED} = 3 : 2$이므로

$10 : \overline{ED} = 3 : 2 \qquad \therefore \overline{ED} = \dfrac{20}{3} \,(\mathrm{cm})$

3-2 $\triangle ABC$와 $\triangle EDC$에서

$\overline{BC} : \overline{DC} = \overline{AC} : \overline{EC} = 3 : 1$, $\angle C$는 공통이므로

$\triangle ABC \backsim \triangle EDC$ (SAS 닮음)

즉 $\overline{BA}:\overline{DE}=3:1$이므로

$6:\overline{DE}=3:1$ ∴ $\overline{DE}=2$

4-1 △ABC와 △EBD에서

∠B는 공통, ∠ACB=∠EDB이므로

△ABC∽△EBD (AA 닮음)

$\overline{AB}:\overline{EB}=\overline{BC}:\overline{BD}$에서

$(2+6):4=\overline{BC}:6$ ∴ $\overline{BC}=12$ (cm)

∴ $\overline{EC}=\overline{BC}-\overline{BE}=12-4=8$ (cm)

4-2 △ABC와 △AED에서

∠A는 공통, ∠ACB=∠ADE이므로

△ABC∽△AED (AA 닮음)

$\overline{AB}:\overline{AE}=\overline{AC}:\overline{AD}$에서

$\overline{AB}:3=(3+7):5$ ∴ $\overline{AB}=6$ (cm)

∴ $\overline{BD}=\overline{AB}-\overline{AD}=6-5=1$ (cm)

5-1 A3 용지의 긴 변의 길이를 a라 하면

A5 용지의 긴 변의 길이는 $\dfrac{1}{2}a$

A7 용지의 긴 변의 길이는 $\dfrac{1}{2}\times\dfrac{1}{2}a=\dfrac{1}{4}a$

따라서 A3 용지와 A7 용지의 닮음비는

$a:\dfrac{1}{4}a=4:1$

5-2 두 원 O와 O′의 닮음비가 $3:1$이므로 넓이의 비는

$3^2:1^2=9:1$이다.

즉 (원 O의 넓이) : $\dfrac{9}{16}\pi=9:1$에서

(원 O의 넓이)$=\dfrac{81}{16}\pi$

∴ (색칠한 부분의 넓이)$=\dfrac{81}{16}\pi-\dfrac{9}{16}\pi=\dfrac{72}{16}\pi=\dfrac{9}{2}\pi$

6-1 물의 높이는 $20\times\dfrac{2}{5}=8$ (cm)이므로

전체 그릇과 물이 담긴 부분은 닮은 도형이고 닮음비는

$20:8=5:2$

물이 이루는 원뿔의 밑면인 원의 반지름의 길이를 r cm 라 하면

$15:r=5:2$ ∴ $r=6$

따라서 수면이 이루는 원의 넓이는 $\pi\times6^2=36\pi$ (cm²)

6-2

두 멜론 A, B의 닮음비는 $10:15=2:3$이므로

부피의 비는 $2^3:3^3=8:27$

이때 멜론의 가격은 멜론의 부피에 정비례하므로

$4000:(B\ 멜론의\ 가격)=8:27$

∴ (B 멜론의 가격)$=13500$(원)

7-1 △ABD와 △CBE에서

∠B는 공통, ∠ADB=∠CEB=90°이므로

△ABD∽△CBE (AA 닮음)

즉 $\overline{AB}:\overline{CB}=\overline{BD}:\overline{BE}$에서

$8:9=(9-3):\overline{BE}$ ∴ $\overline{BE}=\dfrac{27}{4}$ (cm)

7-2 $4^2=8\times\overline{CD}$에서 $\overline{CD}=2$ (cm)

∴ △ABC$=\dfrac{1}{2}\times\overline{BC}\times\overline{AD}$

$=\dfrac{1}{2}\times(8+2)\times4$

$=20$ (cm²)

8-1

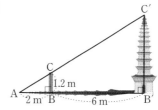

△ABC∽△AB′C′ (AA 닮음)이므로

$\overline{AB}:\overline{AB'}=\overline{BC}:\overline{B'C'}$에서

$2:(2+6)=1.2:\overline{B'C'}$ ∴ $\overline{B'C'}=4.8$ (m)

따라서 탑의 높이는 4.8 m이다.

3일 필수 체크 전략 ❷   50쪽~51쪽

1 12 cm²	2 16 cm²	3 5π	4 52분
5 8	6 ⑤	7 $\dfrac{8}{3}$ cm	8 7.2 m

정답과 풀이

1 $\overline{AB} /\!/ \overline{DC}$이므로 $\triangle BCF = \triangle ACF$
$\overline{AC} /\!/ \overline{EF}$이므로 $\triangle ACF = \triangle ACE$
$\therefore \triangle ACE = \triangle BCF = 13 \text{ cm}^2$
이때 $\triangle ACD = \frac{1}{2}\square ABCD = \frac{1}{2} \times 50 = 25 \text{ (cm}^2)$이므로
$\begin{aligned}\triangle CDE &= \triangle ACD - \triangle ACE \\ &= 25 - 13 = 12 \text{ (cm}^2)\end{aligned}$

2 오른쪽 그림과 같이 $\overline{DF}$를 그으면
$\overline{DC} /\!/ \overline{AF}$이므로
$\triangle ADC = \triangle DCF$
$\begin{aligned}\triangle DEF &= \triangle DEC + \triangle DCF \\ &= \triangle DEC + \triangle ADC \\ &= \square ADEC = 24 \text{ (cm}^2)\end{aligned}$
이때 $\overline{BE} : \overline{EF} = 2 : 3$이므로
$\triangle DBE : \triangle DEF = 2 : 3$
$\therefore \triangle DBE = \frac{2}{3}\triangle DEF = \frac{2}{3} \times 24 = 16 \text{ (cm}^2)$

3 $\overline{AB}$, $\overline{AC}$, $\overline{AD}$를 지름으로 하는 세 원의 넓이를 각각 S_1, S_2, S_3이라 하면
$S_1 : S_2 : S_3 = 1^2 : 2^2 : 3^2 = 1 : 4 : 9$
$S_1 : (S_3 - S_2) = 1 : (9-4) = 1 : 5$에서
$S_1 : 25\pi = 1 : 5$ $\therefore S_1 = 5\pi$
따라서 $\overline{AB}$를 지름으로 하는 원의 넓이는 5π이다.

4 물이 담긴 부분과 전체 그릇은 닮은 도형이고 닮음비는
$1 : 3$이므로 부피의 비는 $1^3 : 3^3 = 1 : 27$이다.
물을 가득 채울 때까지 x분이 더 걸린다고 하면
$1 : (27-1) = 2 : x$ $\therefore x = 52$
따라서 가득 채울 때까지 52분이 더 걸린다.

5 $\triangle ABC$와 $\triangle CBD$에서
$\angle B$는 공통, $\angle BAC = \angle BCD$이므로
$\triangle ABC \backsim \triangle CBD$ (AA 닮음)
$\overline{AB} : \overline{CB} = \overline{CB} : \overline{DB}$에서
$16 : x = x : 4$, $x^2 = 64 = 8^2$
$\therefore x = 8 \ (\because x > 0)$

6 $\triangle ABC$와 $\triangle EOC$에서
$\angle ABC = \angle EOC = 90\degree$, $\angle C$는 공통이므로
$\triangle ABC \backsim \triangle EOC$ (AA 닮음)

$\overline{AB} : \overline{EO} = \overline{BC} : \overline{OC}$에서
$12 : \overline{EO} = 16 : 10$ $\therefore \overline{EO} = \frac{15}{2} \text{ (cm)}$
$\begin{aligned}\therefore \triangle OEC &= \frac{1}{2} \times \overline{OC} \times \overline{EO} \\ &= \frac{1}{2} \times 10 \times \frac{15}{2} = \frac{75}{2} \text{ (cm}^2)\end{aligned}$

7 $\overline{FD} = \overline{AD} - \overline{AF} = 10 - 8 = 2 \text{ (cm)}$
$\triangle ABF$와 $\triangle DFE$에서
$\angle A = \angle D = 90\degree$, $\angle ABF = 90\degree - \angle AFB = \angle DFE$
이므로 $\triangle ABF \backsim \triangle DFE$ (AA 닮음)
$\overline{AB} : \overline{DF} = \overline{AF} : \overline{DE}$에서
$6 : 2 = 8 : \overline{DE}$ $\therefore \overline{DE} = \frac{8}{3} \text{ (cm)}$

8

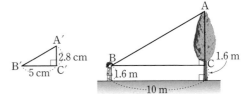

$(축척) = \frac{5 \text{ cm}}{10 \text{ m}} = \frac{5 \text{ cm}}{1000 \text{ cm}} = \frac{1}{200}$이므로
$\begin{aligned}\overline{AC} &= 2.8 \text{ (cm)} \div \frac{1}{200} = 2.8 \text{ (cm)} \times 200 \\ &= 560 \text{ (cm)} = 5.6 \text{ (m)}\end{aligned}$
$\begin{aligned}\therefore (나무의 실제 높이) &= 1.6 + \overline{AC} \\ &= 1.6 + 5.6 = 7.2 \text{ (m)}\end{aligned}$

누구나 합격 전략 52쪽~53쪽

01 1 cm	02 ④	03 지수, 현우	04 ③
05 75°	06 12 cm	07 ④	08 ④
09 8 cm	10 108 cm³		

01 $\overline{AD} /\!/ \overline{BC}$이므로 $\angle BEA = \angle DAE$ (엇각)
또 $\angle BAE = \angle DAE$이므로 $\angle BAE = \angle BEA$
따라서 $\triangle ABE$는 $\overline{BE} = \overline{BA}$인 이등변삼각형이므로
$\overline{BE} = \overline{BA} = 4 \text{ cm}$
이때 $\overline{BC} = \overline{AD} = 5 \text{ cm}$이므로
$\overline{EC} = \overline{BC} - \overline{BE} = 5 - 4 = 1 \text{ (cm)}$

02 $\angle ADC = \angle B = 80°$이므로

$\angle ADE = \dfrac{1}{2} \angle ADC = \dfrac{1}{2} \times 80° = 40°$

이때 $\angle GEF = \angle GDA = 40°$ (엇각)이므로

$\triangle GEF$에서 $\angle x = 180° - (90° + 40°) = 50°$

03 시아, 주환 : 평행사변형이 마름모가 되기 위한 조건이다.

지수 : 두 대각선의 길이가 같다.

현우 : 한 내각의 크기는 90°이다.

따라서 평행사변형 ABCD가 직사각형이 되는 조건을 말한 학생은 지수, 현우이다.

04 $\triangle ABE$와 $\triangle ADF$에서

$\angle AEB = \angle AFD = 90°$, $\overline{AB} = \overline{AD}$, $\angle B = \angle D$이므로

$\triangle ABE \equiv \triangle ADF$ (RHA 합동)

즉 $\triangle AEF$는 $\overline{AE} = \overline{AF}$인 이등변삼각형이므로

$\angle AFE = \dfrac{1}{2} \times (180° - 54°) = 63°$

$\therefore \angle CFE = 180° - (\angle AFE + \angle AFD)$

$= 180° - (63° + 90°) = 27°$

05 $\overline{AB} = \overline{AD} = \overline{AE}$이므로 $\triangle ABE$는 $\overline{AB} = \overline{AE}$인 이등변삼각형이다.

따라서 $\angle AEB = \angle ABE = 30°$이므로

$\angle BAE = 180° - 2 \times 30° = 120°$

$\therefore \angle EAD = \angle BAE - \angle BAD = 120° - 90° = 30°$

이때 $\triangle ADE$는 $\overline{AD} = \overline{AE}$인 이등변삼각형이므로

$\angle ADE = \dfrac{1}{2} \times (180° - 30°) = 75°$

06 $\angle C = \angle B = 180° - 120° = 60°$

오른쪽 그림과 같이 $\overline{DE}$를 그으면

$\angle DEC = \angle B = 60°$ (동위각)

따라서 $\triangle DEC$는 정삼각형이므로 $\overline{EC} = \overline{DC} = \overline{AB} = 7$ cm

또 $\square ABED$는 평행사변형이므로 $\overline{BE} = \overline{AD} = 5$ cm

$\therefore \overline{BC} = \overline{BE} + \overline{EC} = 5 + 7 = 12$ (cm)

07 ④ 이웃하는 두 변의 길이가 같은 평행사변형은 마름모이다.

따라서 옳지 않은 것은 ④이다.

08 오른쪽 그림과 같이 $\overline{AE}$를 그으면

$\overline{AC} /\!/ \overline{DE}$이므로

$\triangle ACD = \triangle ACE$

$\therefore \square ABCD$

$= \triangle ABC + \triangle ACD$

$= \triangle ABC + \triangle ACE$

$= \triangle ABE$

$= \dfrac{1}{2} \times (14 + 6) \times 10 = 100$ (cm²)

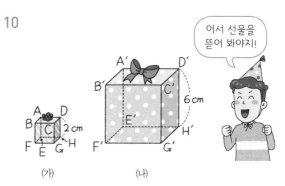

09 $\triangle ABC$와 $\triangle ADB$에서

$\overline{AB} : \overline{AD} = 6 : 4 = 3 : 2$, $\overline{AC} : \overline{AB} = 9 : 6 = 3 : 2$,

$\angle A$는 공통이므로

$\triangle ABC \backsim \triangle ADB$ (SAS 닮음)

즉 $\overline{BC} : \overline{DB} = 3 : 2$이므로

$12 : \overline{DB} = 3 : 2$ $\therefore \overline{DB} = 8$ (cm)

10

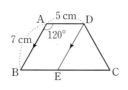

두 직육면체 모양의 선물 상자 ㈎, ㈏의 닮음비는

$\overline{DH} : \overline{D'H'} = 2 : 6 = 1 : 3$이므로 부피의 비는

$1^3 : 3^3 = 1 : 27$

즉 $4 :$ (㈏ 선물 상자의 부피) $= 1 : 27$이므로

(㈏ 선물 상자의 부피) $= 108$ (cm³)

| 창의 · 융합 · 코딩 전략 | **54쪽~57쪽** |

1 36 cm²

2 (1) 진이 : 2 km, 세희 : 0.5 km, 우재 : 2 km, 현아 : 0.5 km

(2) 마름모

3 (1) 9 L　(2) 64 L　　　　　**4** 풀이 참조

5 (1) 14 cm　(2) 1728명

6 (1) $\triangle AGE \backsim \triangle CGB$ (AA 닮음) (2) 1 : 2　(3) 1 : 3

7 364 m²　　　**8** 700 m

1 $\square ABCD = \dfrac{1}{2} \times \overline{AC} \times \overline{BD}$

$\quad\quad\quad = \dfrac{1}{2} \times 16 \times 12 = 96 \ (\text{cm}^2)$

$\quad \therefore \ \triangle APC = \dfrac{3}{1+3} \triangle ABC$

$\quad\quad\quad\quad = \dfrac{3}{4} \times \dfrac{1}{2} \square ABCD$

$\quad\quad\quad\quad = \dfrac{3}{8} \times 96 = 36 \ (\text{cm}^2)$

2 (1) (거리)=(속력)×(시간)이므로 10분 동안 진이, 세희, 우재, 현아 네 사람이 각각 이동한 거리는 다음과 같다.
진이는 동쪽으로, 우재는 서쪽으로 각각

$\quad 12 \times \dfrac{10}{60} = 2 \ (\text{km})$

세희는 북쪽으로, 현아는 남쪽으로 각각

$\quad 3 \times \dfrac{10}{60} = 0.5 \ (\text{km})$

(2) $\square ABCD$는 오른쪽 그림과 같이
$\overline{PA} = \overline{PC} = 2 \ \text{km}$,
$\overline{PB} = \overline{PD} = 0.5 \ \text{km}$이고
$\overline{BD} \perp \overline{CA}$이다.

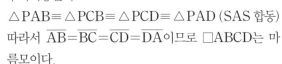

즉 두 대각선이 서로 다른 것을
수직이등분하므로
$\triangle PAB \equiv \triangle PCB \equiv \triangle PCD \equiv \triangle PAD$ (SAS 합동)
따라서 $\overline{AB} = \overline{BC} = \overline{CD} = \overline{DA}$이므로 $\square ABCD$는 마름모이다.

3

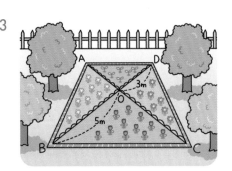

(1) $\overline{BO} : \overline{DO} = 5 : 3$이므로

$\quad \triangle ABO : \triangle AOD = 5 : 3$

$\quad \triangle AOD$ 모양의 꽃밭을 가꾸는 데에는 하루에 x L의 물이 필요하다고 하면

$\quad 15 : x = 5 : 3 \quad \therefore x = 9$

따라서 $\triangle AOD$ 모양의 꽃밭을 가꾸는 데에는 하루에 9 L의 물이 필요하다.

(2) $\triangle ABO = \triangle DOC$, 즉 $\triangle DOC$ 모양의 꽃밭을 가꾸는 데에는 하루에 15 L의 물이 필요하고,
$\overline{BO} : \overline{DO} = 5 : 3$이므로 $\triangle OBC : \triangle DOC = 5 : 3$
$\triangle OBC$ 모양의 꽃밭을 가꾸는 데에는 하루에 y L의 물이 필요하다고 하면

$\quad y : 15 = 5 : 3 \quad \therefore y = 25$

따라서 사다리꼴 ABCD 모양의 꽃밭 전체를 가꾸는 데에는 하루에 $9+15+25+15=64$ (L)의 물이 필요하다.

4 오른쪽 그림과 같이 B 지점을 지나고 $\overline{AC}$에 평행한 직선 BD를 그으면 $\overline{AC} /\!/ \overline{BD}$이므로
$\triangle ACB = \triangle ACD$
따라서 $\overline{AD}$는 두 밭의 넓이는 변하지 않으면서 A 지점을 지나는 직선 모양의 새로운 경계선이다.

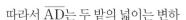

5

(1) 소인국 사람들과 걸리버의 키는 도형에서 닮음비로 생각할 수 있고, 그 비는 1 : 12이다.
따라서 소인국 사람들의 평균 키는

$\quad 168 \times \dfrac{1}{12} = 14 \ (\text{cm})$

(2) 소인국 사람들과 걸리버의 부피의 비는
$1^3 : 12^3 = 1 : 1728$이다.
따라서 걸리버가 한 끼 식사를 하기 위해 필요한 양은 소인국 사람 1728명이 한 끼에 먹을 수 있는 양이다.

6 (1) $\triangle AGE$와 $\triangle CGB$에서
$\angle GAE = \angle GCB$ (엇각), $\angle GEA = \angle GBC$ (엇각)
$\quad \therefore \triangle AGE \backsim \triangle CGB$ (AA 닮음)

(2) $\overline{GA} : \overline{GC} = \overline{AE} : \overline{CB} = 1 : 2$

(3) $\triangle AGH \backsim \triangle CGI$ (AA 닮음)이므로

$\overline{AH} : \overline{CI} = \overline{GA} : \overline{GC} = 1 : 2$

이때 $\overline{BI} = \overline{AH}$이므로

$\overline{BI} : \overline{CI} = 1 : 2$ ∴ $\overline{BI} : \overline{BC} = 1 : 3$

7

$\triangle ABE$와 $\triangle ECD$에서

$\angle B = \angle C = 90°$, $\angle BAE = 90° - \angle AEB = \angle CED$

이므로

$\triangle ABE \backsim \triangle ECD$ (AA 닮음)

즉 $\overline{AB} : \overline{EC} = \overline{BE} : \overline{CD}$에서

$8 : 16 = \overline{BE} : 20$ ∴ $\overline{BE} = 10$ (m)

따라서 밭의 넓이는

$\dfrac{1}{2} \times (8+20) \times 26 = 364$ (m²)

8

$\triangle ABC$와 $\triangle ADE$에서

$\angle A$는 공통, $\angle ABC = \angle ADE = 90°$이므로

$\triangle ABC \backsim \triangle ADE$ (AA 닮음)

즉 $\overline{AB} : \overline{AD} = \overline{BC} : \overline{DE}$에서

$\overline{AB} : (\overline{AB}+2) = 7 : 11$ ∴ $\overline{AB} = \dfrac{7}{2}$ (cm)

따라서 실제 강의 폭은

$\dfrac{7}{2}$ (cm) $\div \dfrac{1}{20000} = \dfrac{7}{2}$ (cm) $\times 20000$

$= 70000$ (cm) $= 700$ (m)

신유형·신경향·서술형 전략　60쪽~63쪽

01 9 cm

02 (1) 144° (2) 18°

03 23 cm²

04 (1) 이등변삼각형 (2) 26 cm

05 (1) △DOF (2) 13 cm²

06 (1) 15 cm² (2) 7 cm² (3) 12 cm²

07 ②

08 8 m

01 $\square ABCD = \dfrac{1}{2} \times (\overline{AB}+\overline{DC}) \times \overline{BC}$에서

$36 = \dfrac{1}{2} \times (\overline{AB}+\overline{DC}) \times 8$

∴ $\overline{AB}+\overline{DC} = 9$ (cm)

오른쪽 그림과 같이 $\overline{AE}$를 그으

면 $\triangle ABE$와 $\triangle AFE$에서

$\angle ABE = \angle AFE = 90°$,

$\overline{AE}$는 공통, $\overline{BE} = \overline{FE}$이므로

$\triangle ABE \equiv \triangle AFE$ (RHS 합동)

$\overline{DE}$를 그으면

$\triangle DEF$와 $\triangle DEC$에서

$\angle DFE = \angle DCE = 90°$, $\overline{DE}$는 공통, $\overline{EF} = \overline{EC}$이므로

$\triangle DEF \equiv \triangle DEC$ (RHS 합동)

따라서 $\overline{AF} = \overline{AB}$, $\overline{DF} = \overline{DC}$이므로

$\overline{AD} = \overline{AF}+\overline{DF} = \overline{AB}+\overline{DC} = 9$ (cm)

02

이것을 기억해!

(1) 삼각형의 세 변의 수직이등분선의 교점은 외심이다.

(2) 둔각삼각형의 외심은 삼각형의 외부에 있다.

(1) 점 D가 $\triangle ABC$의 외심이므로

$\angle x = 360° - 2\angle A$

$= 360° - 2 \times 108° = 144°$

(2) $\triangle DBC$에서 $\overline{DB} = \overline{DC}$이므로

$\angle y = \dfrac{1}{2} \times (180° - 144°) = 18°$

03 오른쪽 그림과 같이 $\overline{BI}$,
$\overline{CI}$를 그으면 점 I가
$\triangle ABC$의 내심이고
$\overline{BC}\,/\!/\,\overline{DE}$이므로

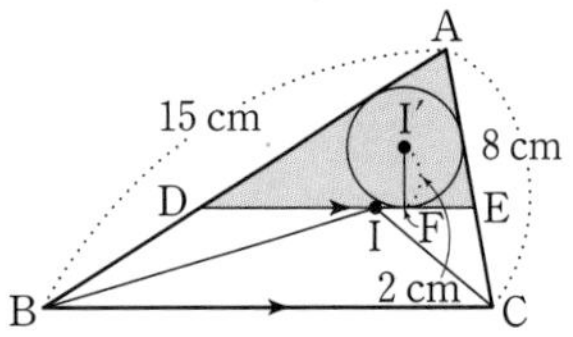

$\angle IBD = \angle IBC = \angle DIB$

$\therefore \overline{DB} = \overline{DI}$

$\angle ICE = \angle ICB = \angle EIC \qquad \therefore \overline{EC} = \overline{EI}$

$\therefore \triangle ADE = \dfrac{1}{2} \times \overline{I'F} \times (\overline{AD} + \overline{DE} + \overline{AE})$

$\qquad = \dfrac{1}{2} \times \overline{I'F} \times \{\overline{AD} + (\overline{DI} + \overline{EI}) + \overline{AE}\}$

$\qquad = \dfrac{1}{2} \times \overline{I'F} \times (\overline{AD} + \overline{DB} + \overline{EC} + \overline{AE})$

$\qquad = \dfrac{1}{2} \times \overline{I'F} \times (\overline{AB} + \overline{AC})$

$\qquad = \dfrac{1}{2} \times 2 \times (15 + 8)$

$\qquad = 23 \ (\text{cm}^2)$

04 (1) $\triangle BFE$에서 $\overline{BE} = \overline{BF}$이므로

$\angle BFE = \angle BEF$

$\overline{AB}\,/\!/\,\overline{DC}$이므로

$\angle DCF = \angle BEF$ (엇각)

$\angle BFE = \angle DFC$ (맞꼭지각)

따라서 $\angle DCF = \angle BEF = \angle BFE = \angle DFC$이므로

$\triangle CDF$는 $\overline{DF} = \overline{DC} = 17 \ \text{cm}$인 이등변삼각형이다.

(2) $\overline{BD} = \overline{BF} + \overline{DF} = 9 + 17 = 26 \ (\text{cm})$

05 (1) $\triangle AOE$와 $\triangle DOF$에서

$\overline{AO} = \overline{DO}$, $\angle OAE = \angle ODF = 45°$,

$\overline{DF} = 10 - 6 = 4 \ (\text{cm})$이므로 $\overline{AE} = \overline{DF}$

$\therefore \triangle AOE \equiv \triangle DOF$ (SAS 합동)

(2) $\triangle AOE = \triangle DOF$이므로

$\square AEOF = \triangle AOE + \triangle AOF$

$\qquad\quad = \triangle DOF + \triangle AOF$

$\qquad\quad = \triangle AOD$

$\qquad\quad = \dfrac{1}{4} \square ABCD$

$\qquad\quad = \dfrac{1}{4} \times 10 \times 10$

$\qquad\quad = 25 \ (\text{cm}^2)$

$\therefore \triangle EOF = \square AEOF - \triangle AEF$

$\qquad\quad\ = 25 - \dfrac{1}{2} \times 4 \times 6$

$\qquad\quad\ = 13 \ (\text{cm}^2)$

06 (1) $\triangle EBC = \dfrac{1}{2}\square ABCD = \dfrac{1}{2} \times 60 = 30 \ (\text{cm}^2)$이므로

$\square EGFH = \triangle EBC - (\triangle GBF + \triangle HFC)$

$\qquad\qquad = 30 - (4 + 11)$

$\qquad\qquad = 15 \ (\text{cm}^2)$

(2) $\triangle AFD = \dfrac{1}{2}\square ABCD = 30 \ (\text{cm}^2)$이고

$\triangle AFE : \triangle DEF = 2 : 1$이므로

$\triangle DEF = \dfrac{1}{3}\triangle AFD = \dfrac{1}{3} \times 30 = 10 \ (\text{cm}^2)$

$\therefore \triangle EFH = \triangle DEF - \triangle DEH$

$\qquad\qquad = 10 - 3 = 7 \ (\text{cm}^2)$

(3) $\triangle AFE = \triangle AFD - \triangle DEF$

$\qquad\qquad = 30 - 10 = 20 \ (\text{cm}^2)$

이고

$\triangle EGF = \square EGFH - \triangle EFH$

$\qquad\qquad = 15 - 7 = 8 \ (\text{cm}^2)$

이므로

$\triangle AGE = \triangle AFE - \triangle EGF$

$\qquad\qquad = 20 - 8 = 12 \ (\text{cm}^2)$

07 한 모서리의 길이가 각각
4 cm, 5 cm, 6 cm인 정사
면체 모양의 아이스크림은
각각 닮은 도형이므로 닮음
비는 4 : 5 : 6이다. 
즉 부피의 비는 $4^3 : 5^3 : 6^3$이
므로 A, B, C 세 메뉴의 부피의 비는

$4^3 \times 15 : 5^3 \times 12 : 6^3 \times 5 = 16 : 25 : 18$

따라서 A, B, C 세 메뉴의 가격은 A, C, B의 순서대로 비
싸진다.

08 $\triangle ABC$와 $\triangle EDC$에서

$\angle ABC = \angle EDC = 90°$

(입사각)$=$(반사각)이므로 $\angle ACB = \angle ECD$

$\therefore \triangle ABC \backsim \triangle EDC$ (AA 닮음)

즉 $\overline{AB} : \overline{ED} = \overline{BC} : \overline{DC}$에서

$\overline{AB} : 1.6 = 6 : 1.2 \qquad \therefore \overline{AB} = 8 \ (\text{m})$

01 $36°$	02 $100°$	03 ①	04 10 cm
05 ⑤	06 5 cm	07 ②	08 ④
09 ①	10 ②	11 ①	
12 $\left(9-\dfrac{9}{4}\pi\right)$ cm^2		13 ①	14 ③
15 $8°$	16 $y=x$		

01 전략 △ABC에서 $\overline{AB}=\overline{AC}$이면 ∠B=∠C이다.

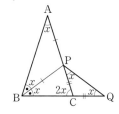

위의 그림과 같이 ∠PQC=∠CPQ=$\angle x$라 하면
△CQP에서
∠PCB=$\angle x+\angle x=2\angle x$
△ABC에서
∠ABC=∠ACB=$2\angle x$이므로
∠ABP=∠PBC=$\dfrac{1}{2}$∠ABC=$\angle x$

△PAB에서
∠A=∠ABP=$\angle x$이므로
△ABC에서
$\angle x+2\angle x+2\angle x=180°$
$5\angle x=180°$　∴ $\angle x=36°$
∴ ∠PQC=$36°$

02 전략 ∠A=$\angle x$라 하면 △BAC에서 ∠BCA=∠A=$\angle x$이다.

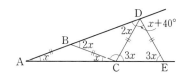

위의 그림과 같이 ∠A=$\angle x$라 하면
△BAC에서 ∠BCA=∠A=$\angle x$이므로
∠DBC=$\angle x+\angle x=2\angle x$
△CDB에서 ∠CDB=∠DBC=$2\angle x$이므로
△DAC에서
∠DCE=$\angle x+2\angle x=3\angle x$
△DCE에서
∠DEC=∠DCE=$3\angle x$

이때
$\angle CDE=\dfrac{1}{2}\angle CBD+40°$
$\qquad\quad=\dfrac{1}{2}\times 2\angle x+40°=\angle x+40°$
이므로 △DCE에서
$(\angle x+40°)+3\angle x+3\angle x=180°$
$7\angle x=140°$　　∴ $\angle x=20°$
∴ ∠BCD=$180°-(\angle x+3\angle x)$
$\qquad\qquad\;\;=180°-4\angle x$
$\qquad\qquad\;\;=180°-80°=100°$

03 전략 ∠ABC와 ∠ACB의 크기를 알면 ∠DBC와 ∠DCE의 크기를 구할 수 있다.

△ABC에서 $\overline{AB}=\overline{AC}$이므로
∠ABC=∠ACB=$\dfrac{1}{2}\times(180°-50°)=65°$
∴ ∠DBC=$\dfrac{1}{2}$∠ABC=$\dfrac{1}{2}\times 65°=32.5°$
∠ACD=∠DCE=$\dfrac{1}{2}\times(180°-65°)=57.5°$
△DBC에서 ∠DCE=∠DBC+∠BDC이므로
$57.5°=32.5°+\angle x$　　∴ $\angle x=25°$

04 전략 △ABC에서 ∠B=∠C이면 $\overline{AB}=\overline{AC}$이다.
오른쪽 그림과 같은 △ABC
에서 ∠B=∠C이므로
$\overline{AC}=\overline{AB}=10$ cm

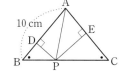

$\overline{AP}$를 그으면
△ABC=△ABP+△ACP에서
$50=\dfrac{1}{2}\times 10\times\overline{PD}+\dfrac{1}{2}\times 10\times\overline{PE}$
$5(\overline{PD}+\overline{PE})=50$
∴ $\overline{PD}+\overline{PE}=10$ (cm)

05 전략 ∠A와 ∠DBE의 크기는 접은 각이므로 서로 같다.
오른쪽 그림과 같이
∠EBC=$\angle x$라 하면
∠DBE=∠EBC+$15°=\angle x+15°$
∠A=∠DBE=$\angle x+15°$ (접은 각)
∠C=∠ABC=∠DBE+∠EBC
$\quad=(\angle x+15°)+\angle x$
$\quad=2\angle x+15°$

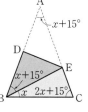

△ABC에서

$(\angle x+15°)+(2\angle x+15°)+(2\angle x+15°)=180°$

$5\angle x=135°$ $\therefore \angle x=27°$

$\therefore \angle C=2\angle x+15°=2\times 27°+15°=69°$

06 전략 두 직선이 평행하면 엇각의 크기가 같음을 이용하여 △DAB와 △DB'E가 이등변삼각형임을 안다.

$\overline{AB}\,//\,\overline{C'B'}$이므로

$\angle ABD=\angle DEB'$ (엇각), $\angle BAD=\angle DB'E$ (엇각)

이때 $\angle ABC=\angle AB'C'$이므로

$\angle ABD=\angle DB'E=\angle BAD=\angle DEB'$

따라서 △DAB, △DB'E는 모두 이등변삼각형이므로

$\overline{AD}=\overline{BD}$, $\overline{DB'}=\overline{DE}$

$\therefore \overline{EC}=\overline{BC}-(\overline{BD}+\overline{DE})$

$=\overline{BC}-(\overline{AD}+\overline{DB'})$

$=\overline{BC}-\overline{AB'}$

$=\overline{BC}-\overline{AB}$

$=11-6=5\,(\text{cm})$

07 전략 △BPR≡△CQP (SAS 합동)임을 안다.

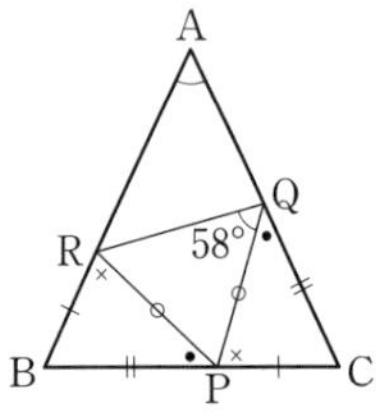

△BPR와 △CQP에서

$\overline{BP}=\overline{CQ}$, $\angle B=\angle C$,

$\overline{BR}=\overline{CP}$이므로

△BPR≡△CQP (SAS 합동)

따라서 $\overline{PR}=\overline{QP}$이므로

△PQR에서 $\angle PRQ=\angle PQR=58°$

$\therefore \angle RPQ=180°-(58°+58°)=64°$

$\angle B=\angle C$

$=180°-(\angle BPR+\angle PRB)$

$=180°-(\angle BPR+\angle QPC)$

$=\angle RPQ=64°$

$\therefore \angle A=180°-(64°+64°)=52°$

08 전략 점 O가 직각삼각형 ABC의 외심이므로 $\overline{OA}=\overline{OC}$이다.

$\overline{OA}=\overline{OC}$이므로 $\angle OAC=\angle C=34°$

△AOC에서 $\angle AOH=34°+34°=68°$

따라서 △AHO에서

$\angle OAH=180°-(90°+68°)=22°$

09 $\angle OAB=\angle OBA=40°$이므로 △ABO에서

$\angle AOC=\angle OAB+\angle OBA=40°+40°=80°$

△OAC에서 $\overline{OA}=\overline{OC}$이므로

$\angle OAC=\dfrac{1}{2}\times(180°-80°)=50°$

점 O'은 △AOC의 외심이므로

$\angle OO'C=2\angle OAC=2\times 50°=100°$

10 전략 $\overline{OA}$, $\overline{OC}$를 그으면 $\overline{OA}=\overline{OB}=\overline{OC}$이다.

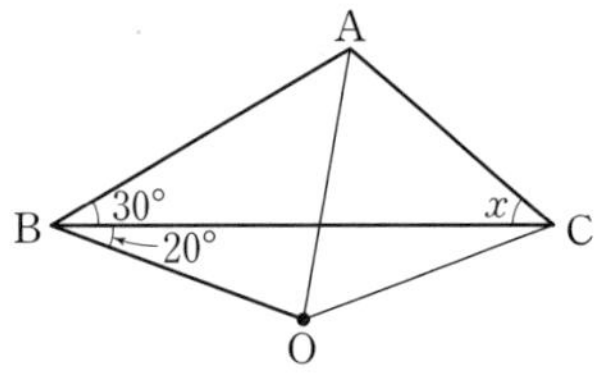

오른쪽 그림과 같이

$\angle C=\angle x$라 하고

$\overline{OA}$를 그으면

$\overline{OA}=\overline{OB}$이므로

△OAB에서

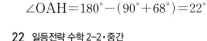

$\angle OAB=\angle OBA=30°+20°=50°$

또 $\overline{OC}$를 그으면 $\overline{OB}=\overline{OC}$이므로

$\angle OCB=\angle OBC=20°$

△OAC에서 $\angle OAC=\angle OCA=\angle x+20°$

따라서 △ABC에서

$(50°+\angle x+20°)+30°+\angle x=180°$

$2\angle x=80°$ $\therefore \angle x=40°$

$\therefore \angle C=40°$

11 오른쪽 그림과 같이

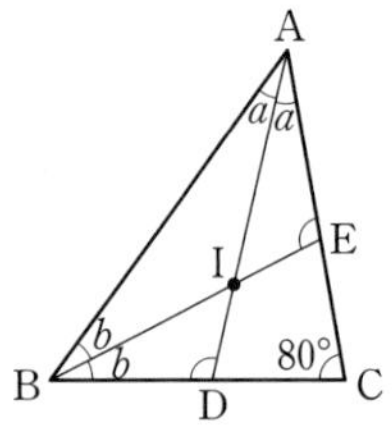

$\angle BAD=\angle CAD=\angle a$,

$\angle ABE=\angle CBE=\angle b$라 하면

△ABC에서

$2\angle a+2\angle b+80°=180°$

$\therefore \angle a+\angle b=50°$

$\therefore \angle ADB+\angle AEB$

$=(\angle a+80°)+(\angle b+80°)=\angle a+\angle b+160°$

$=50°+160°=210°$

12 전략 (색칠한 부분의 넓이)

$=$(사각형 IECF의 넓이)$-$(부채꼴 IEF의 넓이)이다.

내접원 I의 반지름의 길이를 r cm라 하면

$\dfrac{1}{2}\times 15\times 8=\dfrac{1}{2}\times r\times(17+15+8)$

$20r=60$ $\therefore r=3$

$\therefore$ (색칠한 부분의 넓이)

$=$(사각형 IECF의 넓이)$-$(부채꼴 IEF의 넓이)

$=3\times 3-\pi\times 3^2\times\dfrac{1}{4}=9-\dfrac{9}{4}\pi\,(\text{cm}^2)$

13 [전략] $\angle BPC=\angle POC+\angle OCP$이다.

$\angle BOC=2\angle A=2\times 50°=100°$

$\angle ACB=90°-50°=40°$이고 점 I는 내심이므로

$\angle OCI=\angle BCI=\dfrac{1}{2}\times 40°=20°$

$\triangle OPC$에서

$\angle BPC=\angle POC+\angle OCP=100°+20°=120°$

14 [전략] $\overline{OB}$, $\overline{OC}$를 긋는다.

$\angle IAC=\angle IAB=30°$이므로

$\angle OAC=30°-10°=20°$

오른쪽 그림과 같이 $\overline{OB}$, $\overline{OC}$를
그으면

$\angle OBA=\angle OAB$
$\qquad =30°+10°$
$\qquad =40°$

$\angle OCA=\angle OAC=20°$

$\angle OAB+\angle OBC+\angle OCA=90°$이므로

$40°+\angle OBC+20°=90°$ $\therefore \angle OBC=30°$

따라서 $\triangle ABE$에서

$\angle AEC=\angle EAB+\angle ABE=40°+(40°+30°)=110°$

15 [전략] $\overline{OC}$를 그어 $\angle OAC$의 크기를 구한다.

$\angle BAC=180°-(39°+55°)=86°$이므로

$\angle IAC=\angle IAB=\dfrac{1}{2}\angle BAC=\dfrac{1}{2}\times 86°=43°$

오른쪽 그림과 같이 $\overline{OC}$를 그
으면

$\angle AOC=2\angle B$
$\qquad =2\times 39°=78°$

$\triangle OAC$에서 $\overline{OA}=\overline{OC}$이므로

$\angle OAC=\dfrac{1}{2}\times(180°-78°)=51°$

$\therefore \angle OAI=\angle OAC-\angle IAC=51°-43°=8°$

16 [전략] 점 C의 좌표를 구한다.

오른쪽 그림과 같이 내접원의
접점을 각각 D, E, F라 하면
□DOEC는 정사각형이다.

점 C의 좌표를 $C(a, a)$라 하면

$\overline{OD}=\overline{OE}=a$,

$\overline{AF}=\overline{AD}=6-a$,

$\overline{BF}=\overline{BE}=8-a$

이때 $\overline{AF}+\overline{BF}=\overline{AB}$이므로

$(6-a)+(8-a)=10$ $\therefore a=2$

따라서 점 C의 좌표는 $(2, 2)$이므로 구하는 일차함수의 식
은 $y=x$이다.

---

01 [전략] $\angle DAE=\angle AEB$ (엇각)이고, $\angle D=\angle B$이다.

$\angle DAE=\angle AEB=46°$ (엇각)

$\angle DAE : \angle EAC=2 : 1$이므로

$\angle EAC=\dfrac{1}{2}\times 46°=23°$

이때 $\angle D=\angle B=68°$이므로 $\triangle ACD$에서

$\angle x=180°-\{(46°+23°)+68°\}=43°$

02 [전략] $\overline{AF}\,/\!/\,\overline{DE}$, $\overline{AD}\,/\!/\,\overline{FE}$이므로 □ADEF는 평행사변형이다.

$\angle B=\angle C$이고 $\angle C=\angle DEB$ (동위각)이므로

$\angle B=\angle DEB$

즉 $\triangle DBE$는 $\overline{DB}=\overline{DE}$인 이등변삼각형이다.

이때 □ADEF는 평행사변형이므로

(□ADEF의 둘레의 길이)$=\overline{AD}+\overline{DE}+\overline{EF}+\overline{FA}$
$\qquad =2(\overline{AD}+\overline{DE})$
$\qquad =2(\overline{AD}+\overline{DB})$
$\qquad =2\overline{AB}$
$\qquad =2\times 16=32\,(\mathrm{cm})$

두 쌍의 대변이 각각 평행한 사각형은

평행사변형이지!

03 전략 점 Q가 출발한 지 x초 후에 □APCQ가 평행사변형이 된다고 하면 점 P는 $(x+6)$초 동안 이동하였으므로 $\overline{AP}=3(x+6)$ cm, $\overline{CQ}=5x$ cm이다.

점 Q가 출발한 지 x초 후에 □APCQ가 평행사변형이 된다고 하면 점 P는 $(x+6)$초 동안 이동하였으므로
$\overline{AP}=3(x+6)$ cm, $\overline{CQ}=5x$ cm
이때 □APCQ에서 $\overline{AP}/\!/\overline{CQ}$이므로 □APCQ가 평행사변형이 되려면 $\overline{AP}=\overline{CQ}$이어야 한다.
즉 $3(x+6)=5x$에서
$3x+18=5x$, $-2x=-18$　∴ $x=9$
따라서 □APCQ가 평행사변형이 되는 것은 점 Q가 출발한 지 9초 후이다.

04 전략 $\overline{DA}$의 연장선과 $\overline{CE}$의 연장선이 만나는 점을 F라 하면 $\triangle AFE\equiv\triangle BCE$ (ASA 합동)이다.

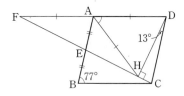

위의 그림과 같이 $\overline{DA}$의 연장선과 $\overline{CE}$의 연장선이 만나는 점을 F라 하면 $\triangle AFE$와 $\triangle BCE$에서
$\overline{AE}=\overline{BE}$, $\angle EAF=\angle EBC$ (엇각),
$\angle AFE=\angle BCE$ (맞꼭지각)이므로
$\triangle AFE\equiv\triangle BCE$ (ASA 합동)
따라서 $\overline{AF}=\overline{BC}$이므로 $\overline{AD}=\overline{BC}=\overline{AF}$
즉 직각삼각형 DFH에서 점 A는 $\triangle DFH$의 외심이다.
∴ $\overline{AD}=\overline{AF}=\overline{AH}$
이때 $\angle D=\angle B=77°$이고,
$\angle AHD=\angle ADH=77°-13°=64°$이므로
$\triangle AHD$에서
$\angle DAH=180°-(64°+64°)=52°$

05 전략 $\triangle AEF$는 이등변삼각형이고, $\triangle ABE\equiv\triangle AD'F$ (ASA 합동)이다.
① $\angle AEF=\angle FEC$ (접은 각),
　$\angle AFE=\angle FEC$ (엇각)
　즉 $\angle AEF=\angle AFE$이므로
　$\triangle AEF$는 $\overline{AE}=\overline{AF}$인 이등변삼각형이다.

③, ⑤ $\triangle ABE$와 $\triangle AD'F$에서
　$\angle ABE=\angle AD'F=90°$, $\overline{AB}=\overline{AD'}$,
　$\angle BAE=90°-\angle EAF=\angle D'AF$이므로
　$\triangle ABE\equiv\triangle AD'F$ (ASA 합동)
　즉 $\overline{BE}=\overline{D'F}$이고 $\overline{D'F}=\overline{FD}$이므로 $\overline{BE}=\overline{FD}$
② ④ $\angle AEB=\angle FAE=90°-20°=70°$이므로
　$\angle AEF=\angle AFE=\dfrac{1}{2}\times(180°-70°)=55°$
　∴ $\angle EFD=180°-55°=125°$
따라서 옳지 않은 것은 ②이다.

06 전략 □ABCD=$\triangle PAB+\triangle PBC+\triangle PCD+\triangle PDA$

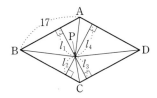

위의 그림과 같이 $\overline{PA}$, $\overline{PB}$, $\overline{PC}$, $\overline{PD}$를 각각 그으면
□ABCD=$\triangle PAB+\triangle PBC+\triangle PCD+\triangle PDA$
$=\dfrac{1}{2}\times17\times l_1+\dfrac{1}{2}\times17\times l_2+\dfrac{1}{2}\times17\times l_3$
$\quad+\dfrac{1}{2}\times17\times l_4$
$=\dfrac{17}{2}\times(l_1+l_2+l_3+l_4)$
이때
□ABCD$=\dfrac{1}{2}\times\overline{AC}\times\overline{BD}$
$=\dfrac{1}{2}\times16\times30=240$
이므로
$240=\dfrac{17}{2}\times(l_1+l_2+l_3+l_4)$
∴ $l_1+l_2+l_3+l_4=\dfrac{480}{17}$

07 전략 $\triangle ABE$와 합동인 $\triangle ADG$를 만들면 $\triangle AEF\equiv\triangle AGF$ (SAS 합동)이다.

오른쪽 그림과 같이 $\triangle ABE$와 합동인 $\triangle ADG$를 만들면
$\triangle AEF$와 $\triangle AGF$에서
$\overline{AF}$는 공통, $\overline{AE}=\overline{AG}$,
$\angle GAF=\angle GAD+\angle DAF$
$\quad=\angle EAB+\angle DAF$
$\quad=90°-45°$
$\quad=45°$

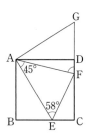

즉 ∠EAF＝∠GAF이므로

△AEF≡△AGF (SAS 합동)

∴ ∠AFD＝∠AFE＝180°－(45°＋58°)＝77°

08 전략 $\overline{BD}$를 그으면 △DBC＝△EBC이다.

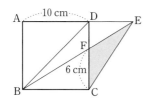

위의 그림과 같이 $\overline{BD}$를 그으면 △DBC＝△EBC

∴ △EFC＝△EBC－△FBC

$\quad\quad\quad$＝△DBC－△FBC

$\quad\quad\quad=\dfrac{1}{2}\times 10\times 10-\dfrac{1}{2}\times 10\times 6$

$\quad\quad\quad＝50-30＝20\ (\text{cm}^2)$

09 전략 △DFE＝△DBE－△DBF

$\quad\quad\quad\quad\quad＝△DBE-(\triangle DBC-\triangle FBC)$

$\triangle DBC＝\dfrac{1}{2}\square ABCD＝\dfrac{1}{2}\times 60＝30\ (\text{cm}^2)$이므로

△DBF＝△DBC－△FBC

$\quad\quad\quad＝30-20＝10\ (\text{cm}^2)$

△DBE＝△DCE＝15 (cm²)이므로

△DFE＝△DBE－△DBF

$\quad\quad\quad＝15-10＝5\ (\text{cm}^2)$

10 전략 $\overline{AF}$를 그으면 △AFD : △DFE : △EFC＝2 : 5 : 3이다.

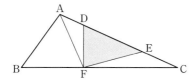

위의 그림과 같이 $\overline{AF}$를 그으면

$\overline{AD} : \overline{DE} : \overline{EC}＝2 : 5 : 3$이므로

△AFD : △DFE : △EFC＝2 : 5 : 3

$\overline{BF} : \overline{FC}＝2 : 3$이므로 △ABF : △AFC＝2 : 3

$\therefore \triangle DFE＝\dfrac{5}{2+5+3}\triangle AFC$

$\quad\quad\quad＝\dfrac{1}{2}\times\dfrac{3}{5}\triangle ABC$

$\quad\quad\quad＝\dfrac{1}{2}\times\dfrac{3}{5}\times 100$

$\quad\quad\quad＝30\ (\text{cm}^2)$

11 전략 처음 정사각형의 한 변의 길이를 a라 하면 [n단계]에서 지워지는 정사각형의 한 변의 길이는 $\left(\dfrac{1}{3}\right)^n a$이다.

주어진 그림에서 처음 정사각형의 한 변의 길이를 a라 하면 [n단계]에서 지워지는 정사각형의 한 변의 길이는 $\left(\dfrac{1}{3}\right)^n a$이므로 [2단계], [5단계]에서 지워지는 정사각형의 한 변의 길이는 각각 $\left(\dfrac{1}{3}\right)^2 a$, $\left(\dfrac{1}{3}\right)^5 a$이다.

따라서 [2단계]에서 지워지는 정사각형 1개와 [5단계]에서 지워지는 정사각형 1개의 닮음비는

$\left(\dfrac{1}{3}\right)^2 a : \left(\dfrac{1}{3}\right)^5 a＝27 : 1$

이므로 넓이의 비는

$27^2 : 1^2＝729 : 1$

12 전략 세 입체도형 P, (P＋Q), (P＋Q＋R)의 닮음비는 1 : 2 : 3이다.

세 입체도형 P, (P＋Q), (P＋Q＋R)의 닮음비는 1 : 2 : 3이므로 부피의 비는

$1^3 : 2^3 : 3^3＝1 : 8 : 27$

따라서 세 입체도형 P, Q, R의 부피의 비는

$1 : (8-1) : (27-8)＝1 : 7 : 19$

이때 입체도형 R의 부피를 V cm³라 하면

$21\pi : V＝7 : 19$ $\quad \therefore V＝57\pi\ (\text{cm}^3)$

따라서 입체도형 R의 부피는 57π cm³이다.

13 전략 △DBE∽△ECF (AA 닮음)임을 안다.

①, ② $\overline{AB}＝\overline{AD}+\overline{BD}$

$\quad\quad\quad＝\overline{DE}+\overline{BD}$

$\quad\quad\quad＝7+5＝12\ (\text{cm})$

이므로

$\overline{EC}＝12-8＝4\ (\text{cm})$

③, ④ △DBE와 △ECF에서

∠B=C=60°,

∠BDE=180°−(60°+∠BED)=∠CEF이므로

△DBE∽△ECF (AA 닮음)

∴ ∠BDE=∠CEF

⑤ $\overline{DE}:\overline{EF}=\overline{DB}:\overline{EC}$에서

$7:\overline{EF}=5:4$ ∴ $\overline{EF}=\dfrac{28}{5}$ (cm)

∴ $\overline{AF}=\overline{EF}=\dfrac{28}{5}$ cm

따라서 옳지 않은 것은 ⑤이다.

14 [전략] △ABC∽△DEF (AA 닮음)임을 안다.

△ABC와 △DEF에서

∠EDF=∠DAC+∠ACD

   =∠DAC+∠BAE=∠BAC

∠DEF=∠ABE+∠BAE

   =∠ABE+∠CBF=∠ABC

∴ △ABC∽△DEF (AA 닮음)

따라서 $\overline{AB}:\overline{DE}=\overline{BC}:\overline{EF}$에서

$11:\overline{DE}=12:4$ ∴ $\overline{DE}=\dfrac{11}{3}$ (cm)

15 [전략] 점 M은 △ABC의 외심이므로 $\overline{BM}=\overline{CM}=\overline{AM}$이다.

점 M은 △ABC의 외심이므로

$\overline{BM}=\overline{CM}=\overline{AM}=\dfrac{1}{2}\overline{BC}=\dfrac{1}{2}\times(16+4)=10$ (cm)

△ABC에서 $\overline{AG}^2=\overline{BG}\times\overline{CG}$이므로

$\overline{AG}^2=16\times4=64$ ∴ $\overline{AG}=8$ (cm) (∵ $\overline{AG}>0$)

△AMG에서 $\overline{AG}^2=\overline{AH}\times\overline{AM}$이므로

$8^2=\overline{AH}\times10$ ∴ $\overline{AH}=\dfrac{32}{5}$ (cm)

16 [전략] △ABD∽△GED (AA 닮음)이고, 닮음비는

$\overline{AD}:\overline{GD}=24:15=8:5$이다.

△ABD와 △GED에서

∠BAD=∠EGD=90°, ∠ADB는 공통이므로

△ABD∽△GED (AA 닮음)

△ABD와 △GED의 닮음비는

$\overline{AD}:\overline{GD}=24:15=8:5$

이므로 둘레의 길이의 비도 8 : 5이다.

따라서 (18+30+24) : (△GED의 둘레의 길이)=8 : 5

에서 72 : (△GED의 둘레의 길이)=8 : 5

∴ (△GED의 둘레의 길이)=45 (cm)

정답과 풀이

기말고사 대비

정답과 풀이

1주 도형의 닮음과 피타고라스 정리

1일 개념 돌파 전략 1 · 확인 문제 · 8쪽~11쪽

01 (1) $x=12, y=6$ (2) $x=9, y=12$ **02** (1) 8 (2) 8
03 (1) 5 (2) 8 **04** (1) 15 (2) 9
05 $x=2, y=6$ **06** 25 **07** $\frac{10}{3}$ cm²
08 25 **09** (1) 32 cm² (2) 49 cm² **10** 100 cm²
11 (1) × (2) × (3) ○ (4) ○ **12** (1) $\frac{120}{17}$ (2) 7
13 (1) 5 (2) 12 **14** 50π

01 (1) $\overline{AB} : \overline{AD} = \overline{BC} : \overline{DE}$에서
$10 : 15 = 8 : x$ ∴ $x=12$
$\overline{AB} : \overline{AD} = \overline{AC} : \overline{AE}$에서
$10 : 15 = y : 9$ ∴ $y=6$
(2) $\overline{AD} : \overline{AB} = \overline{AE} : \overline{AC}$에서
$3 : x = 2 : 6$ ∴ $x=9$
$\overline{AE} : \overline{AC} = \overline{DE} : \overline{BC}$에서
$2 : 6 = 4 : y$ ∴ $y=12$

02 (1) $\overline{AM} = \overline{MB}$, $\overline{AN} = \overline{NC}$이므로 $x=2 \times 4 = 8$
(2) $\overline{BM} = \overline{MC}$, $\overline{MN} /\!/ \overline{CA}$이므로 $\overline{BN} = \overline{NA}$
∴ $x = \frac{1}{2}\overline{AB} = \frac{1}{2} \times 16 = 8$

03 (1) $\overline{AB} : \overline{AC} = \overline{BD} : \overline{CD}$에서
$16 : 10 = 8 : x$ ∴ $x=5$
(2) $\overline{AB} : \overline{AC} = \overline{BD} : \overline{CD}$에서
$9 : 6 = 12 : x$ ∴ $x=8$

04 (1) $x : 10 = 18 : 12$, $12x = 180$ ∴ $x=15$
(2) $6 : 8 = x : 12$, $8x = 72$ ∴ $x=9$

05 $y = \overline{HC} = \overline{AD} = 6$
$\overline{BH} = 11 - 6 = 5$이므로
△ABH에서
$x : 5 = 4 : 10$, $10x = 20$ ∴ $x=2$

06 $\overline{AF} = \overline{BF}$이므로 $x = \frac{1}{2} \times 30 = 15$
$\overline{CG} : \overline{GF} = 2 : 1$이므로 $y = \frac{2}{3} \times 15 = 10$
∴ $x+y = 15+10 = 25$

07 $\triangle GBD = \frac{1}{6}\triangle ABC = \frac{1}{6} \times 20 = \frac{10}{3}$ (cm²)

08 $x^2 = 4^2 + 3^2 = 16 + 9 = 25$

09 (1) $\square BFGC = \square ADEB + \square ACHI$
$= 12 + 20 = 32$ (cm²)
(2) $\square ACHI = \square ADEB + \square BFGC$
$= 16 + 33 = 49$ (cm²)

10 $\overline{EH}^2 = 6^2 + 8^2 = 36 + 64 = 100$
∴ $\square EFGH = \overline{EH}^2 = 100$ (cm²)

11 (1) $4^2 + 6^2 \neq 7^2$
(2) $3^2 + 3^2 \neq 4^2$
(3) $3^2 + 4^2 = 5^2$
(4) $7^2 + 24^2 = 25^2$

> 가장 긴변의 길이의 제곱과 나머지 두 변의 길이의 제곱의 합을 비교해 봐!

12 (1) $15 \times 8 = 17 \times x$ ∴ $x = \frac{120}{17}$
(2) $2^2 + 9^2 = 6^2 + x^2$, $x^2 = 49$ ∴ $x=7$ ($\because x>0$)

13 (1) $4^2 + 5^2 = x^2 + 6^2$ ∴ $x^2 = 5$
(2) $6^2 + 5^2 = 7^2 + x^2$ ∴ $x^2 = 12$

14 $R = 30\pi + 20\pi = 50\pi$

1일 개념 돌파 전략 2 · 12쪽~13쪽

1 ④ **2** 9 **3** ㉠ **4** (1) 25 (2) 5
5 68 **6** ④

1 ④ $\overline{AE} : \overline{AC} = 3 : (3+2) = 3 : 5$,
$\overline{DE} : \overline{BC} = 2 : \frac{10}{3} = 6 : 10 = 3 : 5$
즉 $\overline{AE} : \overline{AC} = \overline{DE} : \overline{BC}$이므로 $\overline{BC} /\!/ \overline{DE}$

2 $4:2=(x-3):3$이므로

$2(x-3)=12,\ 2x=18 \quad \therefore x=9$

3 ㉠ $x:4=2:1$에서 $x=8$

$10:y=2:1$에서 $y=5$

$\therefore xy=8\times5=40,\ x+y=8+5=13$

㉡ $x=\dfrac{1}{2}\times22=11$

$y:12=2:3$에서 $y=8$

$\therefore xy=11\times8=88,\ x+y=11+8=19$

㉢ $6:x=2:1$에서 $x=3$, $y:3=2:1$에서 $y=6$

$\therefore xy=3\times6=18,\ x+y=3+6=9$

따라서 합창부에 지원 가능한 삼각형은 ㉠, ㉡이고, 농구부에 지원 가능한 삼각형은 ㉠, ㉢이므로 합창부와 농구부에 모두 지원할 수 있는 삼각형은 ㉠이다.

4 (1) △ADC에서 $\overline{AC}^2=17^2-8^2=225$

$\therefore \overline{AC}=15\,(cm)\ (\because \overline{AC}>0)$

△ABC에서 $x^2=(12+8)^2+15^2=625$

$\therefore x=25\ (\because x>0)$

(2) △ABH에서 $\overline{AH}^2=20^2-16^2=144$

$\therefore \overline{AH}=12\,(cm)\ (\because \overline{AH}>0)$

△AHC에서 $x^2=13^2-12^2=25$

$\therefore x=5\ (\because x>0)$

5 오른쪽 그림과 같이 점 B에서 $\overline{AC}$에 내린 수선의 발을 E라 하면

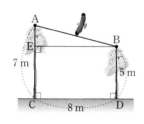

$\overline{AE}=7-5=2\,(m)$

즉 △AEB에서

$\overline{AB}^2=2^2+8^2=4+64=68$

6 ① $2^2+5^2\neq6^2$ \quad ② $4^2+5^2\neq7^2$ \quad ③ $7^2+8^2\neq10^2$

④ $8^2+15^2=17^2$ \quad ⑤ $9^2+11^2\neq15^2$

따라서 직각삼각형인 것은 ④이다.

1-1 $\overline{DG}:\overline{BF}=\overline{GE}:\overline{FC}$이므로

$6:x=9:12 \quad \therefore x=8$

$\overline{AD}:\overline{AB}=\overline{DG}:\overline{BF}$이므로

$9:(9+y)=6:8 \quad \therefore y=3$

$\therefore x+y=8+3=11$

2-1 $\overline{AC}/\!/\overline{DE}$이므로

$\overline{DE}=\dfrac{1}{2}\overline{AC}=\dfrac{1}{2}\times14$

$\quad=7\,(m)$

$\overline{AB}/\!/\overline{FE}$이므로

$\overline{FE}=\dfrac{1}{2}\overline{AB}=\dfrac{1}{2}\times10=5\,(m)$

$\overline{BC}/\!/\overline{DF}$이므로 $\overline{DF}=\dfrac{1}{2}\overline{BC}=\dfrac{1}{2}\times12=6\,(m)$

따라서 필요한 철망의 길이는

$\overline{DE}+\overline{EF}+\overline{FD}=7+5+6=18\,(m)$

3-1 △AFD에서 $\overline{EP}/\!/\overline{FD}$이므로

$\overline{FD}=2\overline{EP}=2\times3=6\,(cm)$

△BCE에서 $\overline{FD}/\!/\overline{EC}$이므로

$\overline{EC}=2\overline{FD}=2\times6=12\,(cm)$

$\therefore \overline{PC}=\overline{EC}-\overline{EP}=12-3=9\,(cm)$

3-2 오른쪽 그림과 같이 점 D에서 $\overline{BE}$와 평행한 직선을 그어 $\overline{AC}$와의 교점을 G라 하면 △CEB에서

$\overline{CG}=\overline{GE}=\dfrac{1}{2}\overline{EC}=\overline{AE}$

△ADG에서 $\overline{DG}=2\overline{FE}=2\times2=4$

△CEB에서 $\overline{BE}=2\overline{DG}=2\times4=8$

$\therefore \overline{BF}=\overline{BE}-\overline{FE}=8-2=6$

4-1 $\overline{BD}=\overline{BC}-\overline{CD}=20-8=12\,(cm)$

$\overline{AB}:\overline{AC}=\overline{BD}:\overline{CD}$에서

$18:\overline{AC}=12:8 \quad \therefore \overline{AC}=12\,(cm)$

4-2 $\overline{AB}:\overline{AC}=\overline{BD}:\overline{CD}$이므로

$\overline{BD}:\overline{CD}=10:15=2:3$

이때 △ABD : △ACD $=\overline{BD}:\overline{CD}$이므로

$24:$△ACD$=2:3 \quad \therefore$ △ACD$=36\,(cm^2)$

5-1 △BCD에서 $\overline{AB}$는 ∠DBC의 외각의 이등분선이므로
$\overline{BC}:\overline{BD}=\overline{AC}:\overline{AD}$에서
$8:\overline{BD}=12:7$　∴ $\overline{BD}=\dfrac{14}{3}$ (cm)

5-2 $\overline{AD}$는 ∠A의 이등분선이므로
$\overline{AB}:\overline{AC}=\overline{BD}:\overline{CD}$에서
$6:9=\overline{BD}:3$　∴ $\overline{BD}=2$ (cm)
$\overline{AE}$는 ∠A의 외각의 이등분선이므로
$\overline{AC}:\overline{AB}=\overline{EC}:\overline{EB}$에서
$9:6=(\overline{EB}+5):\overline{EB}$　∴ $\overline{EB}=10$ (cm)

6-1

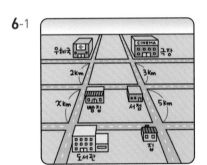

$2:x=3:5$　∴ $x=\dfrac{10}{3}$

따라서 빵집에서 도서관까지의 거리는 $\dfrac{10}{3}$ km이다.

7-1 △ABC에서 $\overline{AE}:\overline{AB}=\overline{EG}:\overline{BC}$이므로
$4:(4+2)=x:6$　∴ $x=4$
△ACD에서
$\overline{GF}:\overline{AD}=\overline{CG}:\overline{CA}=\overline{BE}:\overline{BA}=2:(2+4)=1:3$
이므로
$y:4=1:3$　∴ $y=\dfrac{4}{3}$

8-1 $\overline{GD}=\dfrac{1}{3}\overline{AD}=\dfrac{1}{3}\times18=6$ (cm)이므로
$\overline{GG'}=\dfrac{2}{3}\overline{GD}=\dfrac{2}{3}\times6=4$ (cm)

8-2 $\triangle GBC=\dfrac{1}{3}\triangle ABC=\dfrac{1}{3}\times54=18$ (cm²)
$\triangle G'BC=\dfrac{1}{3}\triangle GBC=\dfrac{1}{3}\times18=6$ (cm²)
따라서 색칠한 부분의 넓이는
$\triangle GBC-\triangle G'BC=18-6=12$ (cm²)

2일 필수 체크 전략 ②　18쪽~19쪽

1 ④　　**2** 28 cm　　**3** 6 cm　　**4** 8 cm

5 $\dfrac{36}{5}$ cm　　**6** 16 cm　　**7** 24 cm²

8 (1) ㉠ △DGB ㉡ $\overline{BG}$ ㉢ 1 : 2　(2) 2 cm

1 △ABC에서 $\overline{DE}\,\#\,\overline{BC}$이므로
$\overline{AE}:\overline{EC}=\overline{AD}:\overline{DB}=30:15=2:1$
△ADC에서 $\overline{FE}\,\#\,\overline{DC}$이므로
$\overline{AF}:\overline{AD}=\overline{AE}:\overline{AC}$
$\overline{AF}:30=2:3$　∴ $\overline{AF}=20$ (cm)

2 $\overline{EF}=\overline{HG}=\dfrac{1}{2}\overline{AC}=\dfrac{1}{2}\times12=6$ (cm)
$\overline{EH}=\overline{FG}=\dfrac{1}{2}\overline{BD}=\dfrac{1}{2}\times16=8$ (cm)
따라서 □EFGH의 둘레의 길이는
$\overline{EF}+\overline{FG}+\overline{GH}+\overline{HE}=6+8+6+8=28$ (cm)

3 오른쪽 그림과 같이 점 E에서
$\overline{BC}$와 평행한 직선을 그어 $\overline{AC}$와
의 교점을 G라 하면
$\overline{EG}=\dfrac{1}{2}\overline{BC}=\dfrac{1}{2}\times12$
　　$=6$ (cm)

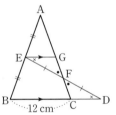

이때 △EFG≡△DFC (ASA 합동)이므로
$\overline{CD}=\overline{EG}=6$ cm

4 △DBC에서 $\overline{MF}\,\#\,\overline{BC}$이므로
$\overline{DF}:\overline{DC}=\overline{MF}:\overline{BC}$
$3:5=\overline{MF}:20$　∴ $\overline{MF}=12$ (cm)
△ACD에서 $\overline{NF}\,\#\,\overline{AD}$이므로
$\overline{CF}:\overline{CD}=\overline{NF}:\overline{AD}$
$2:5=\overline{NF}:10$　∴ $\overline{NF}=4$ (cm)
∴ $\overline{MN}=\overline{MF}-\overline{NF}=12-4=8$ (cm)

5 △ABP ∽ △CDP (AA 닮음)이므로
$\overline{BP}:\overline{DP}=\overline{AB}:\overline{CD}=12:18=2:3$
이때 △BCD에서 $\overline{PQ}\,\#\,\overline{DC}$이므로
$\overline{BP}:\overline{BD}=\overline{PQ}:\overline{DC}$
$2:5=\overline{PQ}:18$　∴ $\overline{PQ}=\dfrac{36}{5}$ (cm)

6 $\triangle GBC$에서 $\overline{GG'}:\overline{G'D}=2:1$이므로

$4:\overline{G'D}=2:1$ $\quad\therefore \overline{G'D}=2\ (cm)$

$\therefore \overline{GD}=\overline{GG'}+\overline{G'D}=4+2=6\ (cm)$

$\triangle ABC$에서 $\overline{AG}:\overline{GD}=2:1$이므로

$\overline{AG}:6=2:1$ $\quad\therefore \overline{AG}=12\ (cm)$

$\therefore \overline{AG'}=\overline{AG}+\overline{GG'}=12+4=16\ (cm)$

7 점 G가 $\triangle ABC$의 무게중심이므로

$\triangle FGE:\triangle EGC=\overline{FG}:\overline{GC}=1:2$

즉 $2:\triangle EGC=1:2$이므로 $\triangle EGC=4\ (cm^2)$

$\therefore \triangle ABC=6\triangle EGC=6\times4=24\ (cm^2)$

8 (2) $\overline{DG}=\dfrac{1}{3}\overline{AD}=\dfrac{1}{3}\times12=4\ (cm)$이므로

$\overline{HG}=\dfrac{1}{2}\overline{DG}=\dfrac{1}{2}\times4=2\ (cm)$

3일 **필수 체크 전략 1** **20쪽~23쪽**

1-1 $\dfrac{21}{2}$ **1-2** $\dfrac{5}{2}$ cm **2-1** 4 cm **3-1** 3 cm

4-1 80 cm² **5-1** $\dfrac{9}{4}$ **5-2** 12 **6-1** ㉡, ㉢

6-2 ⑤ **7-1** 356 **7-2** 4000 **8-1** ③

8-2 30 cm²

1-1 $\overline{BG}:\overline{GM}=2:1$이므로

$\overline{BG}=2\overline{GM}=2\times3=6\ (cm)$ $\quad\therefore x=6$

$\triangle CMB$에서 $\overline{CN}=\overline{NM}$, $\overline{CD}=\overline{DB}$이므로

$\overline{DN}=\dfrac{1}{2}\overline{BM}=\dfrac{1}{2}\times9=\dfrac{9}{2}\ (cm)$ $\quad\therefore y=\dfrac{9}{2}$

$\therefore x+y=6+\dfrac{9}{2}=\dfrac{21}{2}$

1-2 점 G가 $\triangle ABC$의 무게중심이므로

$\overline{EC}=\dfrac{1}{2}\overline{AC}=\dfrac{1}{2}\times10=5\ (cm)$

$\triangle BCE$에서 $\overline{BD}=\overline{DC}$, $\overline{BE}/\!/\overline{DF}$이므로

$\overline{FC}=\dfrac{1}{2}\overline{EC}=\dfrac{1}{2}\times5=\dfrac{5}{2}\ (cm)$

2-1 $\triangle BCD$에서 $\overline{BD}=2\overline{MN}=2\times6=12\ (cm)$이므로

$\overline{PQ}=\dfrac{1}{3}\overline{BD}=\dfrac{1}{3}\times12=4\ (cm)$

3-1 $\square ACHI=\square JKGC=3\ cm^2$이므로

$\square BFGC=\square BADE+\square ACHI=6+3=9\ (cm^2)$

$\therefore \overline{BC}=3\ (cm)\ (\because \overline{BC}>0)$

4-1 정사각형 $EFGH$의 넓이가 $16\ cm^2$이므로

$\overline{FG}=4\ (cm)\ (\because \overline{FG}>0)$

$\therefore \overline{FC}=\overline{FG}+\overline{GC}=4+4=8\ (cm)$

$\triangle BCF$에서 $\overline{BC}^2=4^2+8^2=80$

$\therefore \square ABCD=\overline{BC}^2=80\ (cm^2)$

5-1 $\triangle BCD$에서

$\overline{BD}^2=5^2-3^2=16$ $\quad\therefore \overline{BD}=4\ (\because \overline{BD}>0)$

$3^2=\overline{AD}\times4$에서 $\overline{AD}=\dfrac{9}{4}$

5-2 $15^2=\overline{BH}\times25$에서 $\overline{BH}=9$

$\triangle ABH$에서

$\overline{AH}^2=15^2-9^2=144$ $\quad\therefore \overline{AH}=12\ (\because \overline{AH}>0)$

6-1 ㉠ $6^2+6^2\neq10^2$ ㉡ $5^2+12^2=13^2$

㉢ $1^2+\left(\dfrac{4}{3}\right)^2=\left(\dfrac{5}{3}\right)^2$ ㉣ $(1.5)^2+2^2\neq3^2$

따라서 직각삼각형인 것은 ㉡, ㉢이다.

6-2 (i) 가장 긴 빨대의 길이가 $4\ cm$일 때,

$x^2+3^2=4^2$에서 $x^2=7$

(ii) 가장 긴 빨대의 길이가 $x\ cm$일 때,

$3^2+4^2=x^2$에서 $x^2=25$

(i), (ii)에서 가능한 모든 x^2의 값의 합은 $7+25=32$

7-1 $\triangle AOD$에서

$\overline{AD}^2=8^2+6^2=100$이므로

$\overline{AB}^2+\overline{CD}^2=\overline{AD}^2+\overline{BC}^2=100+16^2=356$

7-2 $\overline{AP}^2+\overline{CP}^2$

$=\overline{BP}^2+\overline{DP}^2$이므로

$40^2+70^2=50^2+\overline{DP}^2$

$\therefore \overline{DP}^2=4000$

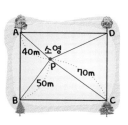

8-1 $S_1+S_2=$ ($\overline{BC}$를 지름으로 하는 반원의 넓이)

$=\dfrac{1}{2}\times\pi\times6^2=18\pi\ (cm^2)$

8-2 $\overline{AB}^2=13^2-5^2=144$ $\quad\therefore\overline{AB}=12\ (\because\overline{AB}>0)$

$\therefore$ (색칠한 부분의 넓이)$=\triangle ABC$

$$=\frac{1}{2}\times12\times5=30\ (\text{cm}^2)$$

$\square DACE=\triangle DAB+\triangle BCE+\triangle DBE$

$=2\triangle DAB+\triangle DBE$

$=2\times\left(\frac{1}{2}\times6\times8\right)+50=98\ (\text{cm}^2)$

3일 **필수 체크 전략** 　　　　　　　　　24쪽~25쪽

1 4 cm	**2** 10 cm²	**3** ②	**4** 98 cm²
5 4	**6** $\left(\dfrac{18}{5},\dfrac{24}{5}\right)$	**7** 민정	**8** 32 cm²

1 $\triangle AEC$에서 $\overline{AD}=\overline{DE}$, $\overline{AF}=\overline{FC}$이므로

$\overline{EC}=2\overline{DF}=2\times6=12\ (\text{cm})$

이때 점 G는 $\triangle DBC$의 무게중심이므로 $\overline{CG}:\overline{GE}=2:1$

$\therefore\overline{GE}=\frac{1}{3}\overline{EC}=\frac{1}{3}\times12=4\ (\text{cm})$

2 오른쪽 그림과 같이 $\overline{AC}$를 그어 $\overline{BD}$와 만나는 점을 O라 하면 두 점 P, Q는 각각 $\triangle ABC$, $\triangle ACD$ 의 무게중심이므로

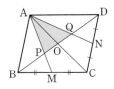

$\triangle APO=\frac{1}{6}\triangle ABC=\frac{1}{12}\square ABCD$

$=\frac{1}{12}\times60=5\ (\text{cm}^2)$

$\triangle AOQ=\frac{1}{6}\triangle ACD=\frac{1}{12}\square ABCD$

$=\frac{1}{12}\times60=5\ (\text{cm}^2)$

$\therefore\triangle APQ=\triangle APO+\triangle AOQ=5+5=10\ (\text{cm}^2)$

3 ①, ②, ③ $\triangle EBC\equiv\triangle ABF$ (SAS 합동)이므로

$\overline{EC}=\overline{AF}$, $\angle ECB=\angle AFB$, $\angle BEC=\angle BAF$

따라서 옳지 않은 것은 ②이다.

4 $\triangle DBE$는 직각이등변삼각형이므로

$\overline{EB}=\overline{BD}=x$ cm라 하면

$\frac{1}{2}x^2=50,\ x^2=100$ $\quad\therefore x=10\ (\because x>0)$

$\triangle ABD$에서 $\overline{AB}^2=10^2-6^2=64$이므로

$\overline{AB}=8\ (\text{cm})\ (\because\overline{AB}>0)$

$\triangle ABD\equiv\triangle CEB$이므로 $\overline{CB}=6$ cm, $\overline{CE}=8$ cm

$\therefore\square DACE=\frac{1}{2}\times(6+8)\times14=98\ (\text{cm}^2)$

5 $\overline{AE}=\overline{AD}=15$이므로 $\triangle ABE$에서

$\overline{BE}^2=15^2-9^2=144$ $\quad\therefore\overline{BE}=12\ (\because\overline{BE}>0)$

$\therefore\overline{EC}=15-12=3$

$\triangle ABE\backsim\triangle ECF$ (AA 닮음)이므로

$\overline{AB}:\overline{EC}=\overline{BE}:\overline{CF}$에서

$9:3=12:\overline{CF}$ $\quad\therefore\overline{CF}=4$

6 $\overline{OA}^2+\overline{AB}^2=\overline{OB}^2$이므로 $\triangle AOB$는 $\angle A=90°$인 직각 삼각형이다. 이때 점 A에서 x축에 내린 수선의 발을 H라 하면

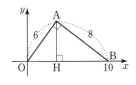

$6\times8=10\times\overline{AH}$에서 $\overline{AH}=\frac{24}{5}$

$6^2=\overline{OH}\times10$에서 $\overline{OH}=\frac{18}{5}$

따라서 점 A의 좌표는 $\left(\dfrac{18}{5},\dfrac{24}{5}\right)$이다.

7 민정 : $\angle C<90°$이지만 $\angle A$, $\angle B$의 크기를 알 수 없으므로 예각삼각형이라 할 수 없다.

8 오른쪽 그림과 같이 $\overline{BD}$를 긋고 색 칠한 부분을 각각 ①, ②, ③, ④라 하면

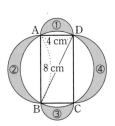

①+②$=\triangle ABD$,

③+④$=\triangle BCD$

$\therefore$ (색칠한 부분의 넓이)

$=①+②+③+④$

$=\triangle ABD+\triangle BCD$

$=\square ABCD=4\times8=32\ (\text{cm}^2)$

누구나 합격 전략 　　　　　　　　　26쪽~27쪽

01 3	**02** 6 cm	**03** ②	**04** 16 cm
05 8 cm	**06** ④	**07** 12 cm	**08** ②, ⑤
09 12	**10** ①		

01 ㉠ $\overline{AB} : \overline{DB} = \overline{AC} : \overline{EC} = 8 : 3$

  ∴ $\overline{BC} /\!/ \overline{DE}$ → ㉡

㉡ $\overline{AB} : \overline{AD} = 10 : 5 = 2 : 1$

  $\overline{AC} : \overline{AE} = 12 : 4 = 3 : 1$

  ∴ $\overline{AB} : \overline{AD} \neq \overline{AC} : \overline{AE}$ → ㉣

㉣ $\overline{AB} : \overline{AD} = 5 : 8$

  $\overline{AC} : \overline{AE} = 4 : 6 = 2 : 3$

  ∴ $\overline{AB} : \overline{AD} \neq \overline{AC} : \overline{AE}$ → ㉺

㉺ $\overline{AD} : \overline{AB} = \overline{AE} : \overline{AC} = 1 : 2$

  ∴ $\overline{BC} /\!/ \overline{DE}$ → 오른쪽으로 이동한다.

따라서 주민이가 이동하는 길은 다음과 같으므로 도착하는 곳에 있는 주사위의 눈의 수는 3이다.

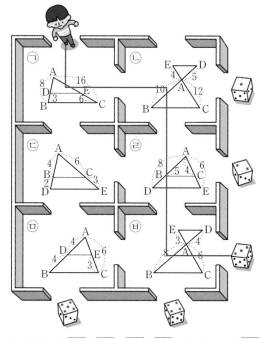

참고 ㉢, ㉤ $\overline{AB} : \overline{BD} = \overline{AC} : \overline{CE} = 2 : 1$ ∴ $\overline{BC} /\!/ \overline{DE}$

02 △DBC에서 $\overline{BC} = 2\overline{PQ} = 2 \times 6 = 12$ (cm)

  △ABC에서 $\overline{MN} = \dfrac{1}{2}\overline{BC} = \dfrac{1}{2} \times 12 = 6$ (cm)

03 $10 : 15 = 6 : (x-6)$에서

  $10x - 60 = 90,\ 10x = 150$ ∴ $x = 15$

04 오른쪽 그림과 같이 점 A에서 $\overline{DC}$와 평행한 $\overline{AH}$를 그어 $\overline{EF}$와 만나는 점을 G라 하면

  $\overline{GF} = \overline{HC} = \overline{AD} = 10$ cm

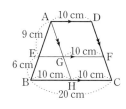

∴ $\overline{BH} = 20 - 10 = 10$ (cm)

△ABH에서 $\overline{AE} : \overline{AB} = \overline{EG} : \overline{BH}$이므로

$9 : 15 = \overline{EG} : 10$ ∴ $\overline{EG} = 6$ (cm)

∴ $\overline{EF} = \overline{EG} + \overline{GF} = 6 + 10 = 16$ (cm)

05 △AGG′과 △AEF에서

∠EAF는 공통, $\overline{AG} : \overline{AE} = \overline{AG'} : \overline{AF} = 2 : 3$이므로

△AGG′ ∽ △AEF (SAS 닮음)

$\overline{EF} = \overline{ED} + \overline{DF}$

$= \dfrac{1}{2}\overline{BD} + \dfrac{1}{2}\overline{DC} = \dfrac{1}{2}\overline{BC}$

$= \dfrac{1}{2} \times 24 = 12$ (cm)

이므로 $\overline{GG'} : \overline{EF} = 2 : 3$에서

$\overline{GG'} : 12 = 2 : 3$ ∴ $\overline{GG'} = 8$ (cm)

06 △ABD에서 $\overline{AD}^2 + \overline{BD}^2 = \overline{AB}^2$이므로

$x^2 + 5^2 = 13^2,\ x^2 = 144$ ∴ $x = 12\ (\because x > 0)$

△ADC에서 $\overline{AD}^2 + \overline{DC}^2 = \overline{AC}^2$이므로

$12^2 + y^2 = 20^2,\ y^2 = 256$ ∴ $y = 16\ (\because y > 0)$

∴ $x + y = 12 + 16 = 28$

07 □ADEB $= \overline{AB}^2 = 9$이므로

$\overline{AB} = 3$ (cm) $(\because \overline{AB} > 0)$

□ACHI $= \overline{AC}^2 = 16$이므로

$\overline{AC} = 4$ (cm) $(\because \overline{AC} > 0)$

△ABC에서 $\overline{BC}^2 = 3^2 + 4^2 = 25$

∴ $\overline{BC} = 5$ (cm) $(\because \overline{BC} > 0)$

따라서 △ABC의 둘레의 길이는

$\overline{AB} + \overline{BC} + \overline{CA} = 3 + 5 + 4 = 12$ (cm)

08 ① $4^2 + 5^2 \neq 6^2$ ② $6^2 + 8^2 = 10^2$ ③ $8^2 + 10^2 \neq 15^2$

④ $10^2 + 20^2 \neq 25^2$ ⑤ $10^2 + 24^2 = 26^2$

따라서 직각삼각형인 것은 ②, ⑤이다.

09 $\overline{AB}^2 + \overline{CD}^2 = \overline{AD}^2 + \overline{BC}^2$이므로

$6^2 + 5^2 = \overline{AD}^2 + 7^2$ ∴ $\overline{AD}^2 = 12$

10 $R = \dfrac{1}{2} \times \pi \times 6^2 = 18\pi$ (cm²)

이때 $P = 12\pi$ cm²이고 $P + Q = R$이므로

$Q = 18\pi - 12\pi = 6\pi$ (cm²)

1 210

2 (1) 900 m (2) 54억 원

3 유리－음료수, 찬이－샌드위치, 지훈－피자, 아영－햄버거

4 (1) 그림 참조 (2) $\overline{BD}=\dfrac{9}{2}$, $\overline{CD}=\dfrac{15}{2}$, 점 B (3) $\dfrac{3}{2}$

5 선호－박물관, 지혜－도서관

6 75 cm²

7 (1) 9 km (2) 12 km (3) (가) 영화관

8 16 km

---

1 오른쪽 그림에서 $\overline{BC}\,/\!/\,\overline{DE}$이므로

$\overline{AB}:\overline{AD}=\overline{BC}:\overline{DE}$에서

$2:3=140:x$, $2x=420$

$\therefore x=210$

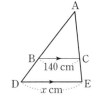

2 (1) 오른쪽 그림과 같이 $\overline{AD}$와 $\overline{BC}$
가 만나는 점을 E라 하면

$\overline{EA}:\overline{ED}=\overline{AB}:\overline{CD}$에서

$600:200=\overline{AB}:300$

$\therefore \overline{AB}=900\,(\mathrm{m})$

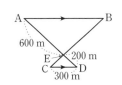

(2) 터널 100 m를 뚫는 데 6억 원이 필요하므로 터널 900 m
를 뚫는 데에만 들어가는 공사 비용은 $9\times6=54$(억 원)
이다.

3 유리 : $\overline{MN}=\overline{PQ}=\dfrac{1}{2}\overline{BC}=\dfrac{1}{2}\times24=12$

$\therefore \overline{MN}+\overline{PQ}=12+12=24$

찬이 : $\triangle ABF$에서 $\overline{DE}\,/\!/\,\overline{BF}$이므로

$\triangle DCE$에서 $\overline{DE}=2\overline{GF}=2\times3=6$

$\triangle ABF$에서 $\overline{BF}=2\overline{DE}=2\times6=12$

$\therefore \overline{BG}=\overline{BF}-\overline{GF}=12-3=9$

지훈 : $\overline{DF}=\dfrac{1}{2}\overline{BC}=\dfrac{1}{2}\times16=8$

$\overline{DE}=\dfrac{1}{2}\overline{AC}=\dfrac{1}{2}\times10=5$

$\overline{EF}=\dfrac{1}{2}\overline{AB}=\dfrac{1}{2}\times12=6$

$\therefore (\triangle DEF$의 둘레의 길이$)=\overline{DE}+\overline{EF}+\overline{FD}$
$=5+6+8=19$

아영 : 오른쪽 그림과 같이 점 D에
서 $\overline{BC}$에 평행한 직선을 그어
$\overline{AF}$와 만나는 점을 G라 하면

$\triangle DEG\equiv\triangle CEF$(ASA 합동)

이므로 $\overline{DG}=\overline{CF}=5$

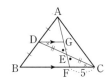

$\triangle ABF$에서 $\overline{BF}=2\overline{DG}=10$

$\therefore \overline{BC}=\overline{BF}+\overline{FC}=10+5=15$

따라서 네 사람이 각각 받게 될 선물은 유리－음료수, 찬
이－샌드위치, 지훈－피자, 아영－햄버거이다.

4 (1) 폭탄 M과 폭탄 D의 위치를
나타내면 오른쪽 그림과 같다.

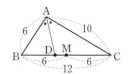

(2) $\overline{AB}:\overline{AC}=\overline{BD}:\overline{CD}$이므로

$\overline{AB}:\overline{AC}=6:10=3:5$에서

$\overline{BD}=12\times\dfrac{3}{8}=\dfrac{9}{2}$, $\overline{CD}=12\times\dfrac{5}{8}=\dfrac{15}{2}$

따라서 점 B에서 출발해야 폭탄 D에 빨리 도착한다.

(3) $\overline{BM}=\overline{MC}=12\times\dfrac{1}{2}=6$이므로

$\overline{DM}=\overline{BM}-\overline{BD}=6-\dfrac{9}{2}=\dfrac{3}{2}$

따라서 폭탄 M과 폭탄 D 사이의 거리는 $\dfrac{3}{2}$이다.

5

ⓐ $\square AFGE = \triangle AFG + \triangle AGE$
$= \dfrac{1}{6}\triangle ABC + \dfrac{1}{6}\triangle ABC$
$= \dfrac{1}{3}\triangle ABC = \dfrac{1}{3}\times 30 = 10$

ⓑ $\triangle ADC = \dfrac{1}{2}\triangle ABC = \dfrac{1}{2}\times 24 = 12$

ⓒ $\triangle BGF = \dfrac{1}{6}\triangle ABC = \dfrac{1}{6}\times 42 = 7$

ⓓ $\overline{AG}$를 그으면
$\triangle GAB = \triangle GAC = \dfrac{1}{3}\triangle ABC = \dfrac{1}{3}\times 30 = 10$
$\triangle GAD = \dfrac{1}{2}\triangle GAB = \dfrac{1}{2}\times 10 = 5$
$\triangle GAE = \dfrac{1}{2}\triangle GAC = \dfrac{1}{2}\times 10 = 5$
∴ (색칠한 부분의 넓이) $= \triangle GAD + \triangle GAE$
$\qquad\qquad\qquad\qquad = 5 + 5 = 10$

ⓔ $\triangle AGC = \dfrac{1}{3}\triangle ABC = \dfrac{1}{3}\times 24 = 8$

ⓕ $\triangle ABE = \dfrac{1}{2}\triangle ABC = \dfrac{1}{2}\times 28 = 14$
$\triangle DBE = \dfrac{1}{2}\triangle ABE = \dfrac{1}{2}\times 14 = 7$

따라서 선호는 ⓑ, ⓔ을 거쳐 박물관에 도착했고, 지혜는
ⓐ, ⓒ을 거쳐 도서관에 도착했다.

6

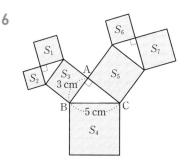

위의 그림과 같이 색칠한 부분의 넓이를 각각
$S_1, S_2, S_3, S_4, S_5, S_6, S_7$이라 하면
$S_1 + S_2 = S_3$, $S_6 + S_7 = S_5$
이때 $S_3 = 3^2 = 9\,(\mathrm{cm}^2)$, $S_4 = 5^2 = 25\,(\mathrm{cm}^2)$,
$S_5 = \overline{AC}^2 = 5^2 - 3^2 = 16\,(\mathrm{cm}^2)$
이므로 색칠한 부분의 넓이는
$S_1 + S_2 + S_3 + S_4 + S_5 + S_6 + S_7$
$= S_3 + S_3 + S_4 + S_5 + S_5$
$= 2S_3 + S_4 + 2S_5$
$= 2\times 9 + 25 + 2\times 16$
$= 75\,(\mathrm{cm}^2)$

7

학교를 P, 집을 Q, 회사를 R, ⑺ 영화관을 A라 하자.

(1) $\angle PQR = 90°$이므로
$\overline{PQ}^2 = \overline{PA}\times\overline{PR}$
$20^2 = 16\times\overline{PR}$
∴ $\overline{PR} = 25\,(\mathrm{km})$
따라서 $\overline{AR} = \overline{PR} - \overline{PA} = 25 - 16 = 9\,(\mathrm{km})$이므로
아빠가 ⑺ 영화관까지 가는 거리는 9 km이다.

(2) $\overline{AQ}^2 = \overline{AP}\times\overline{AR}$
$= 16\times 9 = 144$
∴ $\overline{AQ} = 12\,(\mathrm{km})\ (∵\ \overline{AQ} > 0)$
따라서 엄마가 ⑺ 영화관까지 가는
거리는 12 km이다.

(3) 철이네 가족이 ⑺ 영화관으로 가는 거리의 합은
$\overline{PA} + \overline{AR} + \overline{AQ} = 16 + 9 + 12 = 37\,(\mathrm{km})$
⑼ 영화관을 B라 하면 직각삼각
형에서 빗변의 중점은 외심이므
로 점 B는 $\triangle PQR$의 외심이다.
즉 철이네 가족이 ⑼ 영화관으로
가는 거리의 합은
$\overline{PB} + \overline{QB} + \overline{RB} = 3\overline{PB}$
$= 3\times\dfrac{25}{2} = 37.5\,(\mathrm{km})$
따라서 철이네 가족이 이동하는 거리의 합이 더 작은
곳은 ⑺ 영화관이다.

8 오른쪽 그림과 같이 $\overline{BD}$를 $\overline{B'C}$
와 일치하도록 아래쪽으로 1 km
만큼 평행이동하면 $A \to C \to B'$
은 두 점 A와 B'을 잇는 최단 경
로이다. 즉 점 C는 $\overline{AB'}$ 위에 있어
야 하므로 직각삼각형 AEB'에서
$\overline{AB'}^2 = \overline{B'E}^2 + \overline{AE}^2 = 9^2 + 12^2 = 225$
∴ $\overline{AB'} = 15\,(\mathrm{km})\ (∵\ \overline{AB'} > 0)$
따라서 두 마을 A, B를 잇는 경로의 최단 거리는
$\overline{AB'} + \overline{CD} = 15 + 1 = 16\,(\mathrm{km})$

2주 확률과 그 기본 성질

1일 개념 돌파 전략 1 · 확인 문제 · 34쪽~37쪽

01 3	02 5	03 15	04 24
05 36	06 24	07 30	08 6
09 $\frac{2}{3}$	10 1	11 $\frac{5}{6}$	12 $\frac{7}{10}$
13 $\frac{1}{6}$	14 $\frac{9}{64}$	15 $\frac{1}{3}$	

01 한 개만 뒷면이 나오는 경우는 (앞, 앞, 뒤), (앞, 뒤, 앞), (뒤, 앞, 앞)의 3가지

02 $2+3=5$

03 $5 \times 3 = 15$

04 $4 \times 3 \times 2 \times 1 = 24$

05 A에 칠할 수 있는 색은 4가지
B에 칠할 수 있는 색은 A에 칠한 색을 제외한 3가지
C에 칠할 수 있는 색은 B에 칠한 색을 제외한 3가지
따라서 구하는 경우의 수는 $4 \times 3 \times 3 = 36$

06 백의 자리에 올 수 있는 숫자는 1, 2, 3, 4의 4가지
십의 자리에 올 수 있는 숫자는 백의 자리에 온 숫자를 제외한 3가지
일의 자리에 올 수 있는 숫자는 백의 자리와 십의 자리에 온 숫자를 제외한 2가지
따라서 구하는 자연수의 개수는 $4 \times 3 \times 2 = 24$

07 6명의 후보 중에서 회장 1명을 뽑는 경우의 수는 6, 부회장 1명을 뽑는 경우의 수는 회장 1명을 제외한 5
따라서 구하는 경우의 수는 $6 \times 5 = 30$

08 4개의 점 중에서 순서에 관계없이 2개를 뽑는 경우의 수와 같으므로
$$\frac{4 \times 3}{2} = 6$$

09 $\frac{10}{5+10} = \frac{10}{15} = \frac{2}{3}$

10 주사위의 눈의 수는 1부터 6까지이므로 항상 7보다 작은 눈의 수가 나온다.

11 $1 - \frac{1}{6} = \frac{5}{6}$

12 공에 적힌 수가 3 이하인 경우는 1, 2, 3의 3가지이므로 그 확률은 $\frac{3}{10}$
공에 적힌 수가 7 이상인 경우는 7, 8, 9, 10의 4가지이므로 그 확률은 $\frac{4}{10}$
따라서 구하는 확률은 $\frac{3}{10} + \frac{4}{10} = \frac{7}{10}$

13 동전이 앞면이 나올 확률은 $\frac{1}{2}$,
주사위의 눈의 수가 3의 배수인 경우는 3, 6의 2가지이므로 그 확률은 $\frac{2}{6} = \frac{1}{3}$
따라서 구하는 확률은 $\frac{1}{2} \times \frac{1}{3} = \frac{1}{6}$

14 처음에 꺼낸 공이 흰 공일 확률은 $\frac{3}{8}$
두 번째에 꺼낸 공이 흰 공일 확률은 $\frac{3}{8}$
따라서 구하는 확률은 $\frac{3}{8} \times \frac{3}{8} = \frac{9}{64}$

15 모든 경우의 수는 6
점 P가 꼭짓점 C에 오는 경우는 주사위의 눈의 수가 2 또는 6인 경우이므로 구하는 확률은 $\frac{2}{6} = \frac{1}{3}$

1일 개념 돌파 전략 2 · 38쪽~39쪽

1 3	2 ③	3 (1) 6 (2) 24 (3) 48
4 ③	5 ②	6 ①

1 1000원짜리 지폐의 수에 따라 4000원을 지불하는 방법을 표로 나타내면 다음과 같다.

1000원짜리 지폐(장)	1	2	3
500원짜리 동전(개)	6	4	2

따라서 4000원을 지불하는 경우의 수는 3이다.

2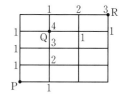

세 사람이 가위바위보를 내는 경우를 순서쌍 (재식, 윤정, 준호)로 나타내면

(i) 재식이만 이기는 경우
  ➡ (가위, 보, 보), (바위, 가위, 가위), (보, 바위, 바위)의 3가지

(ii) 재식이와 윤정이가 함께 이기는 경우
  ➡ (가위, 가위, 보), (바위, 바위, 가위), (보, 보, 바위)의 3가지

(iii) 재식이와 준호가 함께 이기는 경우
  ➡ (가위, 보, 가위), (바위, 가위, 바위), (보, 바위, 보)의 3가지

따라서 구하는 경우의 수는 3+3+3=9

3 (1) A를 맨 앞에, E를 맨 뒤에 고정시키고 나머지 3명을 한 줄로 세우면 되므로 구하는 경우의 수는
$3 \times 2 \times 1 = 6$

(2) A를 한가운데 고정시키고 나머지 4명을 한 줄로 세우면 되므로 구하는 경우의 수는
$4 \times 3 \times 2 \times 1 = 24$

(3) A, B를 하나로 묶어 4명을 한 줄로 세우는 경우의 수는
$4 \times 3 \times 2 \times 1 = 24$
A, B가 자리를 바꾸는 경우의 수는 $2 \times 1 = 2$
따라서 구하는 경우의 수는 $24 \times 2 = 48$

4 모든 경우의 수는 $6 \times 6 = 36$
두 눈의 수의 차가 3인 경우는 $(1, 4), (2, 5), (3, 6), (4, 1), (5, 2), (6, 3)$의 6가지
따라서 구하는 확률은 $\dfrac{6}{36} = \dfrac{1}{6}$

5 ② 어떤 사건이 일어날 확률을 p라 하면 $0 \leq p \leq 1$이다.

6 2의 배수는 2, 4, 6, 8의 4가지이므로
화살을 한 번 쏠 때, 2의 배수가 적힌 부분을 맞힐 확률은
$\dfrac{4}{8} = \dfrac{1}{2}$
따라서 구하는 확률은 $\dfrac{1}{2} \times \dfrac{1}{2} = \dfrac{1}{4}$

2일 필수 체크 전략 1 40쪽~43쪽

1-1 아연	**2-1** 9	**2-2** 18	**3-1** 12
3-2 30	**4-1** 12	**4-2** 36	**5-1** 36
5-2 180	**6-1** 36	**6-2** 36	**7-1** ①
8-1 10	**8-2** 6		

1-1 아연 : 문제에 '또는'이 나왔다고 해서 무조건 더하면 안 된다. 중복되는 경우가 있으므로 그 값을 빼줘야 한다. 즉 소수이면서 4의 약수인 2가 중복해서 들어가 있으므로 구하는 경우의 수는
(소수인 경우의 수)+(4의 약수인 경우의 수)
−(중복되는 경우의 수)=4+3−1=6
따라서 잘못 말한 사람은 아연이다.

2-1 두 눈의 수의 곱이 홀수가 되는 경우는 (홀수)×(홀수)일 때이다. 한 개의 주사위에서 홀수의 눈이 나오는 경우는 1, 3, 5의 3가지이므로 구하는 경우의 수는
$3 \times 3 = 9$

2-2 모든 경우의 수는 $3 \times 3 \times 3 = 27$
A, B, C 세 사람이 가위바위보를 내는 경우를 순서쌍 (A, B, C)로 나타내면 비기는 경우는 다음과 같다.

(i) 모두 같은 것을 내는 경우
  (가위, 가위, 가위), (바위, 바위, 바위), (보, 보, 보)의 3가지

(ii) 모두 다른 것을 내는 경우
  (가위, 바위, 보), (가위, 보, 바위), (바위, 가위, 보), (바위, 보, 가위), (보, 가위, 바위), (보, 바위, 가위)의 6가지

(i), (ii)에서 비기는 경우의 수는 $3+6=9$
따라서 승부가 결정되는 경우의 수는
(모든 경우의 수) − (비기는 경우의 수)=27−9=18

3-1 (i) P 지점에서 Q 지점까지 최단 거리로 가는 방법의 수는 4

(ii) Q 지점에서 R 지점까지 최단 거리로 가는 방법의 수는 3

따라서 구하는 방법의 수는
$4 \times 3 = 12$

기말

3-2 (i) 학교에서 분식점까지 최단 거리로 가는 방법의 수는 3

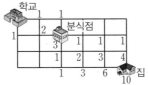

(ii) 분식점에서 집까지 최단 거리로 가는 방법의 수는 10

따라서 구하는 방법의 수는 $3 \times 10 = 30$

4-1 (i) A ☐☐☐ B인 경우의 수는

$3 \times 2 \times 1 = 6$ → 남은 C, D, E를 한 줄로 세우기

(ii) B ☐☐☐ A인 경우의 수는

$3 \times 2 \times 1 = 6$ → 남은 C, D, E를 한 줄로 세우기

따라서 구하는 경우의 수는 $6 + 6 = 12$

4-2 민호, 수지, 형식을 하나로 묶어 3명을 한 줄로 세우는 경우의 수는 $3 \times 2 \times 1 = 6$

이때 민호, 수지, 형식이 자리를 바꾸는 경우의 수는

$3 \times 2 \times 1 = 6$

따라서 구하는 경우의 수는 $6 \times 6 = 36$

5-1 A에 칠할 수 있는 색은 4가지

B에 칠할 수 있는 색은 A에 칠한 색을 제외한 3가지

C에 칠할 수 있는 색은 B에 칠한 색을 제외한 3가지

따라서 구하는 경우의 수는 $4 \times 3 \times 3 = 36$

5-2 A에 칠할 수 있는 색은 5가지

B에 칠할 수 있는 색은 A에 칠한 색을 제외한 4가지

C에 칠할 수 있는 색은 A, B에 칠한 색을 제외한 3가지

D에 칠할 수 있는 색은 B, C에 칠한 색을 제외한 3가지

따라서 구하는 경우의 수는 $5 \times 4 \times 3 \times 3 = 180$

6-1 홀수가 되려면 일의 자리의 숫자가 1 또는 3 또는 5이어야 한다.

(i) ☐☐1인 경우 : $4 \times 3 = 12$(개)

(ii) ☐☐3인 경우 : $4 \times 3 = 12$(개)

(iii) ☐☐5인 경우 : $4 \times 3 = 12$(개)

따라서 구하는 홀수의 개수는 $12 + 12 + 12 = 36$

6-2 5의 배수가 되려면 일의 자리의 숫자가 0 또는 5이어야 한다.

(i) ☐☐0인 경우 : $5 \times 4 = 20$(개)

(ii) ☐☐5인 경우 : $4 \times 4 = 16$(개)

따라서 구하는 5의 배수의 개수는 $20 + 16 = 36$

7-1 축구 선수 10명 중에서 공격수 1명을 뽑는 경우의 수는 10

수비수 1명을 뽑는 경우의 수는 공격수 1명을 제외한 9

$\therefore a = 10 \times 9 = 90$

축구 선수 10명 중에서 수비수 2명을 뽑는 경우의 수는 자격이 같은 대표 2명을 뽑는 경우의 수와 같으므로

$b = \dfrac{10 \times 9}{2} = 45$

$\therefore a - b = 90 - 45 = 45$

8-1 삼각형의 개수는 5명 중에서 자격이 같은 대표 3명을 뽑는 경우의 수와 같으므로 $\dfrac{5 \times 4 \times 3}{3 \times 2 \times 1} = 10$

8-2 길의 개수는 4명 중에서 자격이 같은 대표 2명을 뽑는 경우의 수와 같으므로 $\dfrac{4 \times 3}{2} = 6$

2일 필수 체크 전략 ② 44쪽~45쪽

| 1 10 | 2 ④ | 3 48 | 4 72 |
| 5 304 | 6 20 | 7 ② | 8 9 |

1 구슬 3개를 세 사람에게 1개씩 나누어 주고, 남은 구슬 3개를 다시 세 사람에게 나누어 주는 경우를 순서쌍 (A, B, C)로 나타내면 다음과 같다.

$(3, 0, 0), (2, 1, 0), (2, 0, 1), (1, 2, 0), (1, 1, 1),$

$(1, 0, 2), (0, 3, 0), (0, 2, 1), (0, 1, 2), (0, 0, 3)$

따라서 구하는 경우의 수는 10이다.

2 (i) 3개의 양의 정수의 합으로 나타내는 경우

$5 = 1 + 1 + 3, 5 = 1 + 2 + 2$의 2가지

(ii) 4개의 양의 정수의 합으로 나타내는 경우

$5 = 1 + 1 + 1 + 2$의 1가지

(iii) 5개의 양의 정수의 합으로 나타내는 경우

$5 = 1 + 1 + 1 + 1 + 1$의 1가지

따라서 구하는 경우의 수는 $2 + 1 + 1 = 4$

3 (i) 서울 → 대전 → 부산 → 대전 → 서울로 가는 방법의 수는

$3 \times 2 \times 2 \times 3 = 36$

(ii) 서울 → 부산 → 대전 → 서울로 가는 방법의 수는

$2 \times 2 \times 3 = 12$

따라서 구하는 방법의 수는 $36 + 12 = 48$

4

모든 경우의 수는 $5 \times 4 \times 3 \times 2 \times 1 = 120$

나와 남동생을 하나로 묶어 4명을 나란히 세우는 경우의 수는

$4 \times 3 \times 2 \times 1 = 24$

이때 나와 남동생이 자리를 바꾸는 경우의 수는 $2 \times 1 = 2$

이므로 나와 남동생이 이웃하여 서는 경우의 수는

$24 \times 2 = 48$

따라서 구하는 경우의 수는

(모든 경우의 수) − (나와 남동생이 이웃하여 서는 경우의 수)

$= 120 - 48 = 72$

5 (i) 1□□인 경우 : $4 \times 3 = 12$(개)

(ii) 2□□인 경우 : $4 \times 3 = 12$(개)

(i), (ii)에서 $12 + 12 = 24$이므로 작은 수부터 크기순으로 나열할 때, 27번째 수는 백의 자리 숫자가 3인 수 중 세 번째로 작은 수이다.

따라서 백의 자리 숫자가 3인 수를 작은 수부터 크기순으로 나열하면 301, 302, 304, …이므로 구하는 수는 304이다.

6 먼저 자기 번호와 일치하는 의자에 앉는 2명을 뽑는 경우의 수는 5명 중 대표 2명을 뽑는 경우의 수와 같으므로

$\dfrac{5 \times 4}{2} = 10$

나머지 3명은 자기 번호와 일치하지 않는 의자에 앉아야 하므로 3명 모두 자기 번호와 일치하지 않는 의자에 앉는 경우의 수는 2

따라서 구하는 경우의 수는 $10 \times 2 = 20$

참고 학생 5명이 의자에 앉았을 때 1번, 2번이 자기 번호와 일치하고 3번, 4번, 5번이 자기 번호와 일치하지 않는 경우를 순서쌍 (❸, ❹, ❺)로 나타내면 $(4, 5, 3), (5, 3, 4)$의 2가지이다.

7 $ax - 3b = 0$에서 $ax = 3b$ $\therefore x = \dfrac{3b}{a}$

따라서 $\dfrac{3b}{a}$가 자연수가 되게 하는 순서쌍 (a, b)는

$(1, 1), (1, 2), (1, 3), (1, 4), (1, 5), (1, 6), (2, 2), (2, 4),$

$(2, 6), (3, 1), (3, 2), (3, 3), (3, 4), (3, 5), (3, 6),$

$(4, 4), (5, 5), (6, 2), (6, 4), (6, 6)$의 20가지

8 5개의 점 중에서 순서를 생각하지 않고 3개의 점을 택하는 경우의 수는 $\dfrac{5 \times 4 \times 3}{3 \times 2 \times 1} = 10$

이때 일직선 위에 있는 3개의 점을 택하는 경우에는 삼각형이 만들어지지 않고 그 경우의 수는 1이므로

만들 수 있는 삼각형의 개수는 $10 - 1 = 9$

3일 필수 체크 전략 1			46쪽~49쪽
1-1 ③	**1**-2 $\dfrac{1}{2}$	**2**-1 $\dfrac{23}{30}$	**2**-2 $\dfrac{3}{5}$
3-1 $\dfrac{6}{7}$	**3**-2 ⑤	**4**-1 $\dfrac{3}{5}$	**4**-2 $\dfrac{5}{16}$
5-1 ③	**6**-1 $\dfrac{2}{15}$	**6**-2 $\dfrac{3}{14}$	**7**-1 ④
7-2 $\dfrac{7}{15}$	**8**-1 $\dfrac{1}{4}$		

1-1 모든 경우의 수는 $6 \times 6 = 36$

$2x + y = 10$을 만족시키는 순서쌍 (x, y)는

$(2, 6), (3, 4), (4, 2)$의 3가지

따라서 구하는 확률은 $\dfrac{3}{36} = \dfrac{1}{12}$

1-2 모든 경우의 수는 $4 \times 3 \times 2 \times 1 = 24$

아빠와 엄마가 이웃하여 서는 경우의 수는

$(3 \times 2 \times 1) \times 2 = 12$

따라서 구하는 확률은 $\dfrac{12}{24} = \dfrac{1}{2}$

2-1 공에 적힌 수가 4의 배수인 경우는 4, 8, 12, 16, 20, 24, 28의 7가지이므로 그 확률은 $\dfrac{7}{30}$

$\therefore$ (4의 배수가 적힌 공이 나오지 않을 확률)

$= 1 -$ (4의 배수가 적힌 공이 나올 확률)

$= 1 - \dfrac{7}{30} = \dfrac{23}{30}$

2-2 모든 경우의 수는 $\dfrac{5\times4}{2}=10$

돈가스를 주문하는 경우는
(돈가스, 김밥), (돈가스, 떡볶이),
(돈가스, 오므라이스), (돈가스, 라면)
의 4가지이므로 그 확률은 $\dfrac{4}{10}=\dfrac{2}{5}$

∴ (돈가스를 주문하지 않을 확률)

$=1-$(돈가스를 주문할 확률)

$=1-\dfrac{2}{5}=\dfrac{3}{5}$

김밥
떡볶이
돈가스
오므라이스
라면

3-1 모든 경우의 수는 $\dfrac{7\times6}{2}=21$

2개 모두 흰 공이 나오는 경우의 수는 $\dfrac{3\times2}{2}=3$이므로

그 확률은 $\dfrac{3}{21}=\dfrac{1}{7}$

∴ (적어도 한 개는 검은 공이 나올 확률)

$=1-$(2개 모두 흰 공이 나올 확률)

$=1-\dfrac{1}{7}=\dfrac{6}{7}$

3-2 (적어도 한 문제를 맞힐 확률)

$=1-$(A, B 두 문제 모두 틀릴 확률)

$=1-\left(1-\dfrac{4}{5}\right)\times\left(1-\dfrac{5}{7}\right)$

$=1-\dfrac{1}{5}\times\dfrac{2}{7}$

$=1-\dfrac{2}{35}=\dfrac{33}{35}$

4-1 종이접기를 신청한 학생일 확률은 $\dfrac{8}{30}$

재즈 댄스를 신청한 학생일 확률은 $\dfrac{10}{30}$

따라서 구하는 확률은 $\dfrac{8}{30}+\dfrac{10}{30}=\dfrac{18}{30}=\dfrac{3}{5}$

4-2 모든 경우의 수는 $2\times2\times2\times2=16$

앞면이 3개 나오는 경우는 (앞, 앞, 앞, 뒤),
(앞, 앞, 뒤, 앞), (앞, 뒤, 앞, 앞), (뒤, 앞, 앞, 앞)의 4가지
이므로 그 확률은 $\dfrac{4}{16}$

앞면이 4개 나오는 경우는 (앞, 앞, 앞, 앞)의 1가지이므
로 그 확률은 $\dfrac{1}{16}$

따라서 구하는 확률은 $\dfrac{4}{16}+\dfrac{1}{16}=\dfrac{5}{16}$

5-1

주말 날씨를 알려드리겠습니다. 토요일에 비가 올 확률은 40 %, 일요일에 비가 올 확률은 50 %입니다.

토요일에 비가 올 확률은 $\dfrac{40}{100}=\dfrac{2}{5}$

일요일에 비가 올 확률은 $\dfrac{50}{100}=\dfrac{1}{2}$

따라서 구하는 확률은 $\dfrac{2}{5}\times\dfrac{1}{2}=\dfrac{1}{5}$이므로

$\dfrac{1}{5}\times100=20$ (%)

6-1 3의 배수는 3, 6, 9, 12, 15의 5가지이므로 첫 번째에 3의

배수가 적힌 카드가 나올 확률은 $\dfrac{5}{15}=\dfrac{1}{3}$

12의 약수는 1, 2, 3, 4, 6, 12의 6가지이므로 두 번째에 12

의 약수가 적힌 카드가 나올 확률은 $\dfrac{6}{15}=\dfrac{2}{5}$

따라서 구하는 확률은 $\dfrac{1}{3}\times\dfrac{2}{5}=\dfrac{2}{15}$

6-2 처음 뽑은 제비가 당첨 제비일 확률은 $\dfrac{2}{8}=\dfrac{1}{4}$

뽑은 제비를 다시 넣지 않으므로 두 번째 뽑을 때, 주머니
속의 제비의 수는 7이고 이 중에서 당첨 제비가 아닌
제비의 수는 6이므로 당첨 제비가 아닐 확률은 $\dfrac{6}{7}$

따라서 구하는 확률은 $\dfrac{1}{4}\times\dfrac{6}{7}=\dfrac{3}{14}$

7-1 안타를 칠 확률은 $\dfrac{4}{10}=\dfrac{2}{5}$이므로

안타를 치지 못할 확률은 $1-\dfrac{2}{5}=\dfrac{3}{5}$

∴ (한 번 이상 안타를 칠 확률)

$=1-$(세 번 모두 안타를 치지 못할 확률)

$=1-\left(\dfrac{3}{5}\times\dfrac{3}{5}\times\dfrac{3}{5}\right)=1-\dfrac{27}{125}=\dfrac{98}{125}$

7-2 A는 맞히고 B는 못 맞힐 확률은

$\dfrac{2}{3}\times\left(1-\dfrac{3}{5}\right)=\dfrac{2}{3}\times\dfrac{2}{5}=\dfrac{4}{15}$

A는 못 맞히고 B는 맞힐 확률은

$\left(1-\dfrac{2}{3}\right)\times\dfrac{3}{5}=\dfrac{1}{3}\times\dfrac{3}{5}=\dfrac{1}{5}$

따라서 구하는 확률은 $\dfrac{4}{15}+\dfrac{1}{5}=\dfrac{7}{15}$

8-1 모든 경우의 수는 $6 \times 6 = 36$

점 P가 꼭짓점 C에 놓이려면 두 눈의 수의 합이 2 또는 6 또는 10이어야 한다.

두 눈의 수의 합이 2인 경우는 $(1, 1)$의 1가지이므로 그 확률은 $\dfrac{1}{36}$

두 눈의 수의 합이 6인 경우는 $(1, 5), (2, 4), (3, 3), (4, 2),$ $(5, 1)$의 5가지이므로 그 확률은 $\dfrac{5}{36}$

두 눈의 수의 합이 10인 경우는 $(4, 6), (5, 5), (6, 4)$의 3가지이므로 그 확률은 $\dfrac{3}{36}$

따라서 구하는 확률은 $\dfrac{1}{36} + \dfrac{5}{36} + \dfrac{3}{36} = \dfrac{9}{36} = \dfrac{1}{4}$

3일 필수 체크 전략 ②			50쪽~51쪽
1 ⑤	**2** 24	**3** ②	**4** $\dfrac{28}{45}$
5 ③	**6** $\dfrac{7}{9}$	**7** ④	**8** ④

1 5개의 빨대 중에서 3개를 뽑는 경우의 수는

$\dfrac{5 \times 4 \times 3}{3 \times 2 \times 1} = 10$

이때 삼각형이 만들어지는 경우는

$(2, 3, 4), (2, 4, 5), (2, 5, 6), (3, 4, 5), (3, 4, 6),$ $(3, 5, 6), (4, 5, 6)$의 7가지

따라서 구하는 확률은 $\dfrac{7}{10}$이다.

2 $\dfrac{5}{5 + x + y} = \dfrac{1}{3}$에서 $x + y = 10$ ...... ㉠

$\dfrac{x}{5 + x + y} = \dfrac{2}{5}$에서 $3x - 2y = 10$ ...... ㉡

㉠, ㉡을 연립하여 풀면 $x = 6, y = 4$

$\therefore xy = 6 \times 4 = 24$

3 B가 답을 맞힐 확률을 x라 하면

(두 사람 모두 답을 맞히지 못할 확률)

= (A가 답을 맞히지 못할 확률)
  × (B가 답을 맞히지 못할 확률)이므로

$\left(1 - \dfrac{2}{5}\right) \times (1 - x) = \dfrac{7}{15}$ $\therefore x = \dfrac{2}{9}$

4 비가 온 날을 ○, 비가 오지 않은 날을 ×로 표시할 때

(i)

월	화	수
○	○	×

인 경우의 확률은

$\dfrac{1}{3} \times \left(1 - \dfrac{1}{3}\right) = \dfrac{1}{3} \times \dfrac{2}{3} = \dfrac{2}{9}$

(ii)

월	화	수
○	×	×

인 경우의 확률은

$\left(1 - \dfrac{1}{3}\right) \times \left(1 - \dfrac{2}{5}\right) = \dfrac{2}{3} \times \dfrac{3}{5} = \dfrac{2}{5}$

따라서 구하는 확률은 $\dfrac{2}{9} + \dfrac{2}{5} = \dfrac{28}{45}$

5 (적어도 하나는 노란 구슬일 확률)

= 1 − (두 개 모두 초록 구슬일 확률)

$= 1 - \dfrac{3}{7} \times \dfrac{2}{6}$

$= 1 - \dfrac{1}{7} = \dfrac{6}{7}$

6

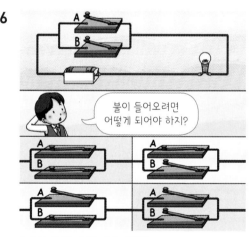

(전구에 불이 들어올 확률)

= (A, B 두 스위치 중 적어도 한 개는 닫힐 확률)

= 1 − (A, B 두 스위치가 모두 열릴 확률)

$= 1 - \left(1 - \dfrac{1}{3}\right) \times \left(1 - \dfrac{2}{3}\right)$

$= 1 - \dfrac{2}{3} \times \dfrac{1}{3}$

$= 1 - \dfrac{2}{9}$

$= \dfrac{7}{9}$

7 주사위를 한 번 던질 때, 0, 1, −1이 나올 확률은 각각

$$\frac{2}{6}=\frac{1}{3}, \frac{1}{6}, \frac{3}{6}=\frac{1}{2}$$

(i) 두 번 모두 0이 나올 확률은 $\frac{1}{3}\times\frac{1}{3}=\frac{1}{9}$

(ii) 처음에 1이 나오고 나중에 −1이 나올 확률은

$$\frac{1}{6}\times\frac{1}{2}=\frac{1}{12}$$

(iii) 처음에 −1이 나오고 나중에 1이 나올 확률은

$$\frac{1}{2}\times\frac{1}{6}=\frac{1}{12}$$

따라서 구하는 확률은 $\frac{1}{9}+\frac{1}{12}+\frac{1}{12}=\frac{5}{18}$

8 (i) 현지가 1회에 흰 공을 꺼낼 확률은 $\frac{4}{6}=\frac{2}{3}$

(ii) 현지가 1회에 검은 공, 건후가 2회에 검은 공, 현지가 3회에 흰 공을 꺼낼 확률은 $\frac{2}{6}\times\frac{5}{8}\times\frac{4}{6}=\frac{5}{36}$

따라서 구하는 확률은 $\frac{2}{3}+\frac{5}{36}=\frac{29}{36}$

누구나 합격 전략
52쪽~53쪽

01 ⑤	02 ⑤	03 ②	04 ①
05 9	06 ③, ⑤	07 $\frac{7}{8}$	08 ⑤
09 $\frac{1}{16}$	10 ①		

01

① 짝수의 눈이 나온다.
③ 4 이상의 눈이 나온다.
④ 2 이하의 눈이 나온다.
② 3의 배수의 눈이 나온다.
⑤ 6의 약수의 눈이 나온다.

① 2, 4, 6의 3가지 　　② 3, 6의 2가지
③ 4, 5, 6의 3가지 　　④ 1, 2의 2가지
⑤ 1, 2, 3, 6의 4가지
따라서 경우의 수가 가장 큰 것은 ⑤이다.

02 (i) A → B로 바로 가는 방법의 수는 1

(ii) A → C → B로 가는 방법의 수는 $2\times3=6$

따라서 구하는 방법의 수는 $1+6=7$

03 부모 사이에 3명의 자녀가 서는 경우는 부□□□모, 모□□□부의 2가지 경우로 나누어 생각한다.

각각의 경우에서 □□□에 자녀 3명을 한 줄로 세우는 경우의 수는 $3\times2\times1=6$

따라서 구하는 경우의 수는 $2\times6=12$

04 A에 칠할 수 있는 색은 4가지

B에 칠할 수 있는 색은 A에 칠한 색을 제외한 3가지

C에 칠할 수 있는 색은 A, B에 칠한 색을 제외한 2가지

D에 칠할 수 있는 색은 A, B, C에 칠한 색을 제외한 1가지

따라서 구하는 경우의 수는 $4\times3\times2\times1=24$

05 6명 중에서 반장 1명과 부반장 1명을 뽑는 경우의 수는

$a=6\times5=30$

7명 중에서 대표 2명을 뽑는 경우의 수는

$b=\frac{7\times6}{2}=21$

$\therefore a-b=30-21=9$

06 ① $\frac{1}{2}$　② 0　③ 1　④ 0　⑤ 1

07 모든 경우의 수는 $2\times2\times2=8$

모두 뒷면이 나오는 경우의 수는 1이므로 그 확률은 $\frac{1}{8}$

$\therefore$ (적어도 한 개는 앞면이 나올 확률)
　　= 1−(모두 뒷면이 나올 확률)
　　= $1-\frac{1}{8}=\frac{7}{8}$

08 모든 경우의 수는 $4\times4=16$

20 이하인 경우는 10, 12, 13, 14, 20의 5가지이므로

그 확률은 $\frac{5}{16}$

30 이상인 경우는 30, 31, 32, 34, 40, 41, 42, 43의 8가지 이므로 그 확률은 $\frac{8}{16}$

따라서 구하는 확률은 $\frac{5}{16}+\frac{8}{16}=\frac{13}{16}$

09 A 원판에서 6 이상의 숫자를 가리킬 확률은 $\frac{1}{6}$

B 원판에서 6 이상의 숫자를 가리킬 확률은 $\frac{3}{8}$

따라서 구하는 확률은 $\frac{1}{6} \times \frac{3}{8} = \frac{1}{16}$

10 (꺼낸 공이 모두 파란 공일 확률)

＝(앞면이 나올 확률)×(A 상자에서 파란공 2개를 꺼낼 확률)

＋(뒷면이 나올 확률)×(B 상자에서 파란 공 2개를 꺼낼 확률)

$= \frac{1}{2} \times \frac{4}{7} \times \frac{3}{6} + \frac{1}{2} \times \frac{2}{7} \times \frac{1}{6}$

$= \frac{6}{42} + \frac{1}{42} = \frac{7}{42} = \frac{1}{6}$

창의·융합·코딩 전략 | **54쪽~57쪽**

1 9	**2** (1) 진동, 안 왔다 (2) 6
3 ㉢, 이유는 풀이 참조	**4** E−F 구간
5 $\frac{1}{2}$	**6** $\frac{1}{25}$
7 (1) $\frac{1}{2}$ (2) $\frac{5}{36}$ (3) $\frac{23}{36}$	**8** (1) $\frac{1}{4}$ (2) $\frac{1}{64}$

1 은찬, 인영, 준희, 시은이가 각자 가지고 온 책을 각각 a, b, c, d라 하고 자기가 가져온 책은 자기가 읽지 않는 경우를 수형도로 나타내면 다음과 같다.

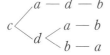

따라서 구하는 경우의 수는 9이다.

2 (1) 다음 그림에서 알 수 있는 것은 휴대 전화 모드가 진동이고, 문자가 안 왔다는 것이다.

오전 11 : 09

(2) 휴대 전화 상태는 3가지 모드 중 하나와 문자 수신 여부에 따라 달라지므로 구하는 경우의 수는 $3 \times 2 = 6$

3 각 행마다 10가지 문장이 들어갈 수 있고 행은 14행이므로 변형된 시는 모두

$\underbrace{10 \times 10 \times \cdots \times 10}_{14개} = 10^{14}$(개)

4 (i) C−D 구간에 신도로를 건설한다면 A에서 B까지 최단 거리로 가는 방법의 수는

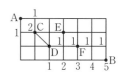

$2 \times 1 \times 5 = 10$

(ii) E−F 구간에 신도로를 건설한다면 A에서 B까지 최단 거리로 가는 방법의 수는

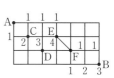

$4 \times 1 \times 3 = 12$

따라서 최종 선정지로 가장 적합한 구간은 E − F 구간이다.

5

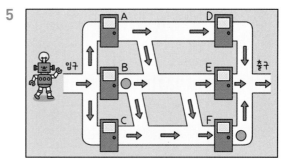

(i) B를 지나고 F를 지나지 않는 경우

로봇이 움직이는 경로가 입구 → B → E → 출구일 확률은 $\frac{1}{3} \times \frac{1}{2} \times \frac{1}{2} = \frac{1}{12}$

(ii) B를 지나지 않고 F를 지나는 경우

㉠ 로봇이 움직이는 경로가 입구 → A → F → 출구일 확률은 $\frac{1}{3} \times \frac{1}{2} \times \frac{1}{2} = \frac{1}{12}$

㉡ 로봇이 움직이는 경로가 입구 → C → F → 출구일 확률은 $\frac{1}{3}$

㉠, ㉡에서 $\frac{1}{12} + \frac{1}{3} = \frac{5}{12}$

따라서 구하는 확률은 $\frac{1}{12} + \frac{5}{12} = \frac{6}{12} = \frac{1}{2}$

6 우산을 안 챙길 확률은 $\dfrac{1}{3}$, 챙길 확률은 $1-\dfrac{1}{3}=\dfrac{2}{3}$

우산을 안 챙긴 수요일에 비가 올 확률은 $\dfrac{1}{3}\times\dfrac{60}{100}=\dfrac{1}{5}$

우산을 챙긴 목요일에 비가 오지 않을 확률은

$\dfrac{2}{3}\times\dfrac{30}{100}=\dfrac{1}{5}$

따라서 구하는 확률은 $\dfrac{1}{5}\times\dfrac{1}{5}=\dfrac{1}{25}$

7

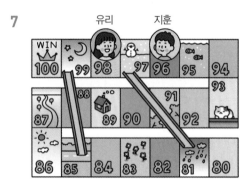

(1) 지훈이가 주사위를 한 번 던져서 이번 차례에 게임에서
이기려면 4 이상의 눈이 나오면 되므로 그 확률은

$\dfrac{3}{6}=\dfrac{1}{2}$

(2) 지훈이가 유리의 말을 잡고 이번 차례에 게임에서 이기
려면 처음에 2가 나오고, 한 번 더 던져서 2 이상의 눈이
나오면 되므로 그 확률은

$\dfrac{1}{6}\times\dfrac{5}{6}=\dfrac{5}{36}$

(3) $\dfrac{1}{2}+\dfrac{5}{36}=\dfrac{23}{36}$

8 (1) 할아버지와 할머니 사이에서 나올 수 있는 유전자형은
AA, AB, AO, BO이다.
이 중에서 AA, AO는 A형, AB는 AB형, BO는 B형
이므로 A형이 태어날 확률은 $\dfrac{2}{4}=\dfrac{1}{2}$

따라서 큰아버지와 고모가 모두 A형일 확률은

$\dfrac{1}{2}\times\dfrac{1}{2}=\dfrac{1}{4}$

(2) 외할아버지와 외할머니 사이에서 나올 수 있는 유전자
형은 AB, BO, AO, OO이다.
이 중에서 AB는 AB형, BO는 B형, AO는 A형, OO는
O형이므로 각 혈액형을 가진 자녀가 태어날 확률은 $\dfrac{1}{4}$

따라서 이모가 AB형, 두 외삼촌이 모두 O형일 확률은

$\dfrac{1}{4}\times\dfrac{1}{4}\times\dfrac{1}{4}=\dfrac{1}{64}$

기말고사 마무리

60쪽~63쪽

신유형·신경향·서술형 전략

01 (1) 2 cm (2) $\dfrac{10}{3}$ cm (3) $\dfrac{8}{3}$ cm (4) 8 cm

02 (1) 5 cm (2) 12 cm (3) 1 : 4 (4) 20 cm²

03 2 cm² 　　　　　　**04** 120 cm²

05 (1) 6 (2) 120 (3) 20 (4) 100 　　　**06** 30

07 (1) ㉠ 32 ㉡ 32 (2) A : $\dfrac{3}{4}$, 48피스톨, B : $\dfrac{1}{4}$, 16피스톨

08 $\dfrac{16}{25}$

01 (1) △ADB에서 $\overline{AB}\,/\!/\,\overline{PQ}$이므로

$\overline{PQ}:\overline{AB}=\overline{DP}:\overline{DA}=3:(3+6)=3:9=1:3$에서

$\overline{PQ}:6=1:3$ 　∴ $\overline{PQ}=2$ (cm)

(2) △BDE에서 $\overline{QR}\,/\!/\,\overline{DE}$이므로

$\overline{BQ}:\overline{BD}=\overline{QR}:\overline{DE}$에서

$2:3=\overline{QR}:5$ 　∴ $\overline{QR}=\dfrac{10}{3}$ (cm)

(3) △BEC에서 $\overline{BC}\,/\!/\,\overline{RS}$이므로

$\overline{ER}:\overline{EB}=\overline{RS}:\overline{BC}$에서

$1:3=\overline{RS}:8$ 　∴ $\overline{RS}=\dfrac{8}{3}$ (cm)

(4) $\overline{PQ}+\overline{QR}+\overline{RS}=2+\dfrac{10}{3}+\dfrac{8}{3}=8$ (cm)

02 (1) $\overline{AB}:\overline{AC}=\overline{BD}:\overline{CD}$이므로

$6:4=3:\overline{CD}$ 　∴ $\overline{CD}=2$ (cm)

∴ $\overline{BC}=\overline{BD}+\overline{CD}=3+2=5$ (cm)

(2) $\overline{AB}:\overline{AC}=\overline{BE}:\overline{CE}$이므로

$6:4=(5+\overline{CE}):\overline{CE}$ 　∴ $\overline{CE}=10$ (cm)

∴ $\overline{DE}=\overline{CD}+\overline{CE}=2+10=12$ (cm)

(3) △ABD : △ADE=$\overline{BD}:\overline{DE}=3:12=1:4$

(4) △ADE=4△ABD=4×5=20 (cm²)

03 ㉠ $\overline{BE}$가 △ABC의 중선이므로

△BCE=$\dfrac{1}{2}$△ABC=$\dfrac{1}{2}\times72=36$ (cm²)

㉡ $\overline{DE}$가 △BCE의 중선이므로

△BDE=$\dfrac{1}{2}$△BCE=$\dfrac{1}{2}\times36=18$ (cm²)

㉢ $\overline{BG}:\overline{GE}=2:1$이므로

△GBD : △GDE=2 : 1

$$\therefore \triangle GDE = \frac{1}{3}\triangle BDE = \frac{1}{3}\times 18 = 6 \ (cm^2)$$

㉣ $\overline{EG'} : \overline{G'D} = 2 : 1$이므로

$$\triangle GG'E : \triangle GDG' = 2 : 1$$

$$\therefore \triangle GDG' = \frac{1}{3}\triangle GDE = \frac{1}{3}\times 6 = 2 \ (cm^2)$$

04 오른쪽 그림과 같이 $\overline{OC}$를 그으면

$\overline{OC} = \overline{OA} = 17 \ cm$이므로

직각삼각형 ECO에서

$$\overline{CE}^2 = \overline{OC}^2 - \overline{OE}^2$$
$$= 17^2 - 15^2 = 64$$

$\therefore \overline{CE} = 8 \ (cm) \ (\because \overline{CE} > 0)$

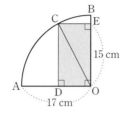

따라서 직사각형 OECD의 넓이는

$8 \times 15 = 120 \ (cm^2)$

05 (1) 순서에 상관없이 4개 반 중 2개 반을 고르면 되므로

총 경기 횟수는 $\dfrac{4\times 3}{2} = 6$

(2) 순서에 상관없이 10명 중 3명을 뽑으면 되므로

구하는 경우의 수는 $\dfrac{10\times 9\times 8}{3\times 2\times 1} = 120$

(3) 순서에 상관없이 6명 중 3명을 뽑으면 되므로

구하는 경우의 수는 $\dfrac{6\times 5\times 4}{3\times 2\times 1} = 20$

(4) (적어도 한 명은 여학생이 선수로 뽑힐 경우의 수)

= (전체 경우의 수)

　－(세 명 모두 남학생이 선수로 뽑힐 경우의 수)

= 120 - 20 = 100

06 오른쪽 그림과 같이 길목을 각각 A, B, C라 하고 미로를 탈출할 수 있는 방법을 구하면

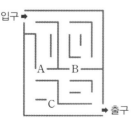

(ⅰ) 입구 → A → 출구로 가는

방법의 수는

$2\times 3 = 6$

(ⅱ) 입구 → A → C → 출구로 가는 방법의 수는

$2\times 2\times 1 = 4$

(ⅲ) 입구 → B → 출구로 가는 방법의 수는

$4\times 3 = 12$

(ⅳ) 입구 → B → C → 출구로 가는 방법의 수는

$4\times 2\times 1 = 8$

따라서 구하는 방법의 수는 $6+4+12+8 = 30$

07

(2) (ⅰ) 시합에서 A가 이기려면 A가 네 번째 경기에서 이기거나, 네 번째 경기에서 지고 다섯 번째 경기에서 이겨야 한다.

따라서 시합에서 A가 이길 확률이 $\dfrac{1}{2} + \dfrac{1}{2}\times\dfrac{1}{2} = \dfrac{3}{4}$

이므로 A가 가져가게 되는 상금은

$\dfrac{3}{4}\times 64 = 48$(피스톨)

(ⅱ) 시합에서 B가 이기려면 B가 네 번째 경기와 다섯 번째 경기를 모두 이겨야 한다.

따라서 시합에서 B가 이길 확률은 $\dfrac{1}{2}\times\dfrac{1}{2} = \dfrac{1}{4}$이므로

B가 가져가게 되는 상금은 $\dfrac{1}{4}\times 64 = 16$(피스톨)

참고 A가 가져가게 되는 상금은 48피스톨이므로 B가 가져가게 되는 상금은 $64 - 48 = 16$(피스톨)

08

분류	우측고리형	좌측고리형	소용돌이형	활형
유형				
확률	50 %	10 %	30 %	10 %

우측고리형이 나올 확률은 $50 \% = \dfrac{5}{10}$

좌측고리형이 나올 확률은 $10 \% = \dfrac{1}{10}$

소용돌이형이 나올 확률은 $30 \% = \dfrac{3}{10}$

활형이 나올 확률은 $10 \% = \dfrac{1}{10}$

$\therefore$ (오른손 엄지손가락 지문 유형이 다를 확률)

= 1 - (오른손 엄지손가락 지문 유형이 같을 확률)

$$= 1 - \left\{\left(\frac{5}{10}\times\frac{5}{10}\right) + \left(\frac{1}{10}\times\frac{1}{10}\right) + \left(\frac{3}{10}\times\frac{3}{10}\right)\right.$$
$$\left. + \left(\frac{1}{10}\times\frac{1}{10}\right)\right\}$$

$$= 1 - \left(\frac{25}{100} + \frac{1}{100} + \frac{9}{100} + \frac{1}{100}\right)$$

$$= 1 - \frac{36}{100} = \frac{16}{25}$$

01 ⑤	02 3 cm	03 6 cm	04 ④
05 21 cm	06 ⑤	07 $\dfrac{40}{3}$ cm²	08 14π cm
09 이혁	10 ④	11 $\dfrac{288}{25}$ cm²	12 50
13 $\dfrac{169}{4}\pi$	14 서랑, 정훈	15 $\dfrac{168}{25}$ cm	16 13π

01 전략 삼각형에서 평행선 사이의 선분의 길이의 비를 이용한다.

△ADC에서 $\overline{AD} /\!/ \overline{EF}$이므로

$\overline{CF} : \overline{FD} = \overline{CE} : \overline{EA} = 2 : 3$

△ABC에서 $\overline{AB} /\!/ \overline{ED}$이므로

$\overline{CD} : \overline{DB} = \overline{CE} : \overline{EA} = 2 : 3$

$\overline{CF} = 2a$, $\overline{FD} = 3a$, $\overline{CD} = 2b$, $\overline{DB} = 3b$라 하면

$\overline{CD} = \overline{CF} + \overline{FD}$이므로 $2b = 2a + 3a$, 즉 $a = \dfrac{2}{5}b$

$\therefore \overline{BD} : \overline{DF} : \overline{FC} = 3b : 3a : 2a$

$\qquad = 3b : 3 \times \dfrac{2}{5}b : 2 \times \dfrac{2}{5}b$

$\qquad = 3b : \dfrac{6}{5}b : \dfrac{4}{5}b$

$\qquad = 15b : 6b : 4b$

$\qquad = 15 : 6 : 4$

02 전략 삼각형의 두 변의 중점을 연결한 선분의 성질을 이용한다.

오른쪽 그림과 같이 $\overline{MN}$의 연장선이

$\overline{AB}$와 만나는 점을 E라 하면

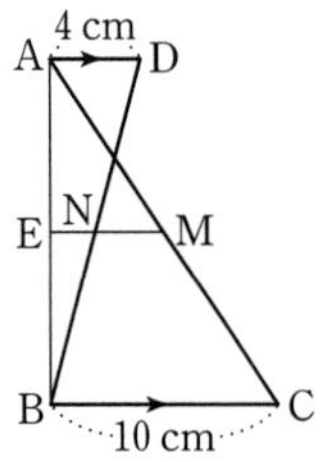

$\overline{AD} /\!/ \overline{EM} /\!/ \overline{BC}$이므로

△ABC에서

$\overline{EM} = \dfrac{1}{2}\overline{BC} = \dfrac{1}{2} \times 10 = 5 \text{ (cm)}$

△ABD에서

$\overline{EN} = \dfrac{1}{2}\overline{AD} = \dfrac{1}{2} \times 4 = 2 \text{ (cm)}$

$\therefore \overline{MN} = \overline{EM} - \overline{EN} = 5 - 2 = 3 \text{ (cm)}$

03 전략 $\overline{AD}$와 $\overline{BE}$는 각각 $\angle A$, $\angle B$의 이등분선이다.

점 I는 △ABC의 내심이므로 $\overline{AD}$는 $\angle A$의 이등분선이다.

$\overline{AB} : \overline{AC} = \overline{BD} : \overline{CD}$에서

$15 : \overline{AC} = 6 : 4 \qquad \therefore \overline{AC} = 10 \text{ (cm)}$

또 $\overline{BE}$는 $\angle B$의 이등분선이므로

$\overline{CE} : \overline{AE} = \overline{BC} : \overline{BA} = 10 : 15 = 2 : 3$

$\therefore \overline{AE} = \dfrac{3}{5}\overline{AC} = \dfrac{3}{5} \times 10 = 6 \text{ (cm)}$

04 전략 점 E에서 $\overline{AD}$에 평행한 선분을 긋는다.

오른쪽 그림과 같이 점 E에서

$\overline{AD}$에 평행한 선분을 긋고 $\overline{AB}$,

$\overline{CD}$와 만나는 점을 각각 H, I라

하면

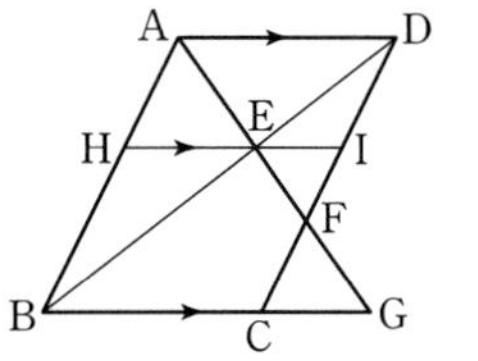

△ABD에서 $\overline{AD} /\!/ \overline{HE}$이므로

$\overline{AD} : \overline{HE} = \overline{BD} : \overline{BE} = 5 : 3$

$\overline{AD} = 5a$, $\overline{HE} = 3a$라 하면 $\overline{EI} = 5a - 3a = 2a$

△AED∽△GEB (AA 닮음)이므로

$\overline{BG} : \overline{DA} = \overline{BE} : \overline{DE} = 3 : 2$에서

$\overline{BG} : 5a = 3 : 2$, 즉 $\overline{BG} = \dfrac{15}{2}a$

$\therefore \overline{CG} = \overline{BG} - \overline{BC} = \dfrac{15}{2}a - 5a = \dfrac{5}{2}a$

△EFI∽△GFC (AA 닮음)이므로

$\overline{EF} : \overline{GF} = \overline{EI} : \overline{GC} = 2a : \dfrac{5}{2}a = 4 : 5$

05 전략 $\overline{AQ} : \overline{QB} = \overline{DS} : \overline{SC}$이므로 $\overline{AD} /\!/ \overline{QS} /\!/ \overline{BC}$이다.

$\overline{AQ} : \overline{QB} = \overline{DS} : \overline{SC}$이므로 $\overline{AD} /\!/ \overline{QS} /\!/ \overline{BC}$이다.

△ACD에서 $\overline{NS} /\!/ \overline{AD}$이므로

$\overline{CS} : \overline{CD} = \overline{NS} : \overline{AD}$

$1 : 3 = 3 : \overline{AD} \qquad \therefore \overline{AD} = 9 \text{ (cm)}$

△DBC에서 $\overline{MS} /\!/ \overline{BC}$이므로

$\overline{DS} : \overline{DC} = \overline{MS} : \overline{BC}$

$2 : 3 = 8 : \overline{BC} \qquad \therefore \overline{BC} = 12 \text{ (cm)}$

$\therefore \overline{AD} + \overline{BC} = 9 + 12 = 21 \text{ (cm)}$

06 전략 삼각형의 세 중선에 의하여 나누어지는 6개의 삼각형의 넓이는 모두 같다.

△GEF : △GBD = 1 : 4이므로

△GEF = a라 하면 △GBD = $4a$

따라서 △ABC = 6△GBD = 24a이므로

△GEF : △ABC = a : 24a = 1 : 24

07 전략 $\overline{AP}$는 △ABD의 중선이고 $\overline{AQ}$는 △ADC의 중선이다.

△APB = △APD

$\qquad = \dfrac{1}{2}$△ABD

$\qquad = \dfrac{1}{2} \times 12 = 6 \text{ (cm}^2)$

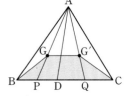

$$\triangle AQD = \triangle AQC = \frac{1}{2}\triangle ADC = \frac{1}{2}\times 18 = 9\ (\text{cm}^2)$$

$$\therefore \triangle APQ = \triangle APD + \triangle AQD$$
$$= 6 + 9 = 15\ (\text{cm}^2) \qquad \cdots\cdots \text{㉠}$$

$\triangle AGG'$과 $\triangle APQ$에서

$\overline{AG}:\overline{AP}=2:3$, $\overline{AG'}:\overline{AQ}=2:3$,

$\angle GAG'$은 공통이므로

$\triangle AGG' \backsim \triangle APQ$ (SAS 닮음)

이때 닮음비가 $\overline{AG}:\overline{AP}=2:3$이므로

넓이의 비는 $2^2:3^2=4:9$

$$\therefore \triangle AGG' = \frac{4}{9}\times \triangle APQ$$
$$= \frac{4}{9}\times 15 = \frac{20}{3}\ (\text{cm}^2) \qquad \cdots\cdots \text{㉡}$$

㉠, ㉡에서

$$\square GPQG' = \triangle APQ - \triangle AGG'$$
$$= 15 - \frac{20}{3} = \frac{25}{3}\ (\text{cm}^2)$$

한편 $\triangle GBP = \frac{1}{6}\triangle ABD = \frac{1}{6}\times 12 = 2\ (\text{cm}^2)$,

$\triangle G'QC = \frac{1}{6}\triangle ADC = \frac{1}{6}\times 18 = 3\ (\text{cm}^2)$이므로

$$\square GBCG' = \triangle GBP + \square GPQG' + \triangle G'QC$$
$$= 2 + \frac{25}{3} + 3$$
$$= \frac{40}{3}\ (\text{cm}^2)$$

08 전략 정삼각형 ABC에서 점 G는 무게중심이므로 $\overline{BG}$를 그으면

$\angle GBC = \frac{1}{2}\angle ABC = \frac{1}{2}\times 60^\circ = 30^\circ$

정사각형 BDFC의 한 내각의 크기는 90°이다.

오른쪽 그림과 같이 정삼각형 ABC를 시계 반대 방향으로 한 번 회전하면 점 G는 점 B를 중심으로 하고 $\overline{BG}$를 반지름으로 하는 부채꼴 GBG'의 호의 길이만큼 움직인다.

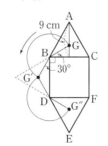

즉 부채꼴 GBG'의 중심각의 크기는

$360^\circ - (30^\circ + 90^\circ + 30^\circ) = 210^\circ$이고

$\overline{BG} = 9\times \frac{2}{3} = 6\ (\text{cm})$이므로

(부채꼴 GBG'의 호의 길이)

$= 2\pi \times 6 \times \frac{210}{360} = 7\pi\ (\text{cm})$

이때 점 G는 2번 움직였으므로 이동한 거리는

$7\pi \times 2 = 14\pi\ (\text{cm})$

09 전략 평행사변형의 두 대각선은 서로 다른 것을 이등분한다. 두 점 P, Q는 각각 $\triangle ABD$, $\triangle DBC$의 무게중심이다.

서준: $\overline{DQ}:\overline{QN}=2:1$이므로 $\overline{QN}=\frac{1}{3}\overline{DN}$

하얀: $\overline{PO}=\overline{OQ}=a$라 하면

$\overline{AP}=\overline{QC}=2a$, $\overline{PQ}=2a$

$\therefore \overline{AP}=\overline{PQ}=\overline{QC}$

은율: $\overline{PO}=\frac{1}{3}\overline{AO}=\frac{1}{3}\times \frac{1}{2}\overline{AC}=\frac{1}{6}\overline{AC}$

이혁: $\overline{AP}:\overline{PQ}:\overline{QC}=1:1:1$이므로

$\overline{AP}:\overline{PC}=1:2$

따라서 잘못 말한 학생은 이혁이다.

10 전략 $\triangle ABD=3\triangle APD$, $\triangle DBC=6\triangle OBQ$이다.

① 두 점 P, Q는 각각 $\triangle ABD$, $\triangle BCD$의 무게중심이므로

$\overline{DP}:\overline{PM}=2:1$

② $\triangle DBC = 6\triangle OBQ = 6\times 3 = 18\ (\text{cm}^2)$이므로

$\square ABCD = 2\triangle DBC = 2\times 18 = 36\ (\text{cm}^2)$

③ $\triangle APD = \frac{1}{3}\triangle ABD = \frac{1}{3}\times \frac{1}{2}\square ABCD$
$= \frac{1}{6}\times 36 = 6\ (\text{cm}^2)$

④ $\square OQND = \frac{1}{3}\triangle BCD = \frac{1}{3}\times \frac{1}{2}\square ABCD$
$= \frac{1}{6}\times 36 = 6\ (\text{cm}^2)$

⑤ $\square MBND = \triangle MBD + \triangle DBN$
$= \frac{1}{2}\triangle ABD + \frac{1}{2}\triangle DBC$
$= \frac{1}{4}\triangle ABCD + \frac{1}{4}\square ABCD$
$= \frac{1}{2}\square ABCD$
$= \frac{1}{2}\times 36 = 18\ (\text{cm}^2)$

따라서 옳지 않은 것은 ④이다.

11 전략 $\triangle ABC \backsim \triangle DBE$(AA 닮음)임을 이용하여 $\overline{DB}$, $\overline{DE}$의 길이를 구한다.

$\triangle ABC$에서

$\overline{BC}^2 = 8^2 + 6^2 = 100$

$\therefore \overline{BC} = 10\ (\text{cm})\ (\because \overline{BC}>0)$

$\triangle ABC \backsim \triangle DBE$ (AA 닮음)이므로

$\overline{AB}:\overline{DB}=\overline{BC}:\overline{BE}$에서

$8:\overline{DB}=10:4 \qquad \therefore \overline{DB}=\frac{16}{5}\ (\text{cm})$

$\therefore \overline{AD}=\overline{AB}-\overline{DB}=8-\frac{16}{5}=\frac{24}{5}\ (\text{cm})$

$\overline{AC}:\overline{DE}=\overline{BC}:\overline{BE}$에서

$6:\overline{DE}=10:4$ $\therefore \overline{DE}=\dfrac{12}{5}$ (cm)

$\therefore \square ADEF=\dfrac{24}{5}\times\dfrac{12}{5}=\dfrac{288}{25}$ (cm^2)

12 전략 한 직각삼각형에서 직각을 낀 두 정사각형의 넓이의 합은 한 변이 빗변인 정사각형의 넓이와 같다.

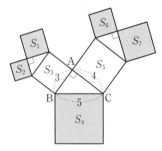

위의 그림과 같이 각 정사각형의 넓이를 $S_1, S_2, S_3, \cdots, S_7$
이라 하면

$S_1+S_2=S_3,\ S_6+S_7=S_5$이므로

(색칠한 정사각형의 넓이의 합)$=S_1+S_2+S_4+S_6+S_7$
$=S_3+S_4+S_5$
$=3^2+5^2+4^2=50$

13 전략 $\angle DEA+\angle CEB=90°$이므로 $\angle DEC=90°$이다.

$\triangle AED\equiv\triangle BCE$이므로 $\overline{AE}=\overline{BC}=12$

$\triangle AED$에서 $\overline{DE}^2=5^2+12^2=169$

$\therefore \overline{DE}=13\ (\because \overline{DE}>0)$

이때 $\overline{EC}=\overline{DE}=13$이고, $\triangle DEC$는 $\angle DEC=90°$인 직
각이등변삼각형이므로

$\overline{CD}^2=13^2+13^2=338$

따라서 $\overline{CD}$를 지름으로 하는 반원의 넓이는

$\dfrac{1}{2}\times\pi\times\left(\dfrac{\overline{CD}}{2}\right)^2=\dfrac{1}{8}\times\pi\times\overline{CD}^2$
$=\dfrac{1}{8}\times\pi\times338=\dfrac{169}{4}\pi$

14 전략 세 변의 길이가 a, b, c인 삼각형에서 가장 긴 변의 길이
가 c일 때 $c^2=a^2+b^2$이면 직각삼각형, $c^2<a^2+b^2$이면 예각삼
각형, $c^2>a^2+b^2$이면 둔각삼각형이다.

은주, 율희 : 만들 수 있는 삼각형은 $(4\,cm, 6\,cm, 8\,cm)$,
$(4\,cm, 8\,cm, 10\,cm)$, $(6\,cm, 8\,cm, 10\,cm)$
의 3가지이고, 서로 닮은인 삼각형은 없다.

서랑 : $10^2=6^2+8^2$이므로 빗변의 길이가 $10\,cm$인 직각삼
각형을 만들 수 있다.

정훈 : $8^2>4^2+6^2$, $10^2>4^2+8^2$이므로 둔각삼각형을 만들
수 있다.

따라서 옳게 말한 학생은 서랑, 정훈이다.

15 전략 직각삼각형의 넓이와 닮음을 이용하여 변의 길이를 구한다.

$\triangle ABC$에서

$\overline{AB}^2=40^2+30^2=2500$

$\therefore \overline{AB}=50$ (cm) $(\because \overline{AB}>0)$

이때 점 M은 $\overline{AB}$의 중점이므로 직각삼각형 ABC의 외심
이다.

$\therefore \overline{CM}=\overline{AM}=\overline{BM}=\dfrac{1}{2}\overline{AB}=\dfrac{1}{2}\times50=25$ (cm)

한편 $\overline{CA}\times\overline{CB}=\overline{AB}\times\overline{CD}$이므로

$30\times40=50\times\overline{CD}$ $\therefore \overline{CD}=24$ (cm)

$\triangle DMC$에서

$\overline{DM}^2=25^2-24^2=49$

$\therefore \overline{DM}=7$ (cm) $(\because \overline{DM}>0)$

$\triangle DMC$에서 $\overline{DM}\times\overline{DC}=\overline{CM}\times\overline{DH}$이므로

$7\times24=25\times\overline{DH}$ $\therefore \overline{DH}=\dfrac{168}{25}$ (cm)

16 전략 원기둥의 옆면의 전개도를 그린 후 최단 거리를 표시한다.

오른쪽 그림의 전개도에서 구하는
최단 거리는 $\overline{AB''}$의 길이이다.

$\overline{AA'}=\overline{A'A''}=2\pi\times3=6\pi$

이므로 $\triangle B''AA''$에서

$\overline{AB''}^2=(12\pi)^2+(5\pi)^2=169\pi^2$

$\therefore \overline{AB''}=13\pi\ (\because \overline{AB''}>0)$

따라서 구하는 최단 거리는 13π이다.

고난도 해결 전략 **2**회			68쪽~71쪽
01 9	02 9	03 ③	04 48
05 8	06 76	07 ④	08 ④
09 $\dfrac{5}{8}$	10 $\dfrac{5}{12}$	11 $\dfrac{3}{8}$	12 $\dfrac{11}{18}$
13 $\dfrac{1}{8}$	14 $\dfrac{5}{36}$	15 $\dfrac{1}{18}$	16 $\dfrac{7}{8}$

01 전략 A 지점에서 B 지점을 거쳐 C 지점으로 가는 방법과 A 지점에서 C 지점으로 바로 가는 방법으로 나누어 생각한다.

A → B → C로 가는 방법의 수는 $2 \times 3 = 6$

A → C로 바로 가는 방법의 수는 3

따라서 구하는 방법의 수는 $6 + 3 = 9$

02 전략 자기 우산을 든 학생이 한 명도 없는 경우를 수형도로 나타낸다.

A, B, C, D의 우산을 각각 $a, b, c,$ d라 하고 자기 우산을 든 학생이 한 명도 없는 경우를 수형도로 나타내면 오른쪽과 같다.

따라서 구하는 경우의 수는 9이다.

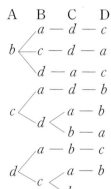

03 전략 맨 앞자리가 a, b, c일 때, 각각의 경우의 수를 구한다.

$dacb$ 앞에 오는 문자의 경우의 수를 구하면 다음과 같다.

(ⅰ) $a\square\square\square$인 경우 : $3 \times 2 \times 1 = 6$(가지)

(ⅱ) $b\square\square\square$인 경우 : $3 \times 2 \times 1 = 6$(가지)

(ⅲ) $c\square\square\square$인 경우 : $3 \times 2 \times 1 = 6$(가지)

(ⅳ) $d\square\square\square$인 경우 : $dabc$의 1가지

즉 $dacb$ 앞에 $6 + 6 + 6 + 1 = 19$(가지)가 있으므로 $dacb$는 20번째에 온다.

04 전략 이웃한 면이 가장 많은 면부터 칠하는 색을 정한다.

A → C → B → D의 순서로 색을 칠하면

A에 칠할 수 있는 색은 4가지

C에 칠할 수 있는 색은 A에 칠한 색을 제외한 3가지

B에 칠할 수 있는 색은 A, C에 칠한 색을 제외한 2가지

D에 칠할 수 있는 색은 A, C에 칠한 색을 제외한 2가지

따라서 구하는 경우의 수는 $4 \times 3 \times 2 \times 2 = 48$

05 전략 A를 포함하는 세 정사각형의 변을 따라 움직이는 각각의 경우를 구한다.

(ⅰ) A → C → B로 가는 방법

$2 \times 1 = 2$(가지)

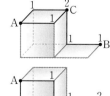

(ⅱ) A → D → B로 가는 방법

$2 \times 2 = 4$(가지)

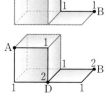

(ⅲ) A → E → B로 가는 방법

$2 \times 1 = 2$(가지)

따라서 구하는 방법의 수는

$2 + 4 + 2 = 8$

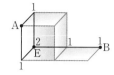

다른 풀이

오른쪽 그림과 같이 꼭짓점 A에서 꼭짓점 B까지 최단 거리로 가는 방법의 수는 8이다.

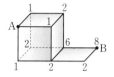

06 전략 한 직선 위의 세 점은 삼각형이 만들어지지 않는다.

9개의 점 중에서 순서에 관계없이 3개를 뽑는 경우의 수는

$$\frac{9 \times 8 \times 7}{3 \times 2 \times 1} = 84$$

이때 세 점이 한 직선 위에 있는 경우는 오른쪽 그림과 같이 8가지이므로 만들 수 있는 삼각형의 개수는

$84 - 8 = 76$

07 전략 3이 하나도 포함되지 않는 경우의 수를 구한다.

모든 경우의 수는 300

3이 하나도 포함되지 않은 수가 적힌 공을 꺼내는 경우의 수는 다음과 같다.

(ⅰ) $1\square\square$인 경우 : $9 \times 9 - 1 = 80$(가지)

(ⅱ) $2\square\square$인 경우 : $9 \times 9 = 81$(가지)

(ⅲ) 400의 1가지

(ⅰ)～(ⅲ)에서 $80 + 81 + 1 = 162$(가지)

∴ (3이 하나라도 포함된 수가 적힌 공을 꺼낼 확률)

　= 1 − (3이 하나도 포함되지 않은 수가 적힌 공을 꺼낼 확률)

　$= 1 - \dfrac{162}{300} = \dfrac{138}{300} = \dfrac{23}{50}$

08 전략 짝수가 한 번, 홀수가 한 번 나와야 한다.

모든 경우의 수는 $6 \times 6 = 36$

두 번 던진 후 처음과 같은 위치에 있으려면 짝수의 눈이 한 번, 홀수의 눈이 한 번 나와야 한다.

이때 짝수의 눈의 수를 a, 홀수의 눈의 수를 b라 하면

$a - 2b = 0$　∴ $a = 2b$

∴ $a = 2, b = 1$ 또는 $a = 6, b = 3$

즉 주사위에서 첫 번째, 두 번째에 나오는 눈의 수를 순서쌍으로 나타내면 처음과 같은 위치에 있는 경우는 $(2, 1),$ $(1, 2), (6, 3), (3, 6)$의 4가지이다.

따라서 구하는 확률은 $\dfrac{4}{36} = \dfrac{1}{9}$

09 전략 두 가족의 여행 날짜가 하루도 겹치지 않는 경우를 구한다.

(ⅰ) 아린이네 가족이 여행 날짜를 정하는 경우는
1일~3일, 2일~4일, 3일~5일, 4일~6일의 4가지이다.

(ⅱ) 조이네 가족이 여행 날짜를 정하는 경우는 3일~6일,
4일~7일, 5일~8일, 6일~9일의 4가지이다.

(ⅰ), (ⅱ)에서 모든 경우의 수는 $4 \times 4 = 16$

한편 두 가족의 여행 날짜가 하루도 겹치지 않는 경우는 다음과 같이 6가지이다.

아린이네 가족	1일 ~ 3일	2일 ~ 4일	3일 ~ 5일
조이네 가족	4일~7일, 5일~8일, 6일~9일	5일~8일, 6일~9일	6일~9일

두 가족의 여행 날짜가 하루도 겹치지 않을 확률은

$$\frac{6}{16} = \frac{3}{8}$$

따라서 구하는 확률은 $1 - \frac{3}{8} = \frac{5}{8}$

10 전략 두 사건이 동시에 일어날 확률을 이용한다.

현주가 B 문제를 맞힐 확률을 p라 하면

A 문제를 맞힐 확률은 $\frac{2}{3}$, 두 문제를 모두 맞힐 확률은 $\frac{1}{4}$

이므로

$$\frac{2}{3} \times p = \frac{1}{4} \qquad \therefore p = \frac{3}{8}$$

따라서 A 문제를 맞히고 B 문제는 맞히지 못할 확률은

$$\frac{2}{3} \times \left(1 - \frac{3}{8}\right) = \frac{2}{3} \times \frac{5}{8} = \frac{5}{12}$$

11 전략 앞면 두 번과 뒷면 두 번이 나오는 경우를 구한다.

모든 경우의 수는 $2 \times 2 \times 2 \times 2 = 16$

동전을 네 번 던져서 앞면 두 번, 뒷면 두 번이 나오는 경우는
(앞, 앞, 뒤, 뒤), (앞, 뒤, 앞, 뒤), (앞, 뒤, 뒤, 앞),
(뒤, 뒤, 앞, 앞), (뒤, 앞, 뒤, 앞), (뒤, 앞, 앞, 뒤)의 6가지이다.

따라서 구하는 확률은 $\frac{6}{16} = \frac{3}{8}$

12 전략 지각한 것을 ○, 지각하지 않은 것을 ×라 하고 주어진 조건을 표로 나타낸다.

지각한 다음 날 지각하지 않을 확률은 $1 - \frac{1}{3} = \frac{2}{3}$

지각한 것을 ○, 지각하지 않은 것을 ×라 하고 월요일에 지각했을 때, 이틀 뒤 수요일에 지각하는 경우를 표로 나타내면 다음과 같다.

월	화	수	확률
○	○	○	$\frac{1}{3} \times \frac{1}{3} = \frac{1}{9}$
○	×	○	$\frac{2}{3} \times \frac{3}{4} = \frac{1}{2}$

따라서 구하는 확률은 $\frac{1}{9} + \frac{1}{2} = \frac{11}{18}$

13 전략 B 선수가 결승전에 진출할 확률과 F 선수가 결승전에 진출할 확률을 각각 구한다.

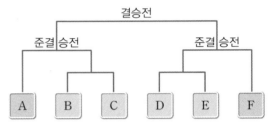

B 선수는 C 선수를 이기고, A 선수를 이겨야 결승전에 진출하므로

B 선수가 결승전에 진출할 확률은 $\frac{1}{2} \times \frac{1}{2} = \frac{1}{4}$

F 선수는 준결승전에 올라 온 한 선수만 이기면 결승전에 진출하므로

F 선수가 결승전에 진출할 확률은 $\frac{1}{2}$

따라서 구하는 확률은 $\frac{1}{4} \times \frac{1}{2} = \frac{1}{8}$

14 전략 연립방정식 $\begin{cases} ax+by=c \\ d'x+b'y=c' \end{cases}$의 해가 없으려면 $\frac{a}{a'} = \frac{b}{b'} \neq \frac{c}{c'}$

모든 경우의 수는 $6 \times 6 = 36$

주어진 연립방정식의 해가 없으려면 $\frac{1}{3} = \frac{1}{b} \neq \frac{a}{6}$이어야 하므로 $a \neq 2$, $b = 3$

위의 조건을 만족하는 순서쌍 (a, b)는
$(1, 3)$, $(3, 3)$, $(4, 3)$, $(5, 3)$, $(6, 3)$의 5가지

따라서 구하는 확률은 $\frac{5}{36}$

15 전략 두 직선 $y = x + 3a$, $y = 3x + 2b$의 교점의 x좌표를 구한다.

모든 경우의 수는 $6 \times 6 = 36$

$x + 3a = 3x + 2b$에서

$2x = 3a - 2b \qquad \therefore x = \frac{3a - 2b}{2}$

x좌표가 3이므로 $\dfrac{3a-2b}{2}=3$, 즉 $3a-2b=6$

이때 주사위에서 첫 번째, 두 번째에 나오는 눈의 수를 순서

쌍 (a,b)로 나타내면 $3a-2b=6$을 만족시키는 경우는

$(4,3),(6,6)$의 2가지이다.

따라서 구하는 확률은 $\dfrac{2}{36}=\dfrac{1}{18}$

16 전략 (사건 A가 일어나지 않을 확률)

$=1-$(사건 A가 일어날 확률)

한 면도 색칠되지 않은 작은 정육면체는 8개이므로

한 면도 색칠되지 않은 정육면체일 확률은 $\dfrac{8}{64}=\dfrac{1}{8}$

따라서 구하는 확률은 $1-\dfrac{1}{8}=\dfrac{7}{8}$